杜之韩 刘丽 吴曦 编著

线性代数

XIANXING DAISHU

（第四版）

Southwestern University of Finance & Economics Press
西南财经大学出版社

图书在版编目(CIP)数据

线性代数/杜之韩,刘丽,吴曦编著 .—4 版 .—成都:西南财经大学出版社,
2016.12(2022.1 重印)
ISBN 978-7-5504-2768-6

Ⅰ.①线… Ⅱ.①杜…②刘…③吴… Ⅲ.①线性代数—高等学校—教材
Ⅳ.0151.2

中国版本图书馆 CIP 数据核字(2016)第 306035 号

线性代数(第四版)
杜之韩 刘丽 吴曦 编著

责任编辑:廖术涵
封面设计:穆志坚
责任印制:朱曼丽

出版发行	西南财经大学出版社(四川省成都市光华村街 55 号)
网　　址	http://cbs.swufe.edu.cn
电子邮件	bookcj@swufe.edu.cn
邮政编码	610074
电　　话	028-87353785
照　　排	四川胜翔数码印务设计有限公司
印　　刷	郫县犀浦印刷厂
成品尺寸	170mm×240mm
印　　张	16.25
字　　数	285 千字
版　　次	2017 年 1 月第 4 版
印　　次	2022 年 1 月第 3 次印刷
印　　数	6001—7000 册
书　　号	ISBN 978-7-5504-2768-6
定　　价	35.00 元

第四版前言

本书于2003年1月问世,作为经济类、管理类专业本科线性代数教材已在西南财经大学的学生中使用过十二届。其间曾出版过修订版与第三版。较之于前三版,第四版主要的变动是:

(1)对某些概念的陈述做了调整,使之更精确、完整。

(2)在行列式、矩阵等有难度的章节中增加了例题。

(3)对各章节的习题做了部分的增减。

感谢十三年来使用过本教材的所有老师与同学,他们在授课或学习中提出的宝贵意见使本教材日臻完善。

第四版的修订工作主要由赵建容、吴曦、韩本山完成。

编　者

2016年12月于柳林

第三版前言

本书于2003年1月问世,作为西南财经大学经济类专业本科线性代数课程教材已在两个年级的学生中使用过两遍。其间曾出版过以订正疏漏及印刷错误为主的修订本。较之于前两版,此次第三版中的主要变动是:

(1)在每章的复习题中增添了填空题和选择题,用以训练学生适应目前各类考试(包括研究生入学考试)中普遍采用的此类题型。

(2)将原来复习题中个别较难的题以星号"*"标出,并增加了部分带星号"*"的习题。对于此类习题,读者初学时可以将其跳过而不会影响后面的学习。

(3)将第六章中化二次型为标准型的两种方法的讲授顺序作了调整:先讲正交变换法,再讲配方法,以使第五章、第六章的逻辑衔接更为紧密;对定理6.6作了调整,并给出了证明。

(4)对部分文字叙述方式做了改进。

感谢使用本书的老师、同学们,感谢他们对本书提出的极好的意见和建议。在教材建设中精益求精将是我们永远的追求。

编　者

2004年12月于光华园

前　言

本书是根据教育部高等学校财经类专业核心课程“经济数学基础”教学大纲并参考近年经济、管理类硕士研究生入学统一考试数学考试大纲编写而成的，可供学时数为50~60的高等财经院校本科各专业的“线性代数”课教学使用，亦可供有志于学习本课程的自学者选用。

编者以长期的经济数学教学之经验积累对本课程的逻辑结构及内容的详、略、取、舍作了精心的安排，使之更利于课程的讲授与学习。在习题的编排上采取分节编题，每章有综合复习题的编题方式，使读者自然地融入一个由浅入深、循序渐进的学习过程之中，以获得更佳的学习效果。此外，本书选用了较多的近年考研试题，希望它能对有志于考研的读者有所帮助。

本书是编者通力合作的结果：杜之韩具体执笔第一、二、七章并负责全书的统稿；吴曦执笔第三、四章；刘丽执笔第五、六章并参与了部分统稿工作。

本书的写作得到了西南财经大学教务处及经济数学系领导的热情鼓励与支持。经济数学系副主任孙疆明副教授审阅了部分书稿并提出了中肯的意见，经济数学系老师对本书的编写提供了许多有益的建议，杜若昀为本书原稿的录入付出了辛劳，编者对此表示诚挚的谢意。

此外还要感谢西南财经大学出版社的鼎力帮助，没有他们的努力，本书是难以以现在的面貌展现在读者面前的。

限于学识，本书的不当甚至谬误之处在所难免，望同仁及读者不吝指教。

编　者

2002. 10 于光华园

目　录

1　n 阶行列式

线性代数的研究对象之一是较初等数学中的二元一次方程组、三元一次方程组更为一般的,由 m 个方程组成的含有 n 个变量的一次方程组．今后我们称之为 n 元线性方程组．行列式是在对线性方程组的研究中开发出来的一种重要工具．通过本章的学习,我们将看到,正是行列式工具的引入,才使得由 n 个方程组成的 n 元线性方程组的解以极其完美的形式展现于人们面前．随着本书内容的展开,我们还将看到,行列式还有超越线性方程组的更为广泛的应用．

§1.1　n 阶行列式

§1.1.1　排列及其奇偶性

为了给出 n 阶行列式的定义须引入排列的概念．

称 n 个不同元素的全排列为一个 **n 级排列**．本书论及的主要是自然数特别是前 n 个自然数的排列．显然,前 n 个自然数可构成 $n!$ 个不同的 n 级排列,其中 $n! = 1\times 2\times\cdots\times n$. 通常记作

$$i_1 i_2 \cdots i_n,\text{其中 } i_k(k=1,2,\cdots,n) \in \{1,2,\cdots,n\} \tag{1.1}$$

设 i_s 和 i_t 为 n 级排列(1.1)中任意两个数,且有 $s<t$. 若 $i_s>i_t$,则称数对(i_s, i_t)构成一个**逆序**,否则称(i_s,i_t)构成一个**顺序**．称一个 n 级排列中的逆序总数为此排列的**逆序数**,记作 $\tau(i_1 i_2\cdots i_n)$．当一个排列的逆序数为奇数时,称此排列为**奇排列**;当一个排列的逆序数为偶数时,称此排列为**偶排列**．依此,n 级排列“$1\ 2\ \cdots\ n$”中任何数对都不构成逆序,故有 $\tau(1\ 2\ \cdots\ n)=0$,且此排列为偶排列．今后称此排列为前 n 个自然数的**自然排列**．n 级排列“$n\ \overline{n-1}\ \cdots\ 3\ 2\ 1$”中任何数对都构成逆序,故有

$$\tau(n\ \overline{n-1}\ \cdots\ 3\ 2\ 1) = C_n^2 = \frac{n(n-1)}{2}$$

易知,当 $n=4k(k=1,2,3\cdots)$ 或 $n=4k+1(k=0,1,2,\cdots)$ 时此排列为偶排列;当 $n=4k+2$ 或 $n=4k+3(k=0,1,2\cdots)$ 时此排列为奇排列. 对于任意给定的一个 n 级排列,可以通过依次计数其逆序数来确定其奇偶性.

例 1 试确定 5 级排列(1)52413 及(2)53412 的奇偶性.

解 (1) 此排列中构成逆序的数对依次为(5,2),(5,4),(5,1),(5,3),(2,1),(4,1),(4,3). 于是 $\tau(52413)=7$,从而 52413 是奇排列.

(2) 此排列中构成逆序的数对依次为(5,3),(5,4),(5,1),(5,2),(3,1),(3,2),(4,1),(4,2). 于是 $\tau(53412)=8$,从而 53412 是偶排列.

我们注意到,例 1 中排列(2) 是由排列(1) 交换其排在第二和第五位的两个数 2 和 3 的位置而得到的. 结果(1),(2) 两个排列具有不同的奇偶性. 其实这里蕴藏着一个一般的规律性.

一般地,将一个 n 级排列中某两个数交换位置称作对该排列施行的一次**对换**. 特别地,若交换的是相邻两个数,则称作**相邻对换**. 我们有以下的结论:

定理 1.1 经一次对换,排列改变其奇偶性.

证明 先考虑相邻对换的情形.

设 n 级排列 $i_1\cdots i_m a b j_1\cdots j_l$ 经相邻对换变成

$$i_1\cdots i_m b a j_1\cdots j_l$$

显然,这一变化只使 a,b 两数间的"序" 发生变化:若(a,b) 为逆序,则(b,a) 为顺序;若(a,b) 为顺序,则(b,a) 为逆序. 其余任意两数间的序都保持不变. 这样,两个排列的逆序数恰相差 1. 从而相邻对换改变了排列的奇偶性.

再考虑非相邻对换的情形.

设 n 级排列

$$i_1\cdots i_r a k_1\cdots k_s b j_1\cdots j_t \tag{1.2}$$

经非相邻对换变成新排列

$$i_1\cdots i_r b k_1\cdots k_s a j_1\cdots j_t \tag{1.3}$$

这一变化亦可通过一系列的相邻对换实现:将原排列中的数 a 依次与其后的 $k_1\cdots k_s\ b$ 作相邻对换(共 $s+1$ 次) 变成排列

$$i_1\cdots i_r k_1\cdots k_s b a j_1\cdots j_t \tag{1.4}$$

再将数 b 依次与其前面的 $k_s\cdots k_1$ 作相邻对换(共 s 次). 这样,经 $2s+1$ 次相邻对换,排列(1.2) 变成排列(1.3),其间经历了 $2s+1$ 次奇偶性的变化,从而最终改变了排列的奇偶性.

推论 在全部 n 级排列中($n\geqslant 2$),奇排列、偶排列各占一半.

证明 设全部 n 级排列中,奇排列、偶排列个数分别为 s 和 t. 因为将每个奇排列的前两个数作对换,即可得到 s 个不同的偶排列,从而 $s \leqslant t$;同理可得 $t \leqslant s$. 于是 $s = t$,即奇偶排列各占一半.

最后我们指出,容易验证,任意 n 级排列都可经过有限次对换变成自然排列.

§1.1.2 n阶行列式定义

定义 1.1 将 n^2 个数依(1.5)式排列并标记:

$$\begin{vmatrix} a_{11} & a_{12} & \cdots & a_{1n} \\ a_{21} & a_{22} & \cdots & a_{2n} \\ \cdots & \cdots & \cdots & \cdots \\ a_{n1} & a_{n2} & \cdots & a_{nn} \end{vmatrix} \tag{1.5}$$

称(1.5)为一个 n 阶行列式(其中横向排列的 n 个数构成行列式的**行**,纵向排列的数构成行列式的**列**. 行列式中的数 a_{ij} 又称**元素**. 其第一下标和第二下标分别表示此元素所处的行和列,依次简称**行标**和**列标**),它表示取自不同行及不同列的元素的全部 $n!$ 个乘积的代数和,即有

$$\begin{vmatrix} a_{11} & a_{12} & \cdots & a_{1n} \\ a_{21} & a_{22} & \cdots & a_{2n} \\ \cdots & \cdots & \cdots & \cdots \\ a_{n1} & a_{n2} & \cdots & a_{nn} \end{vmatrix} = \sum_{j_1j_2\cdots j_n} (-1)^{\tau(j_1j_2\cdots j_n)} a_{1j_1}a_{2j_2}\cdots a_{nj_n} \tag{1.6}$$

特别地,1 阶行列式 $|a_{11}| = a_{11}$.

称行列式的自左上角至右下角的对角线为行列式的**主对角线**,另一条对角线为**次对角线**.

依定义 1.1,(1.6)式右端和式(称之为行列式的**展开式**)中每一项符号的确定规则是:当该项中的因子(即行列式中的元素)的行标依次成自然排列时,若其列标所构成的 n 级排列 $j_1j_2\cdots j_n$ 为偶排列,则该项赋予正号,否则赋予负号. 符号"$\sum\limits_{j_1j_2\cdots j_n}$"表示对全部 n 级排列求和.

例 2 2 阶行列式

$$\begin{vmatrix} a_{11} & a_{12} \\ a_{21} & a_{22} \end{vmatrix} = (-1)^{\tau(12)} a_{11}a_{22} + (-1)^{\tau(21)} a_{12}a_{21} = a_{11}a_{22} - a_{12}a_{21}$$

3 阶行列式

$$\begin{vmatrix} a_{11} & a_{12} & a_{13} \\ a_{21} & a_{22} & a_{23} \\ a_{31} & a_{32} & a_{33} \end{vmatrix} = (-1)^{\tau(123)} a_{11}a_{22}a_{33} + (-1)^{\tau(231)} a_{12}a_{23}a_{31}$$

$$+ (-1)^{\tau(312)} a_{13}a_{21}a_{32} + (-1)^{\tau(321)} a_{13}a_{22}a_{31}$$

$$+ (-1)^{\tau(132)} a_{11}a_{23}a_{32} + (-1)^{\tau(213)} a_{12}a_{21}a_{33}$$

$$= a_{11}a_{22}a_{33} + a_{12}a_{23}a_{31} + a_{13}a_{21}a_{32} - a_{13}a_{22}a_{31}$$

$$- a_{11}a_{23}a_{32} - a_{12}a_{21}a_{33}$$

事实上,由于2、3阶行列式的展开式分别只有2项和6项,其符号规律比较容易掌握,读者不妨自己总结并牢记．下图展示了3阶行列式中正项与负项的构成规则:

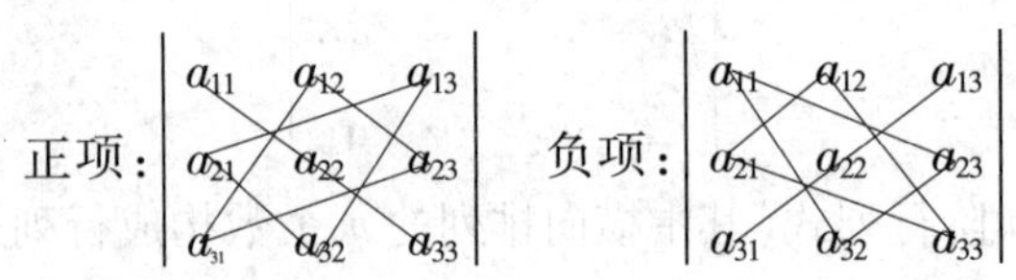

例3 设

$$D = \begin{vmatrix} a_{11} & a_{12} \\ a_{21} & a_{22} \end{vmatrix} \neq 0, D_1 = \begin{vmatrix} b_1 & a_{12} \\ b_2 & a_{22} \end{vmatrix}, D_2 = \begin{vmatrix} a_{11} & b_1 \\ a_{21} & b_2 \end{vmatrix}$$

试证明 $x_1 = \dfrac{D_1}{D}, x_2 = \dfrac{D_2}{D}$ 是二元线性方程组

$$\begin{cases} a_{11}x_1 + a_{12}x_2 = b_1 \\ a_{21}x_1 + a_{22}x_2 = b_2 \end{cases}$$

的解．

证明 将 x_1, x_2 中的 D, D_1, D_2 依行列式定义展开后代入方程组验证即得(详细计算留给读者来完成).

事实上还可以证明这是方程组的唯一解．而且,对于含有 n 个方程的 n 元线性方程组亦有类似的结果,我们将在 §1.4 中对此作详细讨论．

例4 计算下列行列式:

$$(1) D = \begin{vmatrix} a & 0 & 0 & 0 & 0 \\ 0 & 0 & 0 & b & 0 \\ 0 & 0 & 0 & 0 & c \\ 0 & 0 & d & 0 & 0 \\ 0 & e & 0 & 0 & 0 \end{vmatrix}; \qquad (2) D = \begin{vmatrix} a_{11} & 0 & \cdots & 0 \\ a_{21} & a_{22} & \cdots & 0 \\ \cdots & \cdots & \cdots & \cdots \\ a_{n1} & a_{n2} & \cdots & a_{nn} \end{vmatrix}.$$

解　(1) 因行列式展开式中每一项都是行列式中来自不同行且不同列的元素的乘积,乘积中只要有一个因子是零此项就是零,而此 5 阶行列式中可能的非零元素唯有 a、b、c、d、e 5 个,它们恰来自不同的行与列,故得

$$D = (-1)^{\tau(14532)} abcde = -abcde.$$

(2) 依定义 1.1,此行列式的展开式中有众多的零项,其可能的非零项必具以下形式(略去其符号,下同)

$$a_{11}a_{2j_2}a_{3j_3}\cdots a_{nj_n}$$

因上述项中已有来自行列式第一列的因子 a_{11},故 a_{2j_2} 只能是 $a_{22}, a_{23}, \cdots a_{2n}$ 中的某一个,但其间只有 a_{22} 可能是非零的,于是行列式可能的非零项为

$$a_{11}a_{22}a_{3j_3}\cdots a_{nj_n}$$

类似上述分析最终不难推得, 行列式(2) 的可能的非零项只有 1 项: $a_{11}a_{22}\cdots a_{nn}$. 从而得

$$D = (-1)^{\tau(12\cdots n)} a_{11}a_{22}\cdots a_{nn} = a_{11}a_{22}\cdots a_{nn}$$

今后称形如(2) 的行列式为**下三角行列式**. 上述计算表明,下三角行列式等于其主对角线上元素的乘积.

最后,我们不加证明地给出 n 阶行列式的如下等价定义:

定义 1.2

$$\begin{vmatrix} a_{11} & a_{12} & \cdots & a_{1n} \\ a_{21} & a_{22} & \cdots & a_{2n} \\ \cdots & \cdots & \cdots & \cdots \\ a_{n1} & a_{n2} & \cdots & a_{nn} \end{vmatrix} = \sum_{i_1 i_2 \cdots i_n} (-1)^{\tau(i_1 i_2 \cdots i_n)} a_{i_1 1} a_{i_2 2} \cdots a_{i_n n} \tag{1.7}$$

有兴趣的读者可以通过证明(1.6),(1.7) 式右端的展开式完全相同从而证明定义 1.2 与定义 1.1 完全等价.

习题 1.1

1. 试确定下列各排列的奇偶性:

(1)453162;　　　　(2)7146523;

(3)$13\cdots(2k-1)24\cdots(2k)$,($k$ 为自然数).

2. 试确定 i、j,使下面的(前 8 个自然数的)8 级排列成为偶排列:

(1)$i45178j3$;　　　　(2)$8i13j765$.

3. 计算下列行列式：

(1) $\begin{vmatrix} \cos\alpha & \sin\alpha \\ \sin\alpha & \cos\alpha \end{vmatrix}$ (2) $\begin{vmatrix} 1 & -2 & 3 \\ 2 & 1 & -1 \\ 4 & -3 & 5 \end{vmatrix}$

(3) $\begin{vmatrix} x & -1 & 2 \\ 1 & x & 3 \\ 2 & -2 & x \end{vmatrix}$ (4) $\begin{vmatrix} 1 & -1 & 0 \\ 2 & x & -1 \\ 3 & 0 & x \end{vmatrix}$

(5) $\begin{vmatrix} 4 & 0 & 0 & 0 & 0 \\ -1 & 0 & 2 & 0 & 0 \\ 0 & -1 & 4 & 0 & 0 \\ 0 & 3 & 0 & 3 & 0 \\ 0 & 0 & 0 & 2 & 5 \end{vmatrix}$

(6) $\begin{vmatrix} 0 & 0 & \cdots & 0 & 1 & 0 \\ 0 & 0 & \cdots & 2 & 0 & 0 \\ \cdots & \cdots & \cdots & \cdots & \cdots & \cdots \\ 0 & n-2 & \cdots & 0 & 0 & 0 \\ n-1 & 0 & \cdots & 0 & 0 & 0 \\ 0 & 0 & \cdots & 0 & 0 & n \end{vmatrix}$

(7) $\begin{vmatrix} 0 & 0 & \cdots & 0 & a_{1n} \\ 0 & 0 & \cdots & a_{2,n-1} & a_{2n} \\ \cdots & \cdots & \cdots & \cdots & \cdots \\ 0 & a_{n-1,2} & \cdots & a_{n-1,n-1} & a_{n-1,n} \\ a_{n1} & a_{n2} & \cdots & a_{n,n-1} & a_{nn} \end{vmatrix}$

(8) $\begin{vmatrix} a_{11} & a_{12} & a_{13} & a_{14} & a_{15} \\ a_{21} & a_{22} & a_{23} & a_{24} & a_{25} \\ a_{31} & a_{32} & 0 & 0 & 0 \\ a_{41} & a_{42} & 0 & 0 & 0 \\ a_{51} & a_{52} & 0 & 0 & 0 \end{vmatrix}$

§1.2　行列式的性质

根据行列式的定义,一个 n 阶行列式的展开式有 $n!$ 项. 不难想见,当 n 较大时,这是一项多么烦冗的计算! 于是,揭示行列式的计算规律,并利用这些规律来简化行列式的计算,便成为行列式研究的重要课题.

下面依次给出行列式的5条性质及其推论,以揭示对一个行列式实施的哪些变动不会改变行列式的值,哪些变动会使行列式的值发生规律性变化,以及行列式具有什么特征时其值为零.

设 n 阶行列式

$$D=\begin{vmatrix} a_{11} & a_{12} & \cdots & a_{1n} \\ a_{21} & a_{22} & \cdots & a_{2n} \\ \cdots & \cdots & \cdots & \cdots \\ a_{n1} & a_{n2} & \cdots & a_{nn} \end{vmatrix}$$

称将 D 中的行、列依次互换后所成的行列式为 D 的**转置行列式**. 记作 D^T. 即有

$$D^T=\begin{vmatrix} a_{11} & a_{21} & \cdots & a_{n1} \\ a_{12} & a_{22} & \cdots & a_{n2} \\ \cdots & \cdots & \cdots & \cdots \\ a_{1n} & a_{2n} & \cdots & a_{nn} \end{vmatrix}$$

性质1　$D^T=D$.

证明　设行列式 D^T 中位于第 i 行、第 j 列的元素为 b_{ij}. 则有

$$b_{ij}=a_{ji}\qquad(i,j=1,2,\cdots,n)$$

于是,由定义1.1

$$\begin{aligned} D^T &= \sum_{j_1j_2\cdots j_n}(-1)^{\tau(j_1j_2\cdots j_n)}b_{1j_1}b_{2j_2}\cdots b_{nj_n} \\ &= \sum_{j_1j_2\cdots j_n}(-1)^{\tau(j_1j_2\cdots j_n)}a_{j_11}a_{j_22}\cdots a_{j_nn} \end{aligned}$$

再由定义1.2,$D^T=D$.

性质1表明,行列式中行与列的地位完全相当,因而下面给出的行列式有关行的性质对列亦成立,以下不再一一说明.

性质2　将 D 中两行元素对调变成行列式 D_1,则 $D_1=-D$.

证明 设

$$D=\begin{vmatrix} a_{11} & a_{12} & \cdots & a_{1n} \\ \cdots & \cdots & \cdots & \cdots \\ a_{s1} & a_{s2} & \cdots & a_{sn} \\ \cdots & \cdots & \cdots & \cdots \\ a_{t1} & a_{t2} & \cdots & a_{tn} \\ \cdots & \cdots & \cdots & \cdots \\ a_{n1} & a_{n2} & \cdots & a_{nn} \end{vmatrix}$$

将第 s 行与第 t 行对调变成

$$D_1=\begin{vmatrix} b_{11} & b_{12} & \cdots & b_{1n} \\ \cdots & \cdots & \cdots & \cdots \\ b_{s1} & b_{s2} & \cdots & b_{sn} \\ \cdots & \cdots & \cdots & \cdots \\ b_{t1} & b_{t2} & \cdots & b_{tn} \\ \cdots & \cdots & \cdots & \cdots \\ b_{n1} & b_{n2} & \cdots & b_{nn} \end{vmatrix} \quad (1 \leqslant s < t \leqslant n)$$

则,由假设有

$$b_{sj}=a_{tj}, b_{tj}=a_{sj}, b_{ij}=a_{ij}(i \neq s,t; j=1,2,\cdots,n)$$

由定义 1.1

$$\begin{aligned} D_1 &= \sum_{j_1 j_2 \cdots j_n} (-1)^{\tau(j_1 \cdots j_s \cdots j_t \cdots j_n)} b_{1j_1} \cdots b_{sj_s} \cdots b_{tj_t} \cdots b_{nj_n} \\ &= \sum_{j_1 j_2 \cdots j_n} (-1)^{\tau(j_1 \cdots j_s \cdots j_t \cdots j_n)} a_{1j_1} \cdots a_{tj_s} \cdots a_{sj_t} \cdots a_{nj_n} \\ &= \sum_{j_1 j_2 \cdots j_n} (-1)^{\tau(j_1 \cdots j_s \cdots j_t \cdots j_n)} a_{1j_1} \cdots a_{sj_t} \cdots a_{tj_s} \cdots a_{nj_n} \end{aligned}$$

注意,上面第三个等号右端的和式中每一项的因子(即行列式 D 的元素)的行标已成自然排列,而列标所成的 n 级排列与该项前面的符号因子 $(-1)^{\tau(j_1 \cdots j_s \cdots j_t \cdots j_n)}$ 中的 n 级排列刚好相差一次对换,从而 $(-1)^{\tau(j_1 \cdots j_t \cdots j_s \cdots j_n)} = -(-1)^{\tau(j_1 \cdots j_s \cdots j_t \cdots j_n)}$,于是得

$$D_1 = -\sum_{j_1 j_2 \cdots j_n} (-1)^{\tau(j_1 \cdots j_t \cdots j_s \cdots j_n)} a_{1j_1} \cdots a_{sj_t} \cdots a_{tj_s} \cdots a_{nj_n} = -D$$

将性质 2 用于有两行完全相同的行列式 D 上:互换 D 中相同的两行,得 $D=-D$,从而 $D=0$. 我们将此结果叙述成如下的推论:

推论 若行列式 D 中有两行完全相同,则 $D = 0$.

性质 3 行列式中某行的公共因子可以提到行列式外面来. 即有

$$D = \begin{vmatrix} a_{11} & a_{12} & \cdots & a_{1n} \\ \cdots & \cdots & \cdots & \cdots \\ ka_{i1} & ka_{i2} & \cdots & ka_{in} \\ \cdots & \cdots & \cdots & \cdots \\ a_{n1} & a_{n2} & \cdots & a_{nn} \end{vmatrix} = k \begin{vmatrix} a_{11} & a_{12} & \cdots & a_{1n} \\ \cdots & \cdots & \cdots & \cdots \\ a_{i1} & a_{i2} & \cdots & a_{in} \\ \cdots & \cdots & \cdots & \cdots \\ a_{n1} & a_{n2} & \cdots & a_{nn} \end{vmatrix} = kD_1$$

证明 由定义 1.1

$$D = \sum_{j_1 j_2 \cdots j_n} (-1)^{\tau(j_1 \cdots j_i \cdots j_n)} a_{1j_1} \cdots (ka_{ij_i}) \cdots a_{nj_n}$$

$$= k \sum_{j_1 j_2 \cdots j_n} (-1)^{\tau(j_1 \cdots j_i \cdots j_n)} a_{1j_1} \cdots a_{ij_i} \cdots a_{nj_n} = kD_1$$

推论 1 若行列式 D 中某行元素全为零,则 $D = 0$.

推论 2 若行列式 D 中某两行的对应元素成比例,则 $D = 0$.

性质 4 若行列式 D 中某行的每个元素都是两数之和,则 D 可依此行拆成两个行列式 D_1 与 D_2 之和,即有

$$D = \begin{vmatrix} a_{11} & a_{12} & \cdots & a_{1n} \\ \cdots & \cdots & \cdots & \cdots \\ b_{i1} + c_{i1} & b_{i2} + c_{i2} & \cdots & b_{in} + c_{in} \\ \cdots & \cdots & \cdots & \cdots \\ a_{n1} & a_{n2} & \cdots & a_{nn} \end{vmatrix}$$

$$= \begin{vmatrix} a_{11} & a_{12} & \cdots & a_{1n} \\ \cdots & \cdots & \cdots & \cdots \\ b_{i1} & b_{i2} & \cdots & b_{in} \\ \cdots & \cdots & \cdots & \cdots \\ a_{n1} & a_{n2} & \cdots & a_{nn} \end{vmatrix} + \begin{vmatrix} a_{11} & a_{12} & \cdots & a_{1n} \\ \cdots & \cdots & \cdots & \cdots \\ c_{i1} & c_{i2} & \cdots & c_{in} \\ \cdots & \cdots & \cdots & \cdots \\ a_{n1} & a_{n2} & \cdots & a_{nn} \end{vmatrix} = D_1 + D_2$$

读者可利用定义 1.1 自己给出性质 4 的证明. 根据性质 4 及性质 3 的推论 2,容易得出行列式计算中应用最多的下面的性质:

性质 5 将行列式中某行元素的 k 倍加到另一行的相应元素上,行列式的值不变. 即有

$$\begin{vmatrix} a_{11} & a_{12} & \cdots & a_{1n} \\ \cdots & \cdots & \cdots & \cdots \\ a_{s1} & a_{s2} & \cdots & a_{sn} \\ \cdots & \cdots & \cdots & \cdots \\ a_{t1} & a_{t2} & \cdots & a_{tn} \\ \cdots & \cdots & \cdots & \cdots \\ a_{n1} & a_{n2} & \cdots & a_{nn} \end{vmatrix} = \begin{vmatrix} a_{11} & a_{12} & \cdots & a_{1n} \\ \cdots & \cdots & \cdots & \cdots \\ a_{s1}+ka_{t1} & a_{s2}+ka_{t2} & \cdots & a_{sn}+ka_{tn} \\ \cdots & \cdots & \cdots & \cdots \\ a_{t1} & a_{t2} & \cdots & a_{tn} \\ \cdots & \cdots & \cdots & \cdots \\ a_{n1} & a_{n2} & \cdots & a_{nn} \end{vmatrix}$$

行列式的性质何以能简化行列式的计算？请看以下例题.

例 1 计算上三角行列式

$$D = \begin{vmatrix} a_{11} & a_{12} & \cdots & a_{1n} \\ 0 & a_{22} & \cdots & a_{2n} \\ \cdots & \cdots & \cdots & \cdots \\ 0 & 0 & \cdots & a_{nn} \end{vmatrix}$$

解 注意到 D 的转置行列式 D^T 恰是下三角行列式,由 §1.1 例 4 得

$$D = D^T = a_{11}a_{22}\cdots a_{nn}$$

即上三角行列式等于其主对角线上元素的乘积.

至此我们看到,上、下三角行列式都等于其主对角线元素的乘积. 这一结果在行列式计算中常被人们加以利用.

为了清楚地反映行列式的变化过程,特规定以下记号:

“$r_i \leftrightarrow r_j$” 表示将行列式的第 i、j 行对调;

“$r_i + kr_j$” 表示将行列式的第 j 行的 k 倍加到第 i 行;

此外约定,对行列式的列施行的类似变化只须将上述记号中的字母“r” 换作“c”.

例如,“$c_2 - 3c_4$” 表示将第 4 列的(- 3) 倍加到第 2 列;“$c_4 + c_1 + c_2 + c_3$” 表示将第 1、2、3 列都加到第 4 列上去.

例 2 计算行列式

$$D = \begin{vmatrix} 2 & -1 & 0 & 1 \\ 1 & 0 & 2 & 3 \\ -3 & 1 & 1 & -1 \\ 3 & 2 & 0 & 2 \end{vmatrix}$$

解

$$D\xlongequal{r_1\leftrightarrow r_2}-\begin{vmatrix}1&0&2&3\\2&-1&0&1\\-3&1&1&-1\\3&2&0&2\end{vmatrix}\xlongequal[r_4-3r_1]{r_2-2r_1,r_3+3r_1}-\begin{vmatrix}1&0&2&3\\0&-1&-4&-5\\0&1&7&8\\0&2&-6&-7\end{vmatrix}$$

$$\xlongequal{r_3+r_2,r_4+2r_2}-\begin{vmatrix}1&0&2&3\\0&-1&-4&-5\\0&0&3&3\\0&0&-14&-17\end{vmatrix}=3\begin{vmatrix}1&0&2&3\\0&1&4&5\\0&0&1&1\\0&0&-14&-17\end{vmatrix}$$

$$\xlongequal{r_4+14r_3}3\begin{vmatrix}1&0&2&3\\0&1&4&5\\0&0&1&1\\0&0&0&-3\end{vmatrix}=-9$$

例 3　计算行列式

$$D=\begin{vmatrix}1+x&1&1&1\\1&1-x&1&1\\1&1&1+y&1\\1&1&1&1-y\end{vmatrix}$$

解　若 $y=0$,则因 D 中第 3、4 行相同,故有 $D=0$;
若 $y\neq 0$,则

$$D\xlongequal[(i=2、3、4)]{r_i-r_1}\begin{vmatrix}1+x&1&1&1\\-x&-x&0&0\\-x&0&y&0\\-x&0&0&-y\end{vmatrix}$$

$$\xlongequal{c_1-c_2+\frac{x}{y}c_3-\frac{x}{y}c_4}\begin{vmatrix}x&1&1&1\\0&-x&0&0\\0&0&y&0\\0&0&0&-y\end{vmatrix}=x^2y^2$$

例 4　证明

$$\begin{vmatrix}x_1+y_1&y_1+z_1&z_1+x_1\\x_2+y_2&y_2+z_2&z_2+x_2\\x_3+y_3&y_3+z_3&z_3+x_3\end{vmatrix}=2\begin{vmatrix}x_1&y_1&z_1\\x_2&y_2&z_2\\x_3&y_3&z_3\end{vmatrix}$$

证明　方法1. 由性质4,左端行列式D可依第1列拆成两个行列式D_1、D_2之和:$D = D_1 + D_2$;同理,D_1、D_2又可分别依第2列拆成$D_1 = D_{11} + D_{12}$,$D_2 = D_{21} + D_{22}$;最后D_{11}、D_{12}、D_{21}、D_{22}又可依第3列各自拆成两个行列式之和. 显然,在这8个行列式中,有6个行列式均有两个相同的列从而值为零,于是得

$$D = \begin{vmatrix} x_1 & y_1 & z_1 \\ x_2 & y_2 & z_2 \\ x_3 & y_3 & z_3 \end{vmatrix} + \begin{vmatrix} y_1 & z_1 & x_1 \\ y_2 & z_2 & x_2 \\ y_3 & z_3 & x_3 \end{vmatrix}$$

注意到上式右端第2个行列式只须依次对调1、3列,2、3列即成第1个行列式,故原等式成立.

方法2.

$$D \xlongequal{c_3 - c_1 + c_2} \begin{vmatrix} x_1 + y_1 & y_1 + z_1 & 2z_1 \\ x_2 + y_2 & y_2 + z_2 & 2z_2 \\ x_3 + y_3 & y_3 + z_3 & 2z_3 \end{vmatrix}$$

$$= 2\begin{vmatrix} x_1 + y_1 & y_1 + z_1 & z_1 \\ x_2 + y_2 & y_2 + z_2 & z_2 \\ x_3 + y_3 & y_3 + z_3 & z_3 \end{vmatrix} \xlongequal[c_1 - c_2]{c_2 - c_3} 2\begin{vmatrix} x_1 & y_1 & z_1 \\ x_2 & y_2 & z_2 \\ x_3 & y_3 & z_3 \end{vmatrix}$$

例5　计算行列式

$$D = \begin{vmatrix} b & a & a & \cdots & a \\ a & b & a & \cdots & a \\ a & a & b & \cdots & a \\ \cdots & \cdots & \cdots & \cdots & \cdots \\ a & a & a & \cdots & b \end{vmatrix}$$

解

$$D \xlongequal{c_1 + c_2 + c_3 + \cdots + c_n} \begin{vmatrix} (n-1)a + b & a & a & \cdots & a \\ (n-1)a + b & b & a & \cdots & a \\ (n-1)a + b & a & b & \cdots & a \\ \cdots & \cdots & \cdots & \cdots & \cdots \\ (n-1)a + b & a & a & \cdots & b \end{vmatrix}$$

$$=[(n-1)a+b]\begin{vmatrix} 1 & a & a & \cdots & a \\ 1 & b & a & \cdots & a \\ 1 & a & b & \cdots & a \\ \cdots & \cdots & \cdots & \cdots & \cdots \\ 1 & a & a & \cdots & b \end{vmatrix}$$

$$\xlongequal[(i=2,3,\cdots,n)]{r_i-r_1}[(n-1)a+b]\begin{vmatrix} 1 & a & a & \cdots & a \\ 0 & b-a & 0 & \cdots & 0 \\ 0 & 0 & b-a & \cdots & 0 \\ \cdots & \cdots & \cdots & \cdots & \cdots \\ 0 & 0 & 0 & \cdots & b-a \end{vmatrix}$$

$$=[(n-1)a+b](b-a)^{n-1}$$

例 6　计算行列式 $D=\begin{vmatrix} a_1+x_1 & a_2 & a_3 & \cdots & a_n \\ a_1 & a_2+x_2 & a_3 & \cdots & a_n \\ a_1 & a_2 & a_3+x_3 & \cdots & a_n \\ \cdots & \cdots & \cdots & \cdots & \cdots \\ a_1 & a_2 & a_3 & \cdots & a_n+x_n \end{vmatrix}$，其中 $x_1x_2\cdots x_n\neq 0$.

解

$$D\xlongequal[(i=2,3,\cdots,n)]{r_i-r_1}\begin{vmatrix} a_1+x_1 & a_2 & a_3 & \cdots & a_n \\ -x_1 & x_2 & 0 & \cdots & 0 \\ -x_1 & 0 & x_3 & \cdots & 0 \\ \cdots & \cdots & \cdots & \cdots & \cdots \\ -x_1 & 0 & 0 & \cdots & x_n \end{vmatrix}$$

$$\xlongequal{c_1+x_1\sum_{i=2}^{n}\frac{c_i}{x_i}}\begin{vmatrix} a_1+x_1+x_1\sum\limits_{i=2}^{n}\dfrac{a_i}{x_i} & a_2 & a_3 & \cdots & a_n \\ 0 & x_2 & 0 & \cdots & 0 \\ 0 & 0 & x_3 & \cdots & 0 \\ \cdots & \cdots & \cdots & \cdots & \cdots \\ 0 & 0 & 0 & \cdots & x_n \end{vmatrix}$$

$$=(a_1+x_1+x_1\sum_{i=2}^{n}\frac{a_i}{x_i})x_2x_3\cdots x_n=(1+x_1\sum_{i=1}^{n}\frac{a_i}{x_i})x_1x_2\cdots x_n$$

上述算例表明,利用行列式的性质可使一些行列式的计算大为简化. 对许多行列式,特别是其元素都是数字的行列式而言,利用性质将其化为上(下)三角行列式(或其他便于计算的形式)常常是有效的. 当然,在变化行列式时,方法可以是相当灵活的(读者不妨尝试用其他方法计算例 2— 例 5).

为掌握行列式计算的规律,做足够数量的题是完全有必要的.

习题 1.2

1. 计算行列式

(1) $\begin{vmatrix} 1 & 2 & 0 & 1 \\ 1 & 3 & 5 & 0 \\ 0 & 1 & 5 & 6 \\ 1 & 2 & 3 & 4 \end{vmatrix}$　　(2) $\begin{vmatrix} 2 & 1 & 4 & -1 \\ 3 & -1 & 2 & -1 \\ 1 & 2 & 3 & -2 \\ 5 & 0 & 6 & -2 \end{vmatrix}$

(3) $\begin{vmatrix} 2 & 3 & 4 & 1 \\ 3 & 4 & 1 & 2 \\ 4 & 1 & 2 & 3 \\ 1 & 2 & 3 & 4 \end{vmatrix}$　　(4) $\begin{vmatrix} 401 & 399 & -1 \\ 398 & 400 & 0 \\ 299 & 298 & 2 \end{vmatrix}$

(5) $\begin{vmatrix} 1 & 1 & 1 & 1 \\ a & b & c & d \\ c & c & d & a \\ 0 & 0 & c-d & b \end{vmatrix}$　　(6) $\begin{vmatrix} a & -b & -b & -b \\ a & -b & 0 & 0 \\ a & 0 & c & 0 \\ a & 0 & 0 & -c \end{vmatrix}$

(7) $\begin{vmatrix} 0 & a & b & a \\ a & 0 & a & b \\ b & a & 0 & a \\ a & b & a & 0 \end{vmatrix}$

(8) $\begin{vmatrix} a_1-b & a_2 & a_3 & \cdots & a_n \\ a_1 & a_2-b & a_3 & \cdots & a_n \\ a_1 & a_2 & a_3-b & \cdots & a_n \\ \cdots & \cdots & \cdots & \cdots & \cdots \\ a_1 & a_2 & a_3 & \cdots & a_n-b \end{vmatrix}$

2. 解下列方程

(1) $$\begin{vmatrix} 1 & 2 & 3 & x+4 \\ 1 & 2 & x+3 & 4 \\ 1 & x+2 & 3 & 4 \\ x+1 & 2 & 3 & 4 \end{vmatrix} = 0$$

(2) $$\begin{vmatrix} 2 & 2 & 2 & \cdots & n-x \\ 1 & 1-x & 1 & \cdots & 1 \\ 1 & 1 & 2-x & \cdots & 1 \\ \cdots & \cdots & \cdots & \cdots & \cdots \\ 1 & 1 & 1 & \cdots & (n-1)-x \end{vmatrix} = 0$$

3. 证明下列等式

(1) $$\begin{vmatrix} x_1+y_1 & y_1+z_1 & z_1+x_1 \\ x_2+y_2 & y_2+z_2 & z_2+x_2 \\ x_3+y_3 & y_3+z_3 & z_3+x_3 \end{vmatrix} = 2\begin{vmatrix} x_1 & y_1 & z_1 \\ x_2 & y_2 & z_2 \\ x_3 & y_3 & z_3 \end{vmatrix}$$

（注:用不同于例 4 的方法）

(2) $$\begin{vmatrix} ax+by & ay+bz & az+bx \\ ay+bz & az+bx & ax+by \\ az+bx & ax+by & ay+bz \end{vmatrix} = (a^3+b^3)\begin{vmatrix} x & y & z \\ y & z & x \\ z & x & y \end{vmatrix}$$

4. 计算 n 阶行列式

(1) $$\begin{vmatrix} 0 & 1 & 1 & \cdots & 1 & 1 \\ 1 & 0 & 1 & \cdots & 1 & 1 \\ 1 & 1 & 0 & \cdots & 1 & 1 \\ \cdots & \cdots & \cdots & \cdots & \cdots & \cdots \\ 1 & 1 & 1 & \cdots & 0 & 1 \\ 1 & 1 & 1 & \cdots & 1 & 0 \end{vmatrix}$$

(2) $$\begin{vmatrix} 1 & 2 & 2 & \cdots & 2 \\ 2 & 2 & 2 & \cdots & 2 \\ 2 & 2 & 3 & \cdots & 2 \\ \cdots & \cdots & \cdots & \cdots & \cdots \\ 2 & 2 & 2 & \cdots & n \end{vmatrix}$$

$$(3)\begin{vmatrix} 1 & 1 & \cdots & 1 & -n \\ 1 & 1 & \cdots & -n & 1 \\ \cdots & \cdots & \cdots & \cdots & \cdots \\ 1 & -n & \cdots & 1 & 1 \\ -n & 1 & \cdots & 1 & 1 \end{vmatrix}$$

$$(4)\begin{vmatrix} a+x & a & a & \cdots & a \\ a & a+2x & a & \cdots & a \\ a & a & a+3x & \cdots & a \\ \cdots & \cdots & \cdots & \cdots & \cdots \\ a & a & a & \cdots & a+nx \end{vmatrix}$$

5. 若 n 阶行列式 D_n 中的元素满足 $a_{ij}=-a_{ji}(i、j=1,2,\cdots,n)$，则称 D_n 为**反对称行列式**．试证明当 n 为奇数时反对称行列式 $D_n=0$.

§1.3　行列式按行(列)展开定理

上一节我们看到利用行列式的性质可使某些行列式的计算大为简化．本节我们将讨论行列式计算的另一主要途径 —— 降阶计算．一般而言，低阶行列式较之高阶行列式要容易计算．因此若能找到将高阶行列式的计算转化为低阶行列式计算的途径，对简化行列式的计算无疑是有益的．

§1.3.1　按某行(列)展开行列式

定义 1.3　将行列式(1.5)中元素 a_{ij} 所在的第 i 行、第 j 列划去之后所得到的 $n-1$ 阶行列式称作元素 a_{ij} 的余子式，记为 M_{ij}；称 $A_{ij}=(-1)^{i+j}M_{ij}$ 为 a_{ij} 的代数余子式．

例 1　设 $D=\begin{vmatrix} -1 & 2 & 0 \\ 1 & 1 & 3 \\ 0 & 4 & 2 \end{vmatrix}$，则元素 $a_{23}=3$ 的余子式为

$$M_{23}=\begin{vmatrix} -1 & 2 \\ 0 & 4 \end{vmatrix}=-4$$

代数余子式为 $A_{23}=(-1)^{2+3}M_{23}=4$.

为给出行列式按行(列)展开定理,先介绍下面的引理.

引理 若 n 阶行列式 D 的第 i 行元素中除 a_{ij} 外都为零,则

$$D=a_{ij}A_{ij}$$

证明 (1) 先考虑 a_{ij} 位于第1行第1列的情形. 此时

$$D=\begin{vmatrix} a_{11} & 0 & \cdots & 0 \\ a_{21} & a_{22} & \cdots & a_{2n} \\ \cdots & \cdots & \cdots & \cdots \\ a_{n1} & a_{n2} & \cdots & a_{nn} \end{vmatrix}$$

因 D 的第1行元素中除 a_{11} 外都为零,故在 D 的展开式中含有因子 $a_{1j_1}(j_1\neq1)$ 的项都为零. 于是

$$D=\sum_{1j_2\cdots j_n}(-1)^{\tau(1j_2\cdots j_n)}a_{11}a_{2j_2}\cdots a_{nj_n}=a_{11}\sum_{j_2\cdots j_n}(-1)^{\tau(j_2\cdots j_n)}a_{2j_2}\cdots a_{nj_n}$$
$$=a_{11}M_{11}=a_{11}A_{11}$$

(2) 再考虑一般情形. 此时

$$D=\begin{vmatrix} a_{11} & a_{12} & \cdots & a_{1j} & \cdots & a_{1n} \\ a_{21} & a_{22} & \cdots & a_{2j} & \cdots & a_{2n} \\ \cdots & \cdots & \cdots & \cdots & \cdots & \cdots \\ 0 & 0 & \cdots & a_{ij} & \cdots & 0 \\ \cdots & \cdots & \cdots & \cdots & \cdots & \cdots \\ a_{n1} & a_{n2} & \cdots & a_{nj} & \cdots & a_{nn} \end{vmatrix}$$

先将 D 的第 i 行依次与其上面的第 $i-1$ 行,第 $i-2$ 行,$\cdots$ 第1行对调. 由行列式性质2,有

$$D=(-1)^{i-1}\begin{vmatrix} 0 & 0 & \cdots & 0 & a_{ij} & 0 & \cdots & 0 \\ a_{11} & a_{12} & \cdots & a_{1,j-1} & a_{1j} & a_{1,j+1} & \cdots & a_{1n} \\ \cdots & \cdots & \cdots & \cdots & \cdots & \cdots & \cdots & \cdots \\ a_{n1} & a_{n2} & \cdots & a_{n,j-1} & a_{nj} & a_{n,j+1} & \cdots & a_{nn} \end{vmatrix}$$

再将上式右端行列式的第 j 列依次与其左边的第 $j-1$ 列,第 $j-2$ 列,$\cdots$ 第1列对调. 于是

$$D = (-1)^{i-1+(j-1)} \begin{vmatrix} a_{ij} & 0 & \cdots & 0 & 0 & \cdots & 0 \\ a_{1j} & a_{11} & \cdots & a_{1,j-1} & a_{1,j+1} & \cdots & a_{1n} \\ \cdots & \cdots & \cdots & \cdots & \cdots & \cdots & \cdots \\ a_{nj} & a_{n1} & \cdots & a_{n,j-1} & a_{n,j+1} & \cdots & a_{nn} \end{vmatrix}$$

此时,上式右端行列式已成(1) 的情形. 故

$$D = (-1)^{i+j} a_{ij} M_{ij} = a_{ij} A_{ij}$$

定理 1.2　n 阶行列式 D 等于它的任意一行(列) 元素与其代数余子式的乘积之和. 即

$$D = a_{i1}A_{i1} + a_{i2}A_{i2} + \cdots + a_{in}A_{in} \tag{1.8}$$

或

$$D = a_{1j}A_{1j} + a_{2j}A_{2j} + \cdots + a_{nj}A_{nj} \tag{1.9}$$

$$(i,j = 1,2,\cdots,n)$$

证明　由行列式性质 1,只须证(1.8).

$$D = \begin{vmatrix} a_{11} & a_{12} & \cdots & a_{1n} \\ \cdots & \cdots & \cdots & \cdots \\ a_{i1} & a_{i2} & \cdots & a_{in} \\ \cdots & \cdots & \cdots & \cdots \\ a_{n1} & a_{n2} & \cdots & a_{nn} \end{vmatrix}$$

$$= \begin{vmatrix} a_{11} & a_{12} & \cdots & a_{1n} \\ \cdots & \cdots & \cdots & \cdots \\ a_{11} + 0 + \cdots + 0 & 0 + a_{i2} + \cdots + 0 & \cdots & 0 + 0 + \cdots + a_{in} \\ \cdots & \cdots & \cdots & \cdots \\ a_{n1} & a_{n2} & \cdots & a_{nn} \end{vmatrix}$$

由行列式性质 4 及引理,得

$$D = \begin{vmatrix} a_{11} & a_{12} & \cdots & a_{1n} \\ \cdots & \cdots & \cdots & \cdots \\ a_{i1} & 0 & \cdots & 0 \\ \cdots & \cdots & \cdots & \cdots \\ a_{n1} & a_{n2} & \cdots & a_{nn} \end{vmatrix} + \begin{vmatrix} a_{11} & a_{12} & \cdots & a_{1n} \\ \cdots & \cdots & \cdots & \cdots \\ 0 & a_{i2} & \cdots & 0 \\ \cdots & \cdots & \cdots & \cdots \\ a_{n1} & a_{n2} & \cdots & a_{nn} \end{vmatrix} + \cdots$$

$$
+\begin{vmatrix} a_{11} & a_{12} & \cdots & a_{1n} \\ \cdots & \cdots & \cdots & \cdots \\ 0 & 0 & \cdots & a_{in} \\ \cdots & \cdots & \cdots & \cdots \\ a_{n1} & a_{n2} & \cdots & a_{nn} \end{vmatrix}
$$

$$
= a_{i1}A_{i1} + a_{i2}A_{i2} + \cdots + a_{in}A_{in} \quad (i = 1,2,\cdots,n)
$$

定理 1.2 表明,n 阶行列式 D 可降阶为 $n-1$ 阶行列式来计算. 特别地,当 D 的某行(列) 有众多元素为零时,将 D 按此行展开将使计算量大为减少.

例 2 计算行列式

$$
D = \begin{vmatrix} 1 & 4 & 0 & 3 & 1 \\ 8 & 6 & 3 & -7 & 9 \\ 0 & 5 & 0 & 4 & 0 \\ 0 & 5 & 0 & 0 & 0 \\ 3 & -4 & 0 & -1 & 2 \end{vmatrix}
$$

解 因 D 中第 3 列只有一个非零元素,故可利用公式(1.9) 将 D 按第 3 列展开,得

$$
D = 3 \cdot (-1)^{2+3} \begin{vmatrix} 1 & 4 & 3 & 1 \\ 0 & 5 & 4 & 0 \\ 0 & 5 & 0 & 0 \\ 3 & -4 & -1 & 2 \end{vmatrix}
$$

$$
\xlongequal{\text{按第 3 行展开}} -3 \cdot 5(-1)^{3+2} \begin{vmatrix} 1 & 3 & 1 \\ 0 & 4 & 0 \\ 3 & -1 & 2 \end{vmatrix}
$$

$$
\xlongequal{\text{按第 2 行展开}} 15 \cdot 4(-1)^{2+2} \begin{vmatrix} 1 & 1 \\ 3 & 2 \end{vmatrix} = -60
$$

本例充分利用了行列式中有众多元素为零这一特点反复使用公式(1.8)、(1.9) 将 D 逐次降阶,极大地简化了行列式的计算. 其实,即使行列式中没有这么多零,我们也可以利用行列式的性质“造”出足够多的零,再使用公式(1.8)、(1.9) 进行计算.

例 3 计算行列式

$$D=\begin{vmatrix}2&-3&4&1\\4&2&3&2\\1&0&2&0\\3&-1&4&0\end{vmatrix}$$

解 $$D\xlongequal{r_2-2r_1}\begin{vmatrix}2&-3&4&1\\0&8&-5&0\\1&0&2&0\\3&-1&4&0\end{vmatrix}=-\begin{vmatrix}0&8&-5\\1&0&2\\3&-1&4\end{vmatrix}$$

$$\xlongequal{c_3-2c_1}-\begin{vmatrix}0&8&-5\\1&0&0\\3&-1&-2\end{vmatrix}=\begin{vmatrix}8&-5\\-1&-2\end{vmatrix}=-21$$

例 2、例 3 所展示的算法称为行列式的降阶算法. 对于某些具有特殊结构的 n 阶行列式,有时可利用降阶法导出其递推公式,从而最终将行列式计算出来. 下面的例 4 就是一个简单而富有启发性的例子.

例 4 计算 n 阶行列式

$$D_n=\begin{vmatrix}x&-1&0&\cdots&0&0\\0&x&-1&\cdots&0&0\\0&0&x&\cdots&0&0\\\cdots&\cdots&\cdots&\cdots&\cdots&\cdots\\0&0&0&\cdots&x&-1\\a_n&a_{n-1}&a_{n-2}&\cdots&a_2&x+a_1\end{vmatrix}$$

解 将 D_n 按第 1 列展开

$$D_n=x\begin{vmatrix}x&-1&\cdots&0&0\\0&x&\cdots&0&0\\\cdots&\cdots&\cdots&\cdots&\cdots\\0&0&\cdots&x&-1\\a_{n-1}&a_{n-2}&\cdots&a_2&x+a_1\end{vmatrix}$$

$$+a_n\cdot(-1)^{n+1}\begin{vmatrix}-1 & 0 & \cdots & 0 & 0\\ x & -1 & \cdots & 0 & 0\\ 0 & x & \cdots & 0 & 0\\ \cdots & \cdots & \cdots & \cdots & \cdots\\ 0 & 0 & \cdots & x & -1\end{vmatrix}$$

于是,得递推公式

$$D_n = xD_{n-1} + a_n$$

这里 D_{n-1} 是与 D_n 具有相同结构的 $n-1$ 阶行列式,于是有

$$D_{n-1} = xD_{n-2} + a_{n-1}$$

同理,$D_{n-2} = xD_{n-3} + a_{n-2},\cdots,D_2 = xD_1 + a_2$. 而 $D_1 = x + a_1$,故得

$$\begin{aligned}D_n &= x(xD_{n-2} + a_{n-1}) + a_n = x^2D_{n-2} + a_{n-1}x + a_n\\ &= x^2(xD_{n-3} + a_{n-2}) + a_{n-1}x + a_n\\ &= \cdots\cdots\\ &= x^{n-2}(xD_1 + a_2) + a_3x^{n-3} + a_4x^{n-4} + \cdots + a_n\\ &= x^n + a_1x^{n-1} + a_2x^{n-2} + \cdots + a_{n-1}x + a_n\end{aligned}$$

行列式降阶算法的一个著名例子是如下的范德蒙(Vandermonde)行列式.

例 5　证明范德蒙行列式

$$V_n = \begin{vmatrix}1 & 1 & 1 & \cdots & 1\\ a_1 & a_2 & a_3 & \cdots & a_n\\ a_1^2 & a_2^2 & a_3^2 & \cdots & a_n^2\\ \cdots & \cdots & \cdots & \cdots & \cdots\\ a_1^{n-1} & a_2^{n-1} & a_3^{n-1} & \cdots & a_n^{n-1}\end{vmatrix} = \prod_{1\le j<i\le n}(a_i - a_j) \tag{1.10}$$

其中连乘积 $\prod\limits_{1\le j<i\le n}(a_i - a_j)$ 表示满足条件"$1\leqslant j<i\leqslant n$"的所有因子$(a_i - a_j)$的乘积.

证明　对阶数 n 使用数学归纳法. 当 $n=2$ 时,

$$V_2 = \begin{vmatrix}1 & 1\\ a_1 & a_2\end{vmatrix} = a_2 - a_1 = \prod_{1\le j<i\le n}(a_i - a_j),$$

故(1.10)式成立. 假设结论对 $n-1$ 阶范德蒙行列式成立,现证结论对 n 阶范德蒙行列式亦成立.

从 V_n 的第 n 行开始,自下而上直到第 2 行,都以上一行元素的 $-a_1$ 倍加到下

一行,得

$$V_n = \begin{vmatrix} 1 & 1 & 1 & \cdots & 1 \\ 0 & a_2 - a_1 & a_3 - a_1 & \cdots & a_n - a_1 \\ 0 & a_2(a_2 - a_1) & a_3(a_3 - a_1) & \cdots & a_n(a_n - a_1) \\ \cdots & \cdots & \cdots & \cdots & \cdots \\ 0 & a_2^{n-2}(a_2 - a_1) & a_3^{n-2}(a_3 - a_1) & \cdots & a_n^{n-2}(a_n - a_1) \end{vmatrix}$$

按第 1 列展开并提取公因式,得

$$V_n = (a_2 - a_1)(a_3 - a_1)\cdots(a_n - a_1)\begin{vmatrix} 1 & 1 & \cdots & 1 \\ a_2 & a_3 & \cdots & a_n \\ \cdots & \cdots & \cdots & \cdots \\ a_2^{n-2} & a_3^{n-2} & \cdots & a_n^{n-2} \end{vmatrix}$$

显然,等号右端的行列式是 $n-1$ 阶范德蒙行列式,故由归纳假设,得

$$V_n = (a_2 - a_1)(a_3 - a_1)\cdots(a_n - a_1)\prod_{2\le j<i\le n}(a_i - a_j) = \prod_{1\le j<i\le n}(a_i - a_j)$$

于是,对任意自然数 n,等式(1.10)都成立.

例 6 设

$$D = \begin{vmatrix} 3 & -5 & 2 & 1 \\ 1 & 1 & 0 & 5 \\ -1 & 3 & 1 & 3 \\ 2 & -4 & -1 & 3 \end{vmatrix}$$

求:

(1) $A_{11} + A_{21} + A_{31} + A_{41}$

(2) $M_{11} + M_{12} + M_{13} + M_{14}$

(3) $2A_{21} - 4A_{22} - A_{23} + 3A_{24}$

解 (1) 令 $D_1 = \begin{vmatrix} 1 & -5 & 2 & 1 \\ 1 & 1 & 0 & 5 \\ 1 & 3 & 1 & 3 \\ 1 & -4 & -1 & 3 \end{vmatrix}$. 显然 D 和 D_1 的第一列的代数余子式完全相同. 因此所求的和式恰好是 D_1 按第一列的展开式. 于是

$$A_{11} + A_{21} + A_{31} + A_{41} = \begin{vmatrix} 1 & -5 & 2 & 1 \\ 1 & 1 & 0 & 5 \\ 1 & 3 & 1 & 3 \\ 1 & -4 & -1 & 3 \end{vmatrix} = 40$$

(2) 同理,因为 $D_2 = \begin{vmatrix} 1 & -1 & 1 & -1 \\ 1 & 1 & 0 & 5 \\ -1 & 3 & 1 & 3 \\ 2 & -4 & -1 & 3 \end{vmatrix}$ 和 D 的第一列的代数余子式完全相同,所求和式是 D_2 按第一行的展开式,即

$$M_{11} + M_{12} + M_{13} + M_{14} = A_{11} - A_{12} + A_{13} - A_{14} = \begin{vmatrix} 1 & -1 & 1 & -1 \\ 1 & 1 & 0 & 5 \\ -1 & 3 & 1 & 3 \\ 2 & -4 & -1 & 3 \end{vmatrix} = 34$$

(3) 同上,为了求和式 $2A_{21} - 4A_{22} - A_{23} + 3A_{24}$,我们只需将 D 中第二行元素依次替换为和式中的系数 $2, -4, -1, 3$,即

$$2A_{21} - 4A_{22} - A_{23} + 3A_{24} = \begin{vmatrix} 3 & -5 & 2 & 1 \\ 2 & -4 & -1 & 3 \\ -1 & 3 & 1 & 3 \\ 2 & -4 & -1 & 3 \end{vmatrix} = 0$$

注意到,在例 6 的(3) 中,我们所替换的元素恰好是 D 的第四行的元素. 如果系数换成其他行的元素,结果仍然是零. 这不是偶然的. 事实上,我们有如下定理 1.2 的推论.

推论　n 阶行列式 D 中任意一行(列) 元素与其他行(列) 对应元素的代数余子式的乘积之和为零. 即

$$a_{s1}A_{i1} + a_{s2}A_{i2} + \cdots + a_{sn}A_{in} = 0 \quad (s \neq i) \tag{1.11}$$

$$a_{1s}A_{1j} + a_{2s}A_{2j} + \cdots + a_{ns}A_{nj} = 0 \quad (s \neq j) \tag{1.12}$$

证明　(仅就行的情形证) 将(1.8) 式右端中的 $a_{i1}, a_{i2}, \cdots, a_{in}$ 分别换成行列式 D 的第 s 行元素 $a_{s1}, a_{s2}, \cdots, a_{sn}$($s \neq i$),相应地左端 D 中的第 i 行元素便改换成第 s 行元素. 这样,D 中的第 i 行和第 s 行完全相同,故 $D = 0$. 于是(1.11) 式成立.

定理 1.2 及其推论又可统一表示成如下形式:

$$\sum_{j=1}^{n} a_{sj}A_{ij} = \begin{cases} D, & s = i \\ 0, & s \neq i \end{cases} \tag{1.13}$$

及

$$\sum_{i=1}^{n} a_{is}A_{ij} = \begin{cases} D, & s = j \\ 0, & s \neq j \end{cases} \tag{1.14}$$

§1.3.2 拉普拉斯(Laplace)展开定理

下面介绍的拉普拉斯定理可视作定理1.2的推广.

定义1.4 在n阶行列式D中任取k行、k列($1 \leqslant k \leqslant n$),称位于这些行与列的交叉点处的$k^2$个元素按照其在$D$中的相对位置所组成的$k$阶行列式$N$为$D$的一个$k$阶子式;称划去$N$所在的行与列后剩下的元素按照其在$D$中的相对位置所组成的$n-k$阶行列式$M$为$N$的余子式;若$N$所在的行与列的行标与列标分别为$i_1,i_2,\cdots,i_k$及$j_1,j_2,\cdots,j_k$,则称

$$(-1)^{(i_1+i_2+\cdots+i_k)+(j_1+j_2+\cdots+j_k)}M$$

为N的代数余子式,记作A.

例7 设

$$D=\begin{vmatrix}1 & 2 & 3 & 4\\0 & -1 & 3 & 2\\4 & 0 & 4 & 2\\3 & -2 & 0 & 1\end{vmatrix}$$

则D的位于第1、3行,第2、3列的2阶子式为$N_1=\begin{vmatrix}2 & 3\\0 & 4\end{vmatrix}$,$N_1$的代数余子式为

$$A_1=(-1)^{(1+3)+(2+3)}\begin{vmatrix}0 & 2\\3 & 1\end{vmatrix}$$

D的位于第1、2、4行,第2、3、4列的3阶子式为

$$N_2=\begin{vmatrix}2 & 3 & 4\\-1 & 3 & 2\\-2 & 0 & 1\end{vmatrix}$$

N_2的代数余子式为

$$A_2=(-1)^{(1+2+4)+(2+3+4)}\cdot 4$$

显然,n阶行列式D位于某k行的k阶子式有C_n^k个,从而D共有$(C_n^k)^2$个k阶子式.

定理1.3 n阶行列式D等于其位于某k行的所有k阶子式$N_1,N_2,\cdots,N_t$与其对应的代数余子式,$A_1,A_2,\cdots,A_t$的乘积之和,即

$$D=\sum_{i=1}^{t}N_iA_i \qquad (\text{其中 } t=C_n^k) \tag{1.15}$$

证略.

显然,定理 1.2 是定理 1.3 中 $k=1$ 时的特款. 依照(1.15) 展开行列式似乎很繁,但当行列式的某些行中有众多的零时,(1.15) 式的实用价值立即展现出来. 且看下例.

例 8　计算行列式

$$D=\begin{vmatrix}1&2&3&4\\0&2&1&0\\5&6&7&8\\0&0&3&0\end{vmatrix}$$

解　因 D 中第 2、4 行的 $C_4^2=6$ 个 2 阶子式中只有一个是非零的,故将 D 按第 2、4 行展开得

$$D=\begin{vmatrix}2&1\\0&3\end{vmatrix}\cdot(-1)^{(2+4)+(2+3)}\begin{vmatrix}1&4\\5&8\end{vmatrix}=72$$

例 9　计算 $m+n$ 阶行列式

$$D=\begin{vmatrix}a_{11}&\cdots&a_{1m}&c_{11}&\cdots&c_{1n}\\\cdots&\cdots&\cdots&\cdots&\cdots&\cdots\\a_{m1}&\cdots&a_{mm}&c_{m1}&\cdots&c_{mn}\\0&\cdots&0&b_{11}&\cdots&b_{1n}\\\cdots&\cdots&\cdots&\cdots&\cdots&\cdots\\0&\cdots&0&b_{n1}&\cdots&b_{nn}\end{vmatrix}$$

解　按前 m 列展开,得

$$D=\begin{vmatrix}a_{11}&\cdots&a_{1m}\\\cdots&\cdots&\cdots\\a_{m1}&\cdots&a_{mm}\end{vmatrix}(-1)^{(1+2+\cdots+m)+(1+2+\cdots+m)}\begin{vmatrix}b_{11}&\cdots&b_{1n}\\\cdots&\cdots&\cdots\\b_{n1}&\cdots&b_{nn}\end{vmatrix}$$

$$=\begin{vmatrix}a_{11}&\cdots&a_{1m}\\\cdots&\cdots&\cdots\\a_{m1}&\cdots&a_{mm}\end{vmatrix}\begin{vmatrix}b_{11}&\cdots&b_{1n}\\\cdots&\cdots&\cdots\\b_{n1}&\cdots&b_{nn}\end{vmatrix}$$

例 10　计算 $2n$ 阶行列式

$$D_{2n}=\begin{vmatrix} a & & & & & b \\ & \ddots & & & \iddots & \\ & & a & b & & \\ & & b & a & & \\ & \iddots & & & \ddots & \\ b & & & & & a \end{vmatrix}$$

(其中未写出的元素皆为零)

解　按第 1、$2n$ 行展开,因位于这两行的全部 2 阶子式中只有一个(即位于 1、$2n$ 列的 $\begin{vmatrix} a & b \\ b & a \end{vmatrix}$)可能非零且其余子式恰为 D_{2n-2} $(n\geqslant 2)$,故得

$$D_{2n}=\begin{vmatrix} a & b \\ b & a \end{vmatrix}\cdot(-1)^{(1+2n)+(1+2n)}D_{2n-2}$$

于是,得递推公式

$$D_{2n}=(a^2-b^2)D_{2n-2}$$

从而

$$D_{2n}=(a^2-b^2)^2D_{2n-4}=\cdots=(a^2-b^2)^{n-1}D_2=(a^2-b^2)^n$$

习题 1.3

1. 计算行列式

(1) $\begin{vmatrix} 5 & -2 & 1 & 3 \\ 0 & 0 & 4 & 0 \\ -3 & -1 & 6 & 2 \\ 1 & 0 & 7 & 0 \end{vmatrix}$　　(2) $\begin{vmatrix} 3 & -1 & 0 & 2 \\ 1 & 3 & 1 & 0 \\ 4 & 2 & 0 & -1 \\ -2 & 0 & -2 & 1 \end{vmatrix}$

(3) $\begin{vmatrix} 2 & -3 & 4 & 1 \\ 4 & 2 & 3 & 2 \\ 1 & 0 & 2 & 0 \\ 3 & -1 & 4 & 0 \end{vmatrix}$　　(4) $\begin{vmatrix} 1 & 0 & 2 & 0 \\ 3 & 4 & 5 & 6 \\ 7 & 8 & 9 & 10 \\ 11 & 0 & 12 & 0 \end{vmatrix}$

(5) $\begin{vmatrix} x & a & b & 0 & c \\ 0 & y & 0 & 0 & d \\ 0 & e & z & 0 & f \\ g & h & k & u & l \\ 0 & 0 & 0 & 0 & v \end{vmatrix}$ (6) $\begin{vmatrix} a-3 & -1 & 0 & 1 \\ -1 & a-3 & 1 & 0 \\ 0 & 1 & a-3 & -1 \\ 1 & 0 & -1 & a-3 \end{vmatrix}$

2. 计算下列 n 阶行列式

(1) $D_n = \begin{vmatrix} x & y & 0 & \cdots & 0 & 0 \\ 0 & x & y & \cdots & 0 & 0 \\ \cdots & \cdots & \cdots & \cdots & \cdots & \cdots \\ 0 & 0 & 0 & \cdots & x & y \\ y & 0 & 0 & \cdots & 0 & x \end{vmatrix}$

(2) $D_n = \begin{vmatrix} a_0 & -1 & 0 & \cdots & 0 & 0 \\ a_1 & x & -1 & \cdots & 0 & 0 \\ \cdots & \cdots & \cdots & \cdots & \cdots & \cdots \\ a_{n-2} & 0 & 0 & \cdots & x & -1 \\ a_{n-1} & 0 & 0 & \cdots & 0 & x \end{vmatrix}$

(3) $D_n = \begin{vmatrix} 2 & -1 & 0 & \cdots & 0 & 0 \\ -1 & 2 & -1 & \cdots & 0 & 0 \\ 0 & -1 & 2 & \cdots & 0 & 0 \\ \cdots & \cdots & \cdots & \cdots & \cdots & \cdots \\ 0 & 0 & 0 & \cdots & 2 & -1 \\ 0 & 0 & 0 & \cdots & -1 & 2 \end{vmatrix}$

3. 设多项式

$$f(x) = \begin{vmatrix} 2 & 0 & x & 1 \\ -1 & 3 & 4 & 0 \\ 1 & 2 & x^3 & 1 \\ 0 & -2 & x^2 & 4 \end{vmatrix}$$

求 $f(x)$ 各项的系数及常数项.

§1.4 克莱姆法则

本节我们将 §1.1 例3中二元一次方程组的解的结果推广到含有 n 个变量 n 个方程的线性方程组的情形.

定理 1.4 （克莱姆法则）若 n 元线性方程组

$$\begin{cases} a_{11}x_1 + a_{12}x_2 + \cdots + a_{1n}x_n = b_1 \\ a_{21}x_1 + a_{22}x_2 + \cdots + a_{2n}x_n = b_2 \\ \cdots\cdots\cdots\cdots\cdots\cdots\cdots\cdots \\ a_{n1}x_1 + a_{n2}x_2 + \cdots + a_{nn}x_n = b_n \end{cases} \tag{1.16}$$

的系数行列式

$$D = \begin{vmatrix} a_{11} & a_{12} & \cdots & a_{1n} \\ a_{21} & a_{22} & \cdots & a_{2n} \\ \cdots & \cdots & \cdots & \cdots \\ a_{n1} & a_{n2} & \cdots & a_{nn} \end{vmatrix} \neq 0$$

则方程组(1.16) 有唯一解

$$x_1 = \frac{D_1}{D}, x_2 = \frac{D_2}{D}, \cdots, x_n = \frac{D_n}{D} \tag{1.17}$$

其中 $D_j (j=1,2,\cdots,n)$ 是将 D 中的第 j 列元素依次换成(1.16) 的常数项所得到的行列式. 即

$$D_j = \begin{vmatrix} a_{11} & \cdots & a_{1,j-1} & b_1 & a_{1,j+1} & \cdots & a_{1n} \\ a_{21} & \cdots & a_{2,j-1} & b_2 & a_{2,j+1} & \cdots & a_{2n} \\ \cdots & \cdots & \cdots & \cdots & \cdots & \cdots & \cdots \\ a_{n1} & \cdots & a_{n,j-1} & b_n & a_{n,j+1} & \cdots & a_{nn} \end{vmatrix} \tag{1.18}$$

证明[①] 先证明(1.17)是方程组(1.16)的解，这只须将(1.17)代入(1.16)中每个方程进行验证即可．为方便计，将方程组(1.16)简写成如下形式：

$$\sum_{j=1}^{n} a_{ij}x_j = b_i \quad (i=1,2,\cdots,n) \tag{1.19}$$

将 D_j 按第 j 列展开：$D_j = \sum_{k=1}^{n} b_k A_{kj}$．于是

$$x_j = \frac{D_j}{D} = \frac{1}{D}\sum_{k=1}^{n} b_k A_{kj}$$

代入(1.19)左端，得

$$\begin{aligned}\sum_{j=1}^{n} a_{ij}\frac{1}{D}\sum_{k=1}^{n} b_k A_{kj} &= \frac{1}{D}\sum_{j=1}^{n} a_{ij}\left(\sum_{k=1}^{n} b_k A_{kj}\right) = \frac{1}{D}\sum_{j=1}^{n}\sum_{k=1}^{n} a_{ij}b_k A_{kj} \\ &= \frac{1}{D}\sum_{k=1}^{n}\sum_{j=1}^{n} a_{ij}b_k A_{kj} = \frac{1}{D}\sum_{k=1}^{n} b_k \sum_{j=1}^{n} a_{ij}A_{kj} \\ &\overset{②}{=} \frac{1}{D}b_i D = b_i \quad (i=1,2,\cdots,n)\end{aligned}$$

即(1.17)是方程组(1.16)的解．

再证明解的唯一性．

设 $x_j = c_j \quad (j=1,2,\cdots,n)$ 是(1.16)的解，现证明必有

$$c_j = \frac{D_j}{D} \quad (j=1,2,\cdots,n)$$

---

① 下面的证明中将多次用到求和号 $\sum$ 和双重求和号 $\sum\sum$．它们的正确使用能极大地简化计算过程．容易证明，求和号 $\sum$ 有如下性质：

1° $\sum_{i=1}^{n} ka_i = k\sum_{i=1}^{n} a_i$； 2° $\sum_{i=1}^{n}(a_i + b_i) = \sum_{i=1}^{n} a_i + \sum_{i=1}^{n} b_i$

双重求和号的意义如下：

$$\begin{aligned}\sum_{j=1}^{n}\sum_{i=1}^{n} a_{ij} &= \sum_{j=1}^{n}(a_{1j} + a_{2j} + \cdots + a_{nj}) = \sum_{j=1}^{n} a_{1j} + \sum_{j=1}^{n} a_{2j} + \cdots + \sum_{j=1}^{n} a_{nj} \\ &= (a_{11} + a_{12} + \cdots + a_{1n}) + (a_{21} + a_{22} + \cdots + a_{2n}) + \cdots + (a_{n1} + a_{n2} + \cdots + a_{nn})\end{aligned}$$

容易证明，双重求和号可交换求和顺序，即

$$\sum_{j=1}^{n}\sum_{i=1}^{n} a_{ij} = \sum_{i=1}^{n}\sum_{j=1}^{n} a_{ij}$$

② 此处等号成立是因为其左端和式中对所有的 $k \neq i$，$b_k\sum_{j=1}^{n} a_{ij}A_{kj} = 0$，唯有当 $k = i$ 时

$$b_k\sum_{j=1}^{n} a_{ij}A_{kj} = b_i\sum_{j=1}^{n} a_{ij}A_{ij} = b_i D.$$

因 $x_j = c_j \quad (j = 1,2,\cdots,n)$ 是(1.16)即(1.19)的解,故有

$$\sum_{j=1}^{n} a_{ij}c_j = b_i \quad (i = 1,2,\cdots,n) \tag{1.20}$$

以 A_{ik} 乘等式(1.20)两端,得

$$A_{ik}\sum_{j=1}^{n} a_{ij}c_j = A_{ik}b_i \quad (i = 1,2,\cdots,n)$$

于是,一方面

$$\sum_{i=1}^{n} A_{ik}\sum_{j=1}^{n} a_{ij}c_j = \sum_{i=1}^{n} A_{ik}b_i = D_k$$

另一方面

$$\sum_{i=1}^{n} A_{ik}\sum_{j=1}^{n} a_{ij}c_j = \sum_{j=1}^{n}\sum_{i=1}^{n}(A_{ik}a_{ij})c_j = \sum_{j=1}^{n} c_j\sum_{i=1}^{n} a_{ij}A_{ik} = Dc_k$$

从而 $Dc_k = D_k$,因 $D \neq 0$,故得

$$c_k = \frac{D_k}{D} \quad (k = 1,2,\cdots,n)$$

或

$$c_j = \frac{D_j}{D} \quad (j = 1,2,\cdots,n)$$

定义 1.5 若方程组(1.16)中常数项全为零:

$$\begin{cases} a_{11}x_1 + a_{12}x_2 + \cdots + a_{1n}x_n = 0 \\ a_{21}x_1 + a_{22}x_2 + \cdots + a_{2n}x_n = 0 \\ \cdots\cdots\cdots\cdots\cdots\cdots\cdots\cdots \\ a_{n1}x_1 + a_{n2}x_2 + \cdots + a_{nn}x_n = 0 \end{cases} \tag{1.21}$$

则称(1.21)为齐次线性方程组.

由定理1.4立即可得下面的推论:

推论1 若 n 元齐次线性方程组(1.21)的系数行列式 $D \neq 0$,则(1.21)只有零解,即 $x_j = 0 \quad (j = 1,2,\cdots,n)$ 是(1.21)的唯一解.

作为推论1的逆否命题,我们尚有下面的推论2.

推论2 若齐次线性方程组(1.21)有非零解

$$x_j = c_j \quad (c_j \text{ 中至少有一个取非零值}, j = 1,2,\cdots,n)$$

则其系数行列式 $D = 0$.

推论2表明,$D = 0$ 是齐次线性方程组(1.21)有非零解的必要条件. 事实上在第三章我们还将证明它亦是(1.21)有非零解的充分条件.

例 1 用克莱姆法则解方程组

$$\begin{cases} x_1 - x_2 + x_3 + 5x_4 = 10 \\ 2x_1 + 3x_2 - x_3 = -3 \\ -x_1 - 4x_3 + 2x_4 = -4 \\ x_2 + x_3 + 4x_4 = 3 \end{cases}$$

解 因方程组的系数行列式

$$D = \begin{vmatrix} 1 & -1 & 1 & 5 \\ 2 & 3 & -1 & 0 \\ -1 & 0 & -4 & 2 \\ 0 & 1 & 1 & 4 \end{vmatrix} = -148 \neq 0$$

故方程组有唯一解. 又

$$D_1 = \begin{vmatrix} 10 & -1 & 1 & 5 \\ -3 & 3 & -1 & 0 \\ -4 & 0 & -4 & 2 \\ 3 & 1 & 1 & 4 \end{vmatrix} = -296 \quad D_2 = \begin{vmatrix} 1 & 10 & 1 & 5 \\ 2 & -3 & -1 & 0 \\ -1 & -4 & -4 & 2 \\ 0 & 3 & 1 & 4 \end{vmatrix} = 296$$

$$D_3 = \begin{vmatrix} 1 & -1 & 10 & 5 \\ 2 & 3 & -3 & 0 \\ -1 & 0 & -4 & 2 \\ 0 & 1 & 3 & 4 \end{vmatrix} = -148 \quad D_4 = \begin{vmatrix} 1 & -1 & 1 & 10 \\ 2 & 3 & -1 & -3 \\ -1 & 0 & -4 & -4 \\ 0 & 1 & 1 & 3 \end{vmatrix} = -148$$

故方程组的解为

$$x_1 = \frac{D_1}{D} = 2, x_2 = \frac{D_2}{D} = -2, x_3 = \frac{D_3}{D} = 1, x_4 = \frac{D_4}{D} = 1.$$

例 2 试讨论当 a、b 取何值时线性方程组

$$\begin{cases} ax_1 + 2x_2 + 3x_3 = 8 \\ 2ax_1 + 2x_2 + 3x_3 = 10 \\ x_1 + 2x_2 + bx_3 = 5 \end{cases}$$

有唯一解,并求出这个解.

解

$$D = \begin{vmatrix} a & 2 & 3 \\ 2a & 2 & 3 \\ 1 & 2 & b \end{vmatrix} = 2a(3 - b)$$

故当 $a \neq 0$ 且 $b \neq 3$ 时方程组有唯一解. 又

$$D_1 = \begin{vmatrix} 8 & 2 & 3 \\ 10 & 2 & 3 \\ 5 & 2 & b \end{vmatrix} = 4(3 - b)$$

$$D_2 = \begin{vmatrix} a & 8 & 3 \\ 2a & 10 & 3 \\ 1 & 5 & b \end{vmatrix} = 15a - 6ab - 6$$

$$D_3 = \begin{vmatrix} a & 2 & 8 \\ 2a & 2 & 10 \\ 1 & 2 & 5 \end{vmatrix} = 2(a + 2)$$

所以,当 $a \neq 0$ 且 $b \neq 3$ 时,方程组的唯一解为

$$x_1 = \frac{2}{a}, x_2 = \frac{15a - 6ab - 6}{2a(3 - b)}, x_3 = \frac{a + 2}{a(3 - b)}.$$

应该指出,克莱姆法则将由 n 个方程组成的 n 元线性方程组的解用行列式表达成如此简单的形式,在理论分析上具有十分重要的意义,其美学价值亦不容置疑. 不过因其计算之烦冗,即使在计算技术十分先进的今天,实际应用中克莱姆法则亦鲜有使用. 在本书第四章,我们将讨论更一般而有效的求解由 m 个方程组成的 n 元线性方程组的方法.

习题 1.4

1. 用克莱姆法则解下列方程组:

(1) $\begin{cases} x_2 - 3x_3 + 4x_4 = -5 \\ x_1 - 2x_3 + 3x_4 = -4 \\ 4x_1 + 3x_2 - 5x_3 = 5 \\ 3x_1 + 2x_2 - 5x_4 = 12 \end{cases}$　　(2) $\begin{cases} x_1 + 2x_2 + 3x_3 - 2x_4 = 6 \\ 2x_1 - x_2 - 2x_3 - 3x_4 = 8 \\ 3x_1 + 2x_2 - x_3 + 2x_4 = 4 \\ 2x_1 - 3x_2 + 2x_3 + x_4 = -8 \end{cases}$

2. 试讨论 λ 为何值时,线性方程组

$$\begin{cases} \lambda x_1 + x_2 + x_3 = 1 \\ x_1 + \lambda x_2 + x_3 = \lambda \\ x_1 + x_2 + \lambda x_3 = \lambda^2 \end{cases}$$

有唯一解,并求出这个解.

3. 试讨论 a 取何值时齐次线性方程组只有零解：

(1) $\begin{cases} ax_1 + 2x_2 + x_3 = 0 \\ 2x_1 + ax_2 + x_3 = 0 \\ ax_1 - 2ax_2 + x_3 = 0 \end{cases}$ (2) $\begin{cases} (a+2)x_1 + 4x_2 + x_3 = 0 \\ -4x_1 + (a-3)x_2 + 4x_3 = 0 \\ -x_1 + 4x_2 + (a+4)x_3 = 0 \end{cases}$

复习题一

（一）填空

1. 设 n 阶行列式

$$D = \begin{vmatrix} 0 & 1 & 1 & \cdots & 1 & 1 \\ 1 & 0 & 1 & \cdots & 1 & 1 \\ 1 & 1 & 0 & \cdots & 1 & 1 \\ \cdots & \cdots & \cdots & \cdots & \cdots & \cdots \\ 1 & 1 & 1 & \cdots & 0 & 1 \\ 1 & 1 & 1 & \cdots & 1 & 0 \end{vmatrix}$$

则 D 的值为________.

2. 设行列式

$$D = \begin{vmatrix} a_{11} & a_{12} & a_{13} \\ a_{21} & a_{22} & a_{23} \\ a_{31} & a_{32} & a_{33} \end{vmatrix} = a$$

则行列式

$$D_1 = \begin{vmatrix} 2a_{11} & 3a_{12} - a_{11} & 4a_{13} - a_{12} \\ 2a_{21} & 3a_{22} - a_{21} & 4a_{23} - a_{22} \\ 2a_{31} & 3a_{32} - a_{31} & 4a_{33} - a_{32} \end{vmatrix}$$

= ________.

3. 设行列式

$$D = \begin{vmatrix} 1 & 2 & 6 & 4 \\ 2 & 3 & 7 & 5 \\ 3 & 4 & 8 & 6 \\ 4 & 5 & 9 & 7 \end{vmatrix}$$

则 D 的第 3 列元素的代数余子式之和为________.

4. 设

$$f(x)=\begin{vmatrix} x & 1 & -2 & 1 \\ 0 & 1-x & 1 & 1 \\ 3 & 1 & 2x & 1 \\ 4 & -3 & 2 & 3x-4 \end{vmatrix}$$

则 $f(x)$ 的展开式中 x^4 的系数为________，x^3 的系数为________，常数项为________.

5. 方程

$$\begin{vmatrix} 1 & 1 & 1 & 1 \\ -2 & x & 3 & 1 \\ 2 & 2 & x & 4 \\ 3 & 3 & 4 & x \end{vmatrix}=0$$

的根 $x=$________.

6. 当 λ 满足条件________时线性方程组

$$\begin{cases} \lambda x_1-x_2-x_3+x_4=0 \\ -x_1+\lambda x_2+x_3-x_4=0 \\ -x_1+x_2+\lambda x_3-x_4=0 \\ x_1-x_2-x_3+\lambda x_4=0 \end{cases}$$

只有零解.

（二）选择

1. 设 4 阶行列式

$$D=\begin{vmatrix} a_1 & 0 & 0 & b_1 \\ 0 & a_2 & b_2 & 0 \\ 0 & b_3 & a_3 & 0 \\ b_4 & 0 & 0 & a_4 \end{vmatrix}$$

则 D 的值为________.

(A) $a_1a_2a_3a_4-b_1b_2b_3b_4$；　(B) $a_1a_2a_3a_4+b_1b_2b_3b_4$；

(C) $(a_1a_2-b_1b_2)(a_3a_4-b_3b_4)$；　(D) $(a_2a_3-b_2b_3)(a_1a_4-b_1b_4)$.

2. 设 D 为 n 阶行列式，A_{ij} 为 D 的元素 a_{ij} 的代数余子式，则________.

(A) $\sum_{i=1}^{n} a_{ij}A_{ij}=0\quad(j=1,2,\cdots,n)$；

(B) $\sum_{i=1}^{n} a_{ij}A_{ij} = D \quad (j = 1,2,\cdots,n)$;

(C) $\sum_{j=1}^{n} a_{1j}A_{2j} = D$;

(D) $\sum_{j=1}^{n} a_{ij}A_{ij} = 0 \quad (i = 1,2,\cdots,n)$.

3. 设行列式

$$D = \begin{vmatrix} a_{11} & a_{12} & \cdots & a_{1n} \\ a_{21} & a_{22} & \cdots & a_{2n} \\ \cdots & \cdots & \cdots & \cdots \\ a_{n1} & a_{n2} & \cdots & a_{nn} \end{vmatrix} = a$$

则行列式

$$D_1 = \begin{vmatrix} a_{1n} & a_{1,n-1} & \cdots & a_{11} \\ a_{2n} & a_{2,n-1} & \cdots & a_{21} \\ \cdots & \cdots & \cdots & \cdots \\ a_{nn} & a_{n,n-1} & \cdots & a_{n1} \end{vmatrix}$$

= ________.

(A) a;　　(B) $-a$;　　(C) $(-1)^n a$;　　(D) $(-1)^{\frac{n(n-1)}{2}} a$.

4. 设

$$f(x) = \begin{vmatrix} x-2 & x-1 & x-2 & x-3 \\ 2x-2 & 2x-1 & 2x-2 & 2x-3 \\ 3x-3 & 3x-2 & 4x-5 & 3x-5 \\ 4x & 4x-3 & 5x-7 & 4x-3 \end{vmatrix}$$

则方程 $f(x) = 0$ 的根的个数为________.

(A) 1;　　(B) 2;　　(C) 3;　　(D) 4.

5. 方程

$$\begin{vmatrix} a_1 & a_2 & a_3 & a_4 + x \\ a_1 & a_2 & a_3 + x & a_4 \\ a_1 & a_2 + x & a_3 & a_4 \\ a_1 + x & a_2 & a_3 & a_4 \end{vmatrix} = 0$$

的根为________.

(A) $a_1 + a_2, a_3 + a_4$;　　　　(B) $0, a_1 + a_2 + a_3 + a_4$;

(C) $a_1 a_2 a_3 a_4, 0$;　　　　(D) $0, -a_1 - a_2 - a_3 - a_4$.

6. 设 D 为 n 阶行列式,下列命题中错误的是________.

(A) 若 D 中至少有 $n^2 - n + 1$ 个元素为 0,则 $D = 0$;

(B) 若 D 中每列元素之和均为 0,则 $D = 0$;

(C) 若 D 中位于某 k 行及某 l 列的交点处的元素都为 0,且 $k + l > n$,则 $D = 0$;

(D) 若 D 的主对角线和次对角线上的元素都为 0,则 $D = 0$.

(三) 计算与证明

1. 设

$$f(x) = \begin{vmatrix} x - a_{11} & -a_{12} & -a_{13} & -a_{14} \\ -a_{21} & x - a_{22} & -a_{23} & -a_{24} \\ -a_{31} & -a_{32} & x - a_{33} & -a_{34} \\ -a_{41} & -a_{42} & -a_{43} & x - a_{44} \end{vmatrix}$$

试求 $f(x)$ 中 x^4、x^3 的系数及常数项.

2. 设行列式

$$D = \begin{vmatrix} 3 & 0 & 4 & 0 \\ 1 & 2 & 2 & 2 \\ 0 & -7 & 0 & 1 \\ 5 & 3 & -2 & 2 \end{vmatrix}$$

求 D 的第 4 行元素的代数余子式之和.

3. 计算行列式

(1) $\begin{vmatrix} 1-a & a & 0 & 0 & 0 \\ -1 & 1-a & a & 0 & 0 \\ 0 & -1 & 1-a & a & 0 \\ 0 & 0 & -1 & 1-a & a \\ 0 & 0 & 0 & -1 & 1-a \end{vmatrix}$

(2) $\begin{vmatrix} \frac{1}{3} & -\frac{5}{2} & \frac{2}{5} & \frac{3}{2} \\ 3 & -12 & \frac{21}{5} & 15 \\ \frac{2}{3} & -\frac{9}{2} & \frac{4}{5} & \frac{5}{2} \\ -\frac{1}{7} & \frac{2}{7} & -\frac{1}{7} & \frac{3}{7} \end{vmatrix}$ (3) $\begin{vmatrix} 0 & a & b & c \\ a & 0 & c & b \\ b & c & 0 & a \\ c & b & a & 0 \end{vmatrix}$

4. 试证明:若n阶行列式位于s个行与t个列的交点处的元素都为0,且$s+t>n$,则行列式为0.

5. 计算下列 n 阶行列式

(1)* $\begin{vmatrix} 1 & 2 & 3 & \cdots & n \\ x & 1 & 2 & \cdots & n-1 \\ x & x & 1 & \cdots & n-2 \\ \cdots & \cdots & \cdots & \cdots & \cdots \\ x & x & x & \cdots & 1 \end{vmatrix}$

(2) $\begin{vmatrix} x+1 & x & x & \cdots & x \\ x & x+\frac{1}{2} & x & \cdots & x \\ x & x & x+\frac{1}{3} & \cdots & x \\ \cdots & \cdots & \cdots & \cdots & \cdots \\ x & x & x & \cdots & x+\frac{1}{n} \end{vmatrix}$

(3) $\begin{vmatrix} x & 1 & 1 & \cdots & 1 \\ 1 & y_1 & 0 & \cdots & 0 \\ 1 & 0 & y_2 & \cdots & 0 \\ \cdots & \cdots & \cdots & \cdots & \cdots \\ 1 & 0 & 0 & \cdots & y_{n-1} \end{vmatrix}$

(4) $\begin{vmatrix} 1-a_1 & a_2 & 0 & \cdots & 0 & 0 \\ -1 & 1-a_2 & a_3 & \cdots & 0 & 0 \\ 0 & -1 & 1-a_3 & \cdots & 0 & 0 \\ \cdots & \cdots & \cdots & \cdots & \cdots & \cdots \\ 0 & 0 & 0 & \cdots & 1-a_{n-1} & a_n \\ 0 & 0 & 0 & \cdots & -1 & 1-a_n \end{vmatrix}$

(5) $\begin{vmatrix} 1 & 2 & 3 & \cdots & n \\ 2 & 3 & 4 & \cdots & 1 \\ 3 & 4 & 5 & \cdots & 2 \\ \cdots & \cdots & \cdots & \cdots & \cdots \\ n & 1 & 2 & \cdots & n-1 \end{vmatrix}$

(6)* $\begin{vmatrix} 2a & a^2 & 0 & \cdots & 0 & 0 \\ 1 & 2a & a^2 & \cdots & 0 & 0 \\ 0 & 1 & 2a & \cdots & 0 & 0 \\ \cdots & \cdots & \cdots & \cdots & \cdots & \cdots \\ 0 & 0 & 0 & \cdots & 2a & a^2 \\ 0 & 0 & 0 & \cdots & 1 & 2a \end{vmatrix}$

6. 当 a、b 满足什么条件时,齐次线性方程组

$$\begin{cases} x_1 + x_2 + x_3 + ax_4 = 0 \\ x_1 + 2x_2 + x_3 + x_4 = 0 \\ x_1 + x_2 - 3x_3 + x_4 = 0 \\ x_1 + x_2 + ax_3 + bx_4 = 0 \end{cases}$$

只有零解?

7. 当 a、b、c 满足什么条件时,方程组

$$\begin{cases} x + y + z = a + b + c \\ ax + by + cz = a^2 + b^2 + c^2 \\ bcx + cay + abz = 3abc \end{cases}$$

有唯一解? 求出这个解.

2 矩阵

矩阵是线性代数的主要研究对象之一,是现代科技理论及现代经济理论中不可缺少的数学工具.

本章主要介绍矩阵的基本概念及其运算,为今后利用矩阵工具研究线性方程组以及矩阵理论的进一步展开作必要的准备.

§2.1 矩阵及其运算

§2.1.1 矩阵的概念

定义 2.1 由 $m \cdot n$ 个数排成 m 行 n 列的矩形数表

$$\begin{pmatrix} a_{11} & a_{12} & \cdots & a_{1n} \\ a_{21} & a_{22} & \cdots & a_{2n} \\ \cdots & \cdots & \cdots & \cdots \\ a_{m1} & a_{m2} & \cdots & a_{mn} \end{pmatrix} \tag{2.1}$$

称作一个 $m \times n$ 矩阵. 矩阵中的数 $a_{ij}(i=1,2,\cdots,m;j=1,2,\cdots,n)$ 称为矩阵的元素,它的两个下标分别标明了它所在的行与列.

元素是实数的矩阵称为**实矩阵**,元素是复数的矩阵称为**复矩阵**. 本书只讨论实矩阵. 通常用大写字母 A、B、C…… 等表示矩阵. 矩阵(2.1) 可简写成 $A=(a_{ij})$ 或 $A=(a_{ij})_{m \times n}$.

行数和列数相同的矩阵称为**方阵**. 方阵

$$A=\begin{pmatrix} a_{11} & a_{12} & \cdots & a_{1n} \\ a_{21} & a_{22} & \cdots & a_{2n} \\ \cdots & \cdots & \cdots & \cdots \\ a_{n1} & a_{n2} & \cdots & a_{nn} \end{pmatrix} \tag{2.2}$$

又称 n **阶矩阵**．通常称方阵(2.2) 中元素 a_{11}、a_{22}、$\cdots$ a_{nn} 所连成的直线为方阵的**主对角线**．称 $a_{ii}(i=1,2,\cdots,n)$ 为**主对角元**．若一个方阵的主对角元都是1,而其余元素都为0,则称之为 n **阶单位阵**．记作 E(或 E_n) 即

$$E=\begin{pmatrix}1&0&\cdots&0\\0&1&\cdots&0\\\cdots&\cdots&\cdots&\cdots\\0&0&\cdots&1\end{pmatrix}$$

只有1行的矩阵称为**行矩阵**．例如 $A=(a_1\quad a_2\quad\cdots\quad a_n)$．只有1列的矩阵称为**列矩阵**．例如 $B=\begin{pmatrix}b_1\\b_2\\\vdots\\b_m\end{pmatrix}$．元素都是零的矩阵称为**零矩阵**,通常记作 $O_{m\times n}$ 或 O.

例如

$$O_{2\times4}=\begin{pmatrix}0&0&0&0\\0&0&0&0\end{pmatrix},\qquad O_{3\times3}=\begin{pmatrix}0&0&0\\0&0&0\\0&0&0\end{pmatrix}$$

例1　线性方程组

$$\begin{cases}a_{11}x_1+a_{12}x_2+\cdots+a_{1n}x_n=b_1\\a_{21}x_1+a_{22}x_2+\cdots+a_{2n}x_n=b_2\\\cdots\cdots\cdots\cdots\cdots\cdots\cdots\cdots\cdots\cdots\\a_{m1}x_1+a_{m2}x_2+\cdots+a_{mn}x_n=b_m\end{cases}\tag{2.3}$$

的系数构成的矩阵

$$A=\begin{pmatrix}a_{11}&a_{12}&\cdots&a_{1n}\\a_{21}&a_{22}&\cdots&a_{2n}\\\cdots&\cdots&\cdots&\cdots\\a_{m1}&a_{m2}&\cdots&a_{mn}\end{pmatrix}$$

是 $m\times n$ 矩阵,称为方程组(2.3) 的**系数矩阵**．将(2.3) 的常数项作为第 $n+1$ 列添加到矩阵 A 中构成的新矩阵

$$\begin{pmatrix}a_{11}&a_{12}&\cdots&a_{1n}&b_1\\a_{21}&a_{22}&\cdots&a_{2n}&b_2\\\cdots&\cdots&\cdots&\cdots&\cdots\\a_{m1}&a_{m2}&\cdots&a_{mn}&b_m\end{pmatrix}$$

称为方程组(2.3)的**增广矩阵**,记作$\bar{A}$. 方程组(2.3)的第i个方程的系数及常数项构成行矩阵:

$$(a_{i1} \quad a_{i2} \quad \cdots \quad a_{in} \quad b_i).$$

方程组(2.3)的常数项构成列矩阵B:

$$B = \begin{pmatrix} b_1 \\ b_2 \\ \vdots \\ b_m \end{pmatrix}$$

方程组(2.3)的n个未知数可组成列矩阵X:

$$X = \begin{pmatrix} x_1 \\ x_2 \\ \vdots \\ x_n \end{pmatrix}$$

例2 甲、乙、丙三名学生的考试成绩如下表:

	英语	数学	计算机	金融学
甲	84	90	78	83
乙	91	75	64	92
丙	64	86	76	89

考试成绩可用一个3×4矩阵表示为

$$\begin{pmatrix} 84 & 90 & 78 & 83 \\ 91 & 75 & 64 & 92 \\ 64 & 86 & 76 & 89 \end{pmatrix}$$

§2.1.2 矩阵的运算

通常称两个具有相同行数和相同列数的矩阵为**同型矩阵**.

定义2.2 设$A = (a_{ij})_{m\times n}$,$B = (b_{ij})_{m\times n}$,若它们的对应元素相等,即

$$a_{ij} = b_{ij} \quad (i = 1,2,\cdots,m;j = 1,2,\cdots,n)$$

则称矩阵A与B相等,记作$A = B$.

根据定义2.2,唯有同型矩阵才能论及是否相等. 当两个矩阵相等时,它们的全部对应元素都相等. 例如,设

$$A = \begin{pmatrix} x & 2 & y \\ -1 & z & 0 \end{pmatrix}, B = \begin{pmatrix} 3 & a & 4 \\ b & 5 & c \end{pmatrix}, \text{且} A = B$$

则必有

$$x=3,y=4,z=5,a=2,b=-1,c=0.$$

1. 矩阵的加法

定义 2.3 设$A=(a_{ij})_{m\times n}$,$B=(b_{ij})_{m\times n}$. 称矩阵$(a_{ij}+b_{ij})_{m\times n}$为矩阵$A$与$B$的和,记作$A+B$. 即

$$A+B=\begin{pmatrix} a_{11}+b_{11} & a_{12}+b_{12} & \cdots & a_{1n}+b_{1n} \\ a_{21}+b_{21} & a_{22}+b_{22} & \cdots & a_{2n}+b_{2n} \\ \cdots & \cdots & \cdots & \cdots \\ a_{m1}+b_{m1} & a_{m2}+b_{m2} & \cdots & a_{mn}+b_{mn} \end{pmatrix}$$

定义 2.4 设$A=(a_{ij})_{m\times n}$,称矩阵$(-a_{ij})_{m\times n}$为A的负矩阵,记作$-A$. 即A的负矩阵为

$$-A=\begin{pmatrix} -a_{11} & -a_{12} & \cdots & -a_{1n} \\ -a_{21} & -a_{22} & \cdots & -a_{2n} \\ \cdots & \cdots & \cdots & \cdots \\ -a_{m1} & -a_{m2} & \cdots & -a_{mn} \end{pmatrix}$$

利用负矩阵可以定义矩阵的减法:$A-B=A+(-B)$.

利用定义容易验证矩阵的加法满足下面的运算律:

1° $(A+B)+C=A+(B+C)$; (结合律)

2° $A+B=B+A$; (交换律)

3° $A+O=A$;

4° $A+(-A)=O$.

例 3 设

$$A=\begin{pmatrix} 2 & -1 \\ 0 & 3 \\ 1 & 4 \end{pmatrix}, \quad B=\begin{pmatrix} 4 & 1 \\ 3 & -2 \\ 5 & 1 \end{pmatrix}$$

求$A+B$及$A-B$.

解

$$A+B=\begin{pmatrix} 2+4 & -1+1 \\ 0+3 & 3+(-2) \\ 1+5 & 4+1 \end{pmatrix}=\begin{pmatrix} 6 & 0 \\ 3 & 1 \\ 6 & 5 \end{pmatrix}$$

$$A-B=A+(-B)=\begin{pmatrix}2+(-4) & -1+(-1)\\ 0+(-3) & 3+2\\ 1+(-5) & 4+(-1)\end{pmatrix}=\begin{pmatrix}-2 & -2\\ -3 & 5\\ -4 & 3\end{pmatrix}$$

2. 数乘矩阵

定义 2.5 设 $A=(a_{ij})_{m\times n}$，k 为常数．称矩阵 $(ka_{ij})_{m\times n}$ 为数 k 与矩阵 A 的数量乘积，简称数乘，记作 kA（或 Ak）．即

$$kA=\begin{pmatrix}ka_{11} & ka_{12} & \cdots & ka_{1n}\\ ka_{21} & ka_{22} & \cdots & ka_{2n}\\ \cdots & \cdots & \cdots & \cdots\\ ka_{m1} & ka_{m2} & \cdots & ka_{mn}\end{pmatrix}$$

利用定义不难验证，数乘运算满足下面的运算律：

1° $1A=A$；

2° $k(lA)=(kl)A$ （k、l 为常数，下同）；

3° $(k+l)A=kA+lA$；

4° $k(A+B)=kA+kB$.

矩阵的加法与数乘统称矩阵的**线性运算**．

3. 矩阵的乘法

定义 2.6 设 $A=(a_{ij})_{m\times s}$，$B=(b_{ij})_{s\times n}$，$c_{ij}=\sum\limits_{k=1}^{s}a_{ik}b_{kj}(i=1,2,\cdots,m;j=1,2,\cdots,n)$．称矩阵 $C=(c_{ij})_{m\times n}$ 为矩阵 A 与 B 的乘积，记作 AB. 即

$$AB=C=\left(\sum_{k=1}^{s}a_{ik}b_{kj}\right)_{m\times n}$$

此定义表明：

1° 当矩阵 A 的列数与矩阵 B 的行数相等时 AB 才有意义；

2° $A_{m\times s}$ 与 $B_{s\times n}$ 的乘积是一个 $m\times n$ 矩阵 $C=(c_{ij})_{m\times n}$，其元素 c_{ij} 等于矩阵 A 的第 i 行元素与矩阵 B 的第 j 列的对应元素的乘积之和．

例 4 设

$$A=\begin{pmatrix}2 & -1\\ 1 & 0\\ -2 & 1\end{pmatrix},\qquad B=\begin{pmatrix}1 & 2\\ -1 & 1\end{pmatrix}$$

求 AB.

解 因 A 为 3×2 矩阵，B 为 2×2 矩阵，故 AB 有意义，且 AB 为 3×2 矩阵：

$$AB=\begin{pmatrix}2\times1+(-1)\times(-1) & 2\times2+(-1)\times1\\ 1\times1+0\times(-1) & 1\times2+0\times1\\ -2\times1+1\times(-1) & -2\times2+1\times1\end{pmatrix}=\begin{pmatrix}3&3\\1&2\\-3&-3\end{pmatrix}$$

显然,例 4 中因 B 的列数不等于 A 的行数,故 BA 没有意义.

例 5 计算 AB 与 BA,设

(1) $A=\begin{pmatrix}0&1&1\\-1&0&2\end{pmatrix}$, $B=\begin{pmatrix}2&3\\0&1\\-1&2\end{pmatrix}$;

(2) $A=\begin{pmatrix}1&2\\0&1\end{pmatrix}$, $B=\begin{pmatrix}-1&1\\2&1\end{pmatrix}$.

解

(1) $AB=\begin{pmatrix}-1&3\\-4&1\end{pmatrix}$, $BA=\begin{pmatrix}-3&2&8\\-1&0&2\\-2&-1&3\end{pmatrix}$

(2) $AB=\begin{pmatrix}3&3\\2&1\end{pmatrix}$, $BA=\begin{pmatrix}-1&-1\\2&5\end{pmatrix}$

例 5 表明,即使 AB、BA 都有意义也未必有 $AB=BA$[例 5(1) 中的 AB 与 BA 甚至是不同型的矩阵!]. 可见我们熟知的乘法交换律对矩阵乘法并不成立. 因此当你用一个矩阵去乘另一个矩阵时一定要指明是"左乘"还是"右乘",例如对"AB"可读作"A 左乘 B"或"B 右乘 A". 初学者往往对矩阵乘法不满足交换律感到奇怪. 其实既然矩阵乘法的运算对象是矩阵,而矩阵的"乘"又是以如此独特的方式加以定义的,我们又有什么理由期待它一定会满足交换律呢?

事实上,许多与乘法相关的运算规律,对矩阵来说亦不再成立:

1° 对数 a、b 来说,若 $ab=0$,则必有 $a=0$ 或 $b=0$. 但对矩阵 A、B 而言,当 $AB=O$ 时,却未必有 $A=O$ 或 $B=O$.

例如,虽然

$$\begin{pmatrix}1&-1\\-1&1\end{pmatrix}\begin{pmatrix}2&2\\2&2\end{pmatrix}=\begin{pmatrix}0&0\\0&0\end{pmatrix}$$

但矩阵

$$\begin{pmatrix}1&-1\\-1&1\end{pmatrix}、\begin{pmatrix}2&2\\2&2\end{pmatrix}$$

都不是零矩阵.

2° 对数 a、b、c 来说,若 $ab=ac$,$a\neq 0$,则可将 a 消去,得到 $b=c$. 但对矩阵 A、B、C 而言,若 $AB=AC$,$A\neq O$,却未必有 $B=C$.

例如

$$\begin{pmatrix}1 & -1\\ -1 & 1\end{pmatrix}\begin{pmatrix}2 & 1\\ -1 & 1\end{pmatrix}=\begin{pmatrix}1 & -1\\ -1 & 1\end{pmatrix}\begin{pmatrix}1 & 2\\ -2 & 2\end{pmatrix}$$

尽管矩阵$\begin{pmatrix}1 & -1\\ -1 & 1\end{pmatrix}\neq O$,但若将它消去,则得

$$\begin{pmatrix}2 & 1\\ -1 & 1\end{pmatrix}=\begin{pmatrix}1 & 2\\ -2 & 2\end{pmatrix}$$

这显然是错误的.

1°、2° 表明,对矩阵运算,消去律不再成立. 以上讨论提示我们:当我们对新的运算对象定义一种新的运算时切不可想当然地认为这种运算会满足我们熟知的数的某种运算规律.

不过,矩阵乘法还是具有许多与数的乘法类似的运算规律(当然,我们首先假设以下涉及的矩阵应使相应的运算能够进行):

1° $(AB)C=A(BC)$; (结合律)

2° $A(B+C)=AB+AC$; (左乘分配律)

3° $(B+C)A=BA+CA$; (右乘分配律)

4° $k(AB)=(kA)B=A(kB)$. (数乘结合律)

利用定义容易验证上述运算律. 下面仅给出 1°(较难的一个) 的证明.

证明 设 $A=(a_{ij})_{m\times s}$,$B=(b_{ij})_{s\times t}$,$C=(c_{ij})_{t\times n}$. 则$(AB)C=(u_{ij})$ 与 $A(BC)=(v_{ij})$ 都是 $m\times n$ 矩阵. 现只须证明它们的对应元素相等,即

$$u_{ij}=v_{ij}\quad (i=1,2,\cdots,m;j=1,2,\cdots,n).$$

由定义 2.6,

$$AB=\left(\sum_{k=1}^{s}a_{ik}b_{kh}\right)_{m\times t}\quad (i=1,2,\cdots,m;h=1,2,\cdots,t)$$

$$BC=\left(\sum_{h=1}^{t}b_{kh}c_{hj}\right)_{s\times n}\quad (k=1,2,\cdots,s;j=1,2,\cdots,n)$$

故得

$$\begin{aligned}u_{ij}&=\sum_{h=1}^{t}\left(\sum_{k=1}^{s}a_{ik}b_{kh}\right)c_{hj}=\sum_{h=1}^{t}\sum_{k=1}^{s}a_{ik}b_{kh}c_{hj}=\sum_{k=1}^{s}\sum_{h=1}^{t}a_{ik}b_{kh}c_{hj}\\&=\sum_{k=1}^{s}a_{ik}\left(\sum_{h=1}^{t}b_{kh}c_{hj}\right)=v_{ij}\qquad (i=1,2,\cdots,m;j=1,2,\cdots,n)\end{aligned}$$

借助于矩阵乘法及矩阵相等的定义,例 1 的线性方程组(2.3) 中的第 i 个方程可以表示成

$$(a_{i1} \quad a_{i2} \quad \cdots \quad a_{in})\begin{pmatrix} x_1 \\ x_2 \\ \vdots \\ x_n \end{pmatrix} = b_i \qquad (i = 1,2,\cdots,m)$$

于是方程组(2.3) 可以表示成

$$\begin{pmatrix} a_{11} & a_{12} & \cdots & a_{1n} \\ a_{21} & a_{22} & \cdots & a_{2n} \\ \cdots & \cdots & \cdots & \cdots \\ a_{m1} & a_{m2} & \cdots & a_{mn} \end{pmatrix}\begin{pmatrix} x_1 \\ x_2 \\ \vdots \\ x_n \end{pmatrix} = \begin{pmatrix} b_1 \\ b_2 \\ \vdots \\ b_m \end{pmatrix}$$

或简作

$$AX = B \tag{2.4}$$

即方程组(2.3) 可以写成相当简洁的**矩阵方程**(2.4) 的形式. 矩阵及其乘法的功能由此可见一斑.

关于矩阵乘法,我们还要指出,虽然一般而言交换律不再成立,但对某些矩阵来说,$AB = BA$ 的情形亦会出现. 例如对于两个 n 阶**对角矩阵**

$$A = \begin{pmatrix} a_1 & & & \\ & a_2 & & \\ & & \ddots & \\ & & & a_n \end{pmatrix} \text{及 } B = \begin{pmatrix} b_1 & & & \\ & b_2 & & \\ & & \ddots & \\ & & & b_n \end{pmatrix}$$

(矩阵中的非主对角元皆为零,习惯上可以将其略去不写) 显然有

$$AB = BA = \begin{pmatrix} a_1b_1 & & & \\ & a_2b_2 & & \\ & & \ddots & \\ & & & a_nb_n \end{pmatrix}$$

一般称满足 $AB = BA$ 的矩阵为**可交换的**. 这样,两个同阶对角矩阵是可交换的.

对角阵 A 又可写成

$$A = \operatorname{diag}(a_1, a_2, \cdots, a_n).$$

作为对角阵的特例,主对角元都相等的对角阵称为数量矩阵. 例如

$$K=\mathrm{diag}(k,k,\cdots,k)$$

即为一数量矩阵. 借助于单位矩阵,数量矩阵 K 又可写成 $K=kE$.

例 6 试证明 n 阶单位矩阵与任意 n 阶矩阵是可交换的.

证明 设 $A=(a_{ij})_{n\times n}$ 为任意 n 阶矩阵. 则有

$$EA=\begin{pmatrix}1&&&\\&1&&\\&&\ddots&\\&&&1\end{pmatrix}\begin{pmatrix}a_{11}&a_{12}&\cdots&a_{1n}\\a_{21}&a_{22}&\cdots&a_{2n}\\\cdots&\cdots&\cdots&\cdots\\a_{n1}&a_{n2}&\cdots&a_{nn}\end{pmatrix}$$

$$=\begin{pmatrix}a_{11}&a_{12}&\cdots&a_{1n}\\a_{21}&a_{22}&\cdots&a_{2n}\\\cdots&\cdots&\cdots&\cdots\\a_{n1}&a_{n2}&\cdots&a_{nn}\end{pmatrix}=A$$

$$AE=\begin{pmatrix}a_{11}&a_{12}&\cdots&a_{1n}\\a_{21}&a_{22}&\cdots&a_{2n}\\\cdots&\cdots&\cdots&\cdots\\a_{n1}&a_{n2}&\cdots&a_{nn}\end{pmatrix}\begin{pmatrix}1&&&\\&1&&\\&&\ddots&\\&&&1\end{pmatrix}$$

$$=\begin{pmatrix}a_{11}&a_{12}&\cdots&a_{1n}\\a_{21}&a_{22}&\cdots&a_{2n}\\\cdots&\cdots&\cdots&\cdots\\a_{n1}&a_{n2}&\cdots&a_{nn}\end{pmatrix}=A$$

故 E 与 A 是可交换的.

例 6 还表明,单位矩阵在矩阵乘法中的地位与数 1 在数的乘法中的地位相当. 读者可通过计算 $E_mA_{m\times n}$ 和 $A_{m\times n}E_n$ 进一步体会这一结论.

利用例 6,对于上述数量矩阵 K,显然有 $KA=AK=kA$. 这表明,不论用 K 左乘方阵 A 还是右乘方阵 A 所得到的积都等于用数 k 乘 A 所得到的矩阵. 这是数量矩阵的重要性质.

下面给出可视为矩阵乘法特例的方阵乘幂的定义.

定义 2.7 设 A 为 n 阶矩阵,k 为自然数. 称 k 个 A 的连乘积为 A 的 k 次幂,记作 A^k. 即

$$A^k = \underbrace{AA\cdots A}_{k个}$$

此外,对 n 阶矩阵 A,规定 A 的零次幂为单位阵,即 $A^0 = E$.

由此定义,容易验证方阵的幂满足下列运算律:

1° $A^kA^l = A^{k+l}$ (k、l 为非负整数,下同);

2° $(A^k)^l = A^{kl}$.

由于矩阵乘法不满足交换律,所以对于同阶方阵 A、B,一般 $(AB)^k \neq A^kB^k$.此外,初等数学中一些熟知的公式,一般亦不可随意移植到矩阵运算中来.例如,因

$$(A+B)^2 = (A+B)(A+B) = A^2 + AB + BA + B^2$$

而一般 $AB \neq BA$. 故一般 $(A+B)^2 \neq A^2 + 2AB + B^2$. 这是初学者应加以注意的.

定义 2.8 设 $f(x) = a_0x^m + a_1x^{m-1} + \cdots + a_{m-1}x + a_m$ 为 x 的 m 次多项式,A 为 n 阶矩阵.称

$$f(A) = a_0A^m + a_1A^{m-1} + \cdots + a_{m-1}A + a_mE$$

为 n 阶矩阵 A 的 m 次多项式.

显然,n 阶矩阵 A 的 m 次多项式仍为 n 阶矩阵.

例 7 设 $A = \begin{pmatrix} 1 & 0 \\ \lambda & 1 \end{pmatrix}$,$f(x) = x^3 - 2x + 4$,求 $f(A)$.

解

$$A^2 = \begin{pmatrix} 1 & 0 \\ \lambda & 1 \end{pmatrix}\begin{pmatrix} 1 & 0 \\ \lambda & 1 \end{pmatrix} = \begin{pmatrix} 1 & 0 \\ 2\lambda & 1 \end{pmatrix}$$

$$A^3 = \begin{pmatrix} 1 & 0 \\ 2\lambda & 1 \end{pmatrix}\begin{pmatrix} 1 & 0 \\ \lambda & 1 \end{pmatrix} = \begin{pmatrix} 1 & 0 \\ 3\lambda & 1 \end{pmatrix}$$

$$f(A) = A^3 - 2A + 4E = \begin{pmatrix} 1 & 0 \\ 3\lambda & 1 \end{pmatrix} - 2\begin{pmatrix} 1 & 0 \\ \lambda & 1 \end{pmatrix} + 4\begin{pmatrix} 1 & 0 \\ 0 & 1 \end{pmatrix} = \begin{pmatrix} 3 & 0 \\ \lambda & 3 \end{pmatrix}$$

例 8 设 $A = \begin{pmatrix} -1 & 3 \\ 0 & 2 \end{pmatrix}$,$B = \begin{pmatrix} 1 & 2 \\ -3 & 1 \end{pmatrix}$,求 $A^2 - AB - 2A$.

解

$$A^2 - AB - 2A = A(A - B - 2E)$$

$$= \begin{pmatrix} -1 & 3 \\ 0 & 2 \end{pmatrix}\left[\begin{pmatrix} -1 & 3 \\ 0 & 2 \end{pmatrix} - \begin{pmatrix} 1 & 2 \\ -3 & 1 \end{pmatrix} - \begin{pmatrix} 2 & 0 \\ 0 & 2 \end{pmatrix}\right] = \begin{pmatrix} 13 & -4 \\ 6 & -2 \end{pmatrix}$$

4. 矩阵的转置

定义 2.9 设

$$A=(a_{ij})_{m\times n}=\begin{pmatrix} a_{11} & a_{12} & \cdots & a_{1n} \\ a_{21} & a_{22} & \cdots & a_{2n} \\ \cdots & \cdots & \cdots & \cdots \\ a_{m1} & a_{m2} & \cdots & a_{mn} \end{pmatrix}$$

若一个矩阵以 A 的第 i 行($i=1,2,\cdots,m$) 为其第 i 列,则称此矩阵为 A 的转置矩阵,记作 A^T 或 A'. 即

$$A^T=\begin{pmatrix} a_{11} & a_{21} & \cdots & a_{m1} \\ a_{12} & a_{22} & \cdots & a_{m2} \\ \cdots & \cdots & \cdots & \cdots \\ a_{1n} & a_{2n} & \cdots & a_{mn} \end{pmatrix}$$

显然,若记 $A^T=(a'_{st})_{n\times m}$,则有

$$a'_{st}=a_{ts}\quad(s=1,2,\cdots,n;t=1,2,\cdots,m)$$

转置运算满足下面的运算律:

1° $(A^T)^T=A$;

2° $(A+B)^T=A^T+B^T$;

3° $(kA)^T=kA^T$; (k 为常数)

4° $(AB)^T=B^TA^T$.

利用定义 2.9,运算律 1°—3° 极易验证. 现只给出 4° 的证明.

证明 设

$$A=(a_{ij})_{m\times l},\qquad B=(b_{ij})_{l\times n},\qquad AB=(c_{ij})_{m\times n},$$
$$A^T=(a'_{st})_{l\times m},\qquad B^T=(b'_{st})_{n\times l}$$

则$(AB)^T$,B^TA^T 皆为 $n\times m$ 矩阵.

若记

$$(AB)^T=(c'_{st})_{n\times m},\qquad B^TA^T=(d_{st})_{n\times m}$$

则

$$c'_{st}=c_{ts}=\sum_{k=1}^{l}a_{tk}b_{ks}$$

$$d_{st}=\sum_{k=1}^{l}b'_{sk}a'_{kt}=\sum_{k=1}^{l}b_{ks}a_{tk}=\sum_{k=1}^{l}a_{tk}b_{ks}$$

从而

$$c'_{st} = d_{st} \quad (s = 1,2,\cdots,n;t = 1,2,\cdots,m)$$

故

$$(AB)^T = B^T A^T.$$

定义 2.10 设 $A = (a_{ij})_{n\times n}$,若 $A^T = A$,则称 A 为对称矩阵;若 $A^T = -A$,则称 A 为反对称矩阵.

显然,当且仅当 $a_{ij} = a_{ji} \quad (i,j = 1,2,\cdots,n)$ 时 A 为对称矩阵;当且仅当 $a_{ij} = -a_{ji}(i,j = 1,2,\cdots,n)$ 时 A 为反对称矩阵.

例 9 矩阵

$$A = \begin{pmatrix} a & x & y \\ x & b & z \\ y & z & c \end{pmatrix}$$

为对称矩阵;矩阵

$$B = \begin{pmatrix} 0 & a & -b \\ -a & 0 & c \\ b & -c & 0 \end{pmatrix}$$

为反对称矩阵.

此例显示,反对称矩阵 B 的主对角元都是零,事实上这是所有反对称矩阵的一个重要特征(见习题 2.1).

例 10 设 A 为 n 阶矩阵,证明

(1)A^TA 为对称矩阵; (2)$A - A^T$ 为反对称矩阵.

证明 (1) 因

$$(A^TA)^T = A^T(A^T)^T = A^TA$$

故 A^TA 为对称矩阵.

(2) 因

$$(A - A^T)^T = A^T + (-A^T)^T = A^T - A = -(A - A^T)$$

故 $A - A^T$ 为反对称矩阵.

习题 2.1

1. 设

$$\begin{pmatrix} a & -1 \\ 2 & b+c \end{pmatrix} - \begin{pmatrix} 0 & 1 \\ 2 & -1 \end{pmatrix} = \begin{pmatrix} 2 & d-a \\ b & 1 \end{pmatrix}$$

求 a、b、c、d.

2. 设

$$A=\begin{pmatrix}-1&2&3\\0&4&1\end{pmatrix},B=\begin{pmatrix}1&2&3\\-2&4&-1\end{pmatrix}$$

(1) 计算 $2A-3B$;

(2) 求矩阵 X,使得 $3A-2X=B$.

3. 计算

(1) $\begin{pmatrix}2&0\\-1&1\end{pmatrix}\begin{pmatrix}1&1&0\\-2&0&3\end{pmatrix}$　　(2) $(-2\quad 3\quad 1)\begin{pmatrix}2\\-1\\-3\end{pmatrix}$

(3) $\begin{pmatrix}2\\-1\\-3\end{pmatrix}(-2\quad 3\quad 1)$　　(4) $\begin{pmatrix}1&1&0\\2&0&-2\\-1&3&1\end{pmatrix}\begin{pmatrix}1\\-1\\2\end{pmatrix}$

(5) $\begin{pmatrix}-1&2&-1\\0&0&2\\0&0&1\end{pmatrix}\begin{pmatrix}2&1&1\\0&-2&1\\0&0&3\end{pmatrix}$　　(6) $(x\quad y\quad z)\begin{pmatrix}1&a&b\\a&1&c\\b&c&1\end{pmatrix}\begin{pmatrix}x\\y\\z\end{pmatrix}$

4. 设

$$A=\begin{pmatrix}0&1&0\\0&0&1\\0&0&0\end{pmatrix}$$

求所有与 A 可交换的方阵.

5. 若一个方阵的主对角线下(上)方的元素全为零,则称之为**上(下)三角矩阵**. 试就 3 阶方阵的情形验证,两个上(下)三角矩阵的乘积仍为上(下)三角矩阵.

6. 设 A、B 为同阶方阵. 试证明 $(A+B)(A-B)=A^2-B^2$ 的充分必要条件是 A、B 可交换.

7. 设 A、B 为同阶方阵,且满足 $A+E=B$. 试证明 $A^2+A=O$ 的充要条件是 $B^2=B$.

8. 计算

(1) $\begin{pmatrix}3&2\\-4&-2\end{pmatrix}^5$　　(2) $\begin{pmatrix}1&1\\0&1\end{pmatrix}^n$

9. 设

$$A=\begin{pmatrix}0 & 2\\ -1 & 1\end{pmatrix}, \qquad f(x)=3+2x^2-x^3$$

求$f(A)$.

10. 设

$$A=\begin{pmatrix}2 & 1 & 0\\ 0 & -3 & 1\\ 1 & 1 & -1\end{pmatrix}, \qquad B=\begin{pmatrix}-1 & 1 & 0\\ 2 & -1 & 1\\ 1 & 2 & 1\end{pmatrix}$$

计算:

(1)$AB-B^2$;　　　　(2)$A^2-BA-2A$.

11. 设

$$A=\begin{pmatrix}1 & 3\\ 0 & -1\end{pmatrix}, \qquad B=\begin{pmatrix}2 & 1\\ 0 & -2\end{pmatrix}$$

求:

(1)$(A+B)(A-B)$ 及 A^2-B^2;

(2)A^TB^T;

(3)$(AB)^T-A^TB^T$.

12. 设A、B、C为矩阵,且运算AB、BC皆可进行. 证明$(ABC)^T=C^TB^TA^T$.

13. 试证明反对称矩阵的主对角元皆为零.

14. 设A、B为同阶反对称矩阵.

(1) 证明$AB-BA$是反对称矩阵;

(2) 证明AB是对称矩阵的充要条件是A、B可交换;

(3)A^k是否是对称矩阵或反对称矩阵?

§2.2　逆矩阵

线性代数中引入矩阵工具的目的之一是用矩阵来研究线性方程组$AX=B$(见(2.4)式)及更一般的矩阵方程. 初等代数中求解一次方程$ax=b(a\neq 0)$的经验提示我们:倘能定义矩阵的除法,或者给出与数a的倒数a^{-1}相类似的矩阵A的“倒矩阵”的定义,方程(2.4)的求解或许会十分便利. 线性代数采取的是后一种方式.

本节将给出逆矩阵(不叫“倒矩阵”！)A^{-1}的定义,并讨论矩阵A可逆的条件(注意:数a须满足条件$a \neq 0$才有倒数！)以及A^{-1}的求法.

§2.2.1 方阵的行列式

定义2.11 设A为n阶矩阵,称A的元素保持其原有位置不变所构成的n阶行列式为矩阵A的行列式,记作$|A|$(或$\det A$).

例1 设

$$A=\begin{pmatrix} 1 & 2 & -1 \\ -3 & 1 & 4 \\ 0 & 5 & 6 \end{pmatrix}$$

则A的行列式

$$|A|=\begin{vmatrix} 1 & 2 & -1 \\ -3 & 1 & 4 \\ 0 & 5 & 6 \end{vmatrix}$$

显然,方阵A与行列式$|A|$是两个不同的概念.我们可将行列式$|A|$视作方阵A的某种特征.

方阵的行列式有以下性质(设A、B为n阶矩阵,k为常数):

1° $|A^T|=|A|$;

2° $|kA|=k^n|A|$;

3° $|AB|=|A|\cdot|B|$.

利用行列式的性质很容易证明上述性质1°与2°,请读者自行完成.性质3°的证明较繁,我们将其略去.

§2.2.2 可逆矩阵

定义2.12 对于矩阵A,若存在矩阵B使得$AB=BA=E$,则称A为可逆矩阵,并称B为A的逆矩阵(简称逆阵).记作$B=A^{-1}$(A^{-1}读作“A逆”).

定义2.12表明:

(1)可逆矩阵及其逆矩阵必为同阶方阵(因此今后只对方阵论及是否可逆的问题);

(2)若B是A的逆阵,则A亦是B的逆阵.

定理2.1 若矩阵A可逆,则其逆阵是唯一的.

证明 设B、C同为A的逆阵,则有$AB=BA=E$及$AC=CA=E$,于是

$$B=BE=B(AC)=(BA)C=EC=C$$

即 A 的逆阵唯一.

例 2 因

$$\begin{pmatrix}1&2\\2&3\end{pmatrix}\begin{pmatrix}-3&2\\2&-1\end{pmatrix}=\begin{pmatrix}-3&2\\2&-1\end{pmatrix}\begin{pmatrix}1&2\\2&3\end{pmatrix}=\begin{pmatrix}1&0\\0&1\end{pmatrix}$$

故 $\begin{pmatrix}1&2\\2&3\end{pmatrix}$ 与 $\begin{pmatrix}-3&2\\2&-1\end{pmatrix}$ 互为逆阵,即有

$$\begin{pmatrix}1&2\\2&3\end{pmatrix}^{-1}=\begin{pmatrix}-3&2\\2&-1\end{pmatrix},\begin{pmatrix}-3&2\\2&-1\end{pmatrix}^{-1}=\begin{pmatrix}1&2\\2&3\end{pmatrix}$$

例 3 设对角矩阵

$$A=\begin{pmatrix}a_1&&&\\&a_2&&\\&&\ddots&\\&&&a_n\end{pmatrix}$$

满足 $a_1a_2\cdots a_n\neq 0$,则容易验证 A 可逆,且其逆阵

$$A^{-1}=\begin{pmatrix}1/a_1&&&\\&1/a_2&&\\&&\ddots&\\&&&1/a_n\end{pmatrix}$$

特别地,单位阵 E 可逆,且其逆阵就是其自身:$E^{-1}=E$.

对于一般的方阵如何判断其是否可逆?可逆的话如何求出其逆阵?为了回答这些问题,下面引进伴随矩阵的概念.

定义 2.13 设 n 阶矩阵 $A=(a_{ij})$,A_{ij} 为 $|A|$ 中元素 $a_{ij}(i、j=1,2,\cdots,n)$ 的代数余子式. 称方阵

$$\begin{pmatrix}A_{11}&A_{21}&\cdots&A_{n1}\\A_{12}&A_{22}&\cdots&A_{n2}\\\cdots&\cdots&\cdots&\cdots\\A_{1n}&A_{2n}&\cdots&A_{nn}\end{pmatrix}$$

为 A 的伴随矩阵,记作 A^*.

初学者须注意:A^* 中第 i **行**元素 $A_{ki}(k=1,2,\cdots,n)$ 是 $|A|$ 中第 i **列**的相应元素 $a_{ki}(k=1,2,\cdots,n)$ 的代数余子式.

定理 2.2 设 A 为 n 阶矩阵,A^* 为其伴随矩阵,则

$$AA^* = A^*A = |A|E.$$

证明 显然 AA^* 是 n 阶方阵,可设 $AA^* = (c_{ij})_{n\times n}$. 由矩阵乘法定义,有

$$c_{ij} = \sum_{k=1}^{n} a_{ik}A_{jk}$$

再利用公式(1.13),得 $c_{ij} = \begin{cases} |A|, & i=j \\ 0, & i\neq j \end{cases}$. 于是

$$AA^* = \begin{pmatrix} |A| & & & \\ & |A| & & \\ & & \ddots & \\ & & & |A| \end{pmatrix} = |A|E$$

类似可证 $A^*A = |A|E$(建议读者自行完成).

例 4 设 $A = \begin{pmatrix} a & b \\ c & d \end{pmatrix}$,依定义 2.13 有 $A^* = \begin{pmatrix} d & -b \\ -c & a \end{pmatrix}$. 于是

$$AA^* = A^*A = \begin{pmatrix} ad-bc & 0 \\ 0 & ad-bc \end{pmatrix} = (ad-bc)E = |A|E$$

此例是定理 2.2 的极好例证. 此外,读者还可从中总结出迅速写出一个 2 阶方阵的伴随矩阵的规律.

定理 2.3 方阵 A 可逆的充要条件是 $|A|\neq 0$,且当 A 可逆时有

$$A^{-1} = \frac{1}{|A|}A^*.$$

证明 先证必要性. 设 A 可逆,则由逆矩阵定义,A 与其逆阵 A^{-1} 满足 $AA^{-1} = E$. 于是

$$|AA^{-1}| = |E| = 1 \quad 即 \quad |A||A^{-1}| = 1 \quad 故 \quad |A|\neq 0$$

再证充分性. 设 $|A|\neq 0$,则由定理 2.2

$$A(\frac{1}{|A|}A^*) = \frac{1}{|A|}(AA^*) = \frac{1}{|A|}|A|E = E$$

$$(\frac{1}{|A|}A^*)A = \frac{1}{|A|}(A^*A) = \frac{1}{|A|}|A|E = E$$

故 A 可逆,且有

$$A^{-1} = \frac{1}{|A|}A^*.$$

据定理 2.3,若例 4 矩阵 A 中的元素满足不等式 $ad-bc\neq 0$ 则矩阵 A 可逆,

其逆阵为

$$A^{-1}=\frac{1}{ad-bc}\begin{pmatrix} d & -b \\ -c & a \end{pmatrix}$$

当 $ad-bc=0$ 时 A 不可逆.

通常称其行列式不为零的矩阵为**非奇异矩阵**,行列式为零的矩阵为**奇异矩阵**.这样,定理 2.3 又可叙述成:方阵 A 可逆的充要条件是 A 非奇异.

例 5 设

$$A=\begin{pmatrix} 2 & 2 & 2 \\ 1 & 2 & 3 \\ 1 & 3 & 6 \end{pmatrix}$$

试判断 A 是否可逆,若可逆求出其逆矩阵.

解 $|A|=2\neq 0$,故 A 可逆.又,$|A|$诸元素的代数余子式分别为

$$A_{11}=3, A_{12}=-3, A_{13}=1, A_{21}=-6, A_{22}=10$$
$$A_{23}=-4, A_{31}=2, A_{32}=-4, A_{33}=2$$

所以

$$A^{-1}=\frac{1}{|A|}A^{*}=\frac{1}{2}\begin{pmatrix} 3 & -6 & 2 \\ -3 & 10 & -4 \\ 1 & -4 & 2 \end{pmatrix}$$

或作

$$A^{-1}=\begin{pmatrix} \frac{3}{2} & -3 & 1 \\ -\frac{3}{2} & 5 & -2 \\ \frac{1}{2} & -2 & 1 \end{pmatrix}$$

下面给出定理 2.3 的一个很有用的推论.

推论 若方阵 A、B 满足 $AB=E$,则 A 可逆,且 $A^{-1}=B$.

证明 因 $AB=E$,故 $|AB|=|E|=1$. 又 $|AB|=|A||B|$ 所以 $|A|\neq 0$,从而 A 可逆.以 A^{-1} 左乘等式 $AB=E$ 两边即得 $A^{-1}=B$.

此推论的意义在于,要说明方阵 A 与 B 互为逆矩阵,只须验证 $AB=E$,而无须依定义 2.12 的要求再去验证 $BA=E$.

例 6 设方阵 A 满足等式 $A^2=E-A$,证明 $A+E$ 可逆.并求其逆矩阵.

证明 由 $A^2=E-A$ 得 $A^2+A=E$，从而 $A(A+E)=E$. 由定理2.3之推论，$A+E$ 可逆，且

$$(A+E)^{-1}=A.$$

本节开头我们曾提及矩阵方程的求解问题．现在有了逆矩阵，问题便迎刃而解了．

例7 设

$$A=\begin{pmatrix}1&3\\2&5\end{pmatrix},B=\begin{pmatrix}0&2\\-1&1\end{pmatrix}$$

分别求满足下列方程的未知矩阵 X：

(1) $AX=B$； (2) $XA=B$.

解 (1) 因 $|A|=-1\neq 0$，故 A 可逆且有

$$A^{-1}=\begin{pmatrix}-5&3\\2&-1\end{pmatrix}$$

以 A^{-1} 左乘方程两边即得

$$X=A^{-1}B=\begin{pmatrix}-5&3\\2&-1\end{pmatrix}\begin{pmatrix}0&2\\-1&1\end{pmatrix}=\begin{pmatrix}-3&-7\\1&3\end{pmatrix}$$

(2) 以 A^{-1} 右乘方程两边即得

$$X=BA^{-1}=\begin{pmatrix}0&2\\-1&1\end{pmatrix}\begin{pmatrix}-5&3\\2&-1\end{pmatrix}=\begin{pmatrix}4&-2\\7&-4\end{pmatrix}$$

例7的结果表明，题目中的方程(1)与(2)是两个不同的矩阵方程（初等代数中方程 $ax=b$ 与 $xa=b$ 则是完全一样的！），这是由于矩阵乘法不满足交换律所造成的．因此，今后在解矩阵方程时一定要注意矩阵的“左乘”与“右乘”的准确使用．此外，例7还提示我们，对于系数行列式不为零的由 n 个方程组成的 n 元线性方程组亦可用本例的**逆阵解法**解之．

例8 已知矩阵 A,B 满足 $A^{-1}BA=6A+BA$，其中

$$A=\begin{pmatrix}\frac{1}{4}&0&0\\0&\frac{1}{3}&0\\0&0&\frac{1}{7}\end{pmatrix}$$

求 B.

解　因为 A 可逆,所以我们有

$$A^{-1}BA = 6A + BA \Rightarrow A^{-1}B = 6E + B \qquad (\text{用 } A^{-1} \text{ 右乘等式两边})$$
$$\Rightarrow A^{-1}B - B = 6E \qquad (\text{移项})$$
$$\Rightarrow (A^{-1} - E)B = 6E$$
$$\Rightarrow B = 6(A^{-1} - E)^{-1} \qquad (\text{在等式左边右提取 } B)$$

由于

$$A^{-1} = \begin{pmatrix} 4 & 0 & 0 \\ 0 & 3 & 0 \\ 0 & 0 & 7 \end{pmatrix}$$

故

$$A^{-1} - E = \begin{pmatrix} 3 & 0 & 0 \\ 0 & 2 & 0 \\ 0 & 0 & 6 \end{pmatrix}$$

从而

$$B = 6(A^{-1} - E)^{-1} = 6\begin{pmatrix} 3 & 0 & 0 \\ 0 & 2 & 0 \\ 0 & 0 & 6 \end{pmatrix}^{-1} = 6\begin{pmatrix} \frac{1}{3} & 0 & 0 \\ 0 & \frac{1}{2} & 0 \\ 0 & 0 & \frac{1}{6} \end{pmatrix} = \begin{pmatrix} 2 & 0 & 0 \\ 0 & 3 & 0 \\ 0 & 0 & 1 \end{pmatrix}$$

§2.2.3　可逆矩阵的性质

定理 2.4　设 A、B 为 n 阶可逆矩阵,则有

(1) $|A^{-1}| = \dfrac{1}{|A|}$;　　　　(2) $(A^{-1})^{-1} = A$;

(3) $(kA)^{-1} = \dfrac{1}{k}A^{-1}$　$(k \neq 0)$;

(4) $(AB)^{-1} = B^{-1}A^{-1}$;　　　　(5) $(A^{T})^{-1} = (A^{-1})^{T}$.

证明　(只证(3)、(4),请读者自证(1)、(2)、(5))

(3) 因

$$(kA)\left(\frac{1}{k}A^{-1}\right) = \left(k\,\frac{1}{k}\right)(AA^{-1}) = E$$

故由定理 2.3 的推论,kA 可逆,且

$$(kA)^{-1}=\frac{1}{k}A^{-1}.$$

(4) 因

$$(AB)(B^{-1}A^{-1})=A(BB^{-1})A^{-1}=AA^{-1}=E$$

故 AB 可逆，且

$$(AB)^{-1}=B^{-1}A^{-1}.$$

例 9 设 n 阶方阵 A 可逆．

(1) 证明其伴随矩阵 A^* 可逆，并求其逆；

(2) 求 $|A^*|$.

(1) **证明** 因 A 可逆，故 $|A|\neq 0$. 又，$AA^*=|A|E$ 从而

$$\left(\frac{1}{|A|}A\right)A^*=E$$

这表明 A^* 可逆且有

$$(A^*)^{-1}=\frac{1}{|A|}A.$$

(2) **解** 因 $A^{-1}=\frac{1}{|A|}A^*$，故 $A^*=|A|A^{-1}$. 于是

$$|A^*|=\big||A|A^{-1}\big|=|A|^n|A^{-1}|=|A|^n\frac{1}{|A|}=|A|^{n-1}.$$

（事实上对 n 阶不可逆的方阵 A，这一结果亦成立．我们将证明留给读者.）

例 10 设 A 为三阶矩阵，$|A|=\frac{1}{2}$，求 $|(2A)^{-1}-5A^*|$．

解 因为 $|A|=\frac{1}{2}\neq 0$，所以 A 可逆．于是

$$|(2A)^{-1}-5A^*|=\left|\frac{1}{2}A^{-1}-5(|A|A^{-1})\right|=|-2A^{-1}|=(-2)^3|A^{-1}|$$

$$=-8\frac{1}{|A|}=-16$$

习题 2.2

1. 求下列矩阵的逆矩阵：

(1) $\begin{pmatrix} -3 & 4 \\ -2 & 2 \end{pmatrix}$　　(2) $\begin{pmatrix} x & x \\ x & 1+x \end{pmatrix}$

(3) $\begin{pmatrix} 3 & 1 & 3 \\ 0 & 1 & 2 \\ 0 & 0 & -1 \end{pmatrix}$　　(4) $\begin{pmatrix} 1 & 2 & 1 \\ 1 & 0 & 2 \\ -1 & 3 & 0 \end{pmatrix}$

2. 设 A、B 均为 4 阶方阵，且 $|A| = 2$，$|B| = -2$. 求：

(1) $|3AB^{-1}|$；　　(2) $\left|(\frac{1}{2}A)^{-1}B^*\right|$；

(3) $|A^T(AB)^{-1}|$.

3. 设 A、B、C 为同阶可逆矩阵，证明 $(ABC)^{-1} = C^{-1}B^{-1}A^{-1}$.

4. 设 A 为可逆矩阵，k 为自然数. 证明 $(A^k)^{-1} = (A^{-1})^k$.

5. 设 A 为可逆的对称（反对称）矩阵，证明其逆阵亦为对称（反对称）矩阵.

6. 解下列矩阵方程：

(1) $\begin{pmatrix} 0 & 1 & 2 \\ 1 & 1 & 4 \\ 2 & -1 & 0 \end{pmatrix} X = \begin{pmatrix} 1 & -1 & 1 \\ 1 & 1 & 0 \\ 2 & 2 & 1 \end{pmatrix}$

(2) $X \begin{pmatrix} 3 & 1 & -1 \\ 2 & 2 & 0 \\ 1 & -1 & 2 \end{pmatrix} = \begin{pmatrix} 1 & -1 & 3 \\ 4 & 3 & 2 \\ 1 & -2 & 5 \end{pmatrix} + X$

(3) $\begin{pmatrix} 1 & 4 \\ -1 & 2 \end{pmatrix} X \begin{pmatrix} 2 & 0 \\ -1 & 1 \end{pmatrix} = \begin{pmatrix} 3 & 1 \\ 0 & -1 \end{pmatrix}$

7. 用逆矩阵求线性方程组

$$\begin{cases} y + 2z = 1 \\ x + y + 4z = 1 \\ 2x - y = 2 \end{cases}$$

的解.

8. 设 A、B、C 为 n 阶矩阵，E 为 n 阶单位阵．判断下列等式或命题是否正确：

(1) $|kA| = k|A|$（k 为常数）；

(2) $|A + B| = |A| + |B|$；

(3) $(A + B)(A - B) = A^2 - B^2$；

(4) $(A + E)(A - E) = A^2 - E$；

(5) $(AB)^2 = A^2B^2$；

(6) $A^2 - 6A - 7E = (A + E)(A - 7E)$；

(7) 若 $AB = AC$，且 A 非奇异，则 $B = C$；

(8) 若 A、B 可逆，则 $(A + B)^{-1} = A^{-1} + B^{-1}$．

§2.3　分块矩阵

将矩阵作适当的分块，使之成为分块矩阵，再利用分块矩阵的运算完成矩阵的相关运算，这样一种处理矩阵的技巧不论在理论分析中还是实际计算中都是非常有用的．本节将对此作一简单介绍．

§2.3.1　矩阵的分块

用贯通矩阵的横线和纵线将矩阵 A 分割成若干个小矩阵称作矩阵的分块．矩阵 A 中如此得到的小矩阵称作 A 的子块（或子矩阵），以这些子块为元素的矩阵称作 A 的分块矩阵．

例 1　设

$$A = \left(\begin{array}{ccc:cc} 2 & 0 & 0 & -1 & 0 \\ 0 & 2 & 0 & 0 & 1 \\ 0 & 0 & 2 & 2 & 0 \\ \hdashline 0 & 0 & 0 & -1 & 2 \\ 0 & 0 & 0 & -1 & -1 \end{array}\right)$$

在矩阵 A 的 3、4 行间及 3、4 列间分别画一条横线及一条纵线．这样，矩阵 A 就被分割成了 4 个小矩阵．若记

$$E_3 = \begin{pmatrix} 1 & & \\ & 1 & \\ & & 1 \end{pmatrix}, B = \begin{pmatrix} -1 & 0 \\ 0 & 1 \\ 2 & 0 \end{pmatrix}, C = \begin{pmatrix} -1 & 2 \\ -1 & -1 \end{pmatrix}, O_{2\times 3} = \begin{pmatrix} 0 & 0 & 0 \\ 0 & 0 & 0 \end{pmatrix}$$

则有

$$A=\begin{pmatrix}2E_3 & B\\ O_{2\times 3} & C\end{pmatrix}$$

此即矩阵 A 的 2×2 分块矩阵.

显然,对矩阵的适当分块有时能显示矩阵结构上的某些特点. 例如,例 1 中矩阵 A 的位于左上角的子块是一个数量矩阵,而左下角的子块则是一个零矩阵. 倘用另外的方式对 A 进行分块则上述特点难以展现. 一个矩阵该如何分块取决于该矩阵的结构及计算(或分析)的需要.

一般地,在矩阵 $A=(a_{ij})_{m\times n}$ 的 m 行间加入 $s-1$ 条横线将 m 行分成 s 个行组 $(1\leqslant s\leqslant m)$,在其 n 列间加入 $t-1$ 条纵线将 n 列分成 t 个列组 $(1\leqslant t\leqslant n)$,从而矩阵 A 被分割成一个 $s\times t$ 分块矩阵 $(A_{ij})_{s\times t}$,其中 A_{ij} 表示位于矩阵的第 i 个行组及第 j 个列组的子块.

§2.3.2 分块矩阵的运算

1. 矩阵的分块加法、数乘及乘法

矩阵的分块加法、分块数乘及分块乘法只须将分块矩阵中的子块视为矩阵的元素,然后分别参照矩阵的加法、数乘及乘法的法则进行计算即可. 可以验证,所得结果与不进行分块而直接对矩阵进行相应运算的结果完全一样. 用公式表达出来就是:

(1) $A+B=(A_{ij})_{s\times t}+(B_{ij})_{s\times t}=(A_{ij}+B_{ij})_{s\times t}$.

【注】 A、B 应是同型矩阵且以相同的方式分块(以保证 A_{ij} 与 B_{ij} 是同型子矩阵).

(2) $kA=k(A_{ij})_{s\times t}=(kA_{ij})_{s\times t}$.

(3) $AB=(A_{ij})_{s\times p}(B_{ij})_{p\times t}=(C_{ij})_{s\times t}$,其中 $C_{ij}=\sum\limits_{k=1}^{p}A_{ik}B_{kj}$.

【注】 为使乘法 AB 能够进行,A 的列数应与 B 的行数相同;为使分块乘法能够进行,在对 A、B 分块时应使 A 对列的分块方式与 B 对行的分块方式相同.

例 2 设

$$F=\begin{pmatrix}1 & 1\\ 0 & 1\\ -1 & 0\\ 0 & 1\\ 2 & 1\end{pmatrix}$$

A 为例 1 中的矩阵. 用分块乘法计算 AF.

解 为使分块乘法得以进行,当 A 采取例 1 中的分块方式时,F 的行必须与 A 的列有相同的分块方式(F 的列则可任意划分). 现令

$$F=\begin{pmatrix}G\\H\end{pmatrix},\text{其中 } G=\begin{pmatrix}1&1\\0&1\\-1&0\end{pmatrix},H=\begin{pmatrix}0&1\\2&1\end{pmatrix}$$

这样,A 为 2×2 分块矩阵,F 为 2×1 分块矩阵,符合分块乘法的要求. 于是

$$AF=\begin{pmatrix}2E_3&B\\O&C\end{pmatrix}\begin{pmatrix}G\\H\end{pmatrix}=\begin{pmatrix}2G+BH\\CH\end{pmatrix}$$

其中

$$2G+BH=2\begin{pmatrix}1&1\\0&1\\-1&0\end{pmatrix}+\begin{pmatrix}-1&0\\0&1\\2&0\end{pmatrix}\begin{pmatrix}0&1\\2&1\end{pmatrix}=\begin{pmatrix}2&1\\2&3\\-2&2\end{pmatrix}$$

$$CH=\begin{pmatrix}-1&2\\-1&-1\end{pmatrix}\begin{pmatrix}0&1\\2&1\end{pmatrix}=\begin{pmatrix}4&1\\-2&-2\end{pmatrix}$$

因此

$$AF=\begin{pmatrix}2&1\\2&3\\-2&2\\4&1\\-2&-2\end{pmatrix}$$

(建议读者用矩阵乘法验证这一结果).

【注】 本例中,若将矩阵 F 的行的分割线划在其他位置,而 A 的分块方式不变,则分块乘法无法进行.

例 3 设 n 阶矩阵 A、P 及对角矩阵 $\Lambda=\mathrm{diag}(\lambda_1,\lambda_2,\cdots,\lambda_n)$ 满足等式 $AP=P\Lambda$. 试证明 $AX_i=\lambda_iX_i\quad(i=1,2,\cdots,n)$,其中 X_i 为矩阵 P 的第 i 列.

证明 由题设 $P=(X_1,X_2,\cdots,X_n)$ 为 $1\times n$ 分块矩阵. 将矩阵 A 视作 1×1 分块矩阵,则

$$AP=A(X_1,X_2,\cdots,X_n)=(AX_1,AX_2,\cdots,AX_n)$$

又,将对角矩阵 Λ 视作一个 $n\times n$ 分块矩阵,则有

$$P\Lambda=(X_1,X_2,\cdots,X_n)\begin{pmatrix}\lambda_1&&&\\&\lambda_2&&\\&&\ddots&\\&&&\lambda_n\end{pmatrix}=(\lambda_1X_1,\lambda_2X_2,\cdots,\lambda_nX_n)$$

再由题设 $AP=P\Lambda$ 即得

$$AX_i=\lambda_i X_i \quad (i=1,2,\cdots,n)$$

例 3 显示,矩阵的分块具有极大的灵活性. 在矩阵运算中合理地使用分块的技巧常可产生事半功倍的效果.

2. 分块矩阵的转置运算

设矩阵 A 的分块矩阵为

$$A=\begin{pmatrix} A_{11} & A_{12} & \cdots & A_{1t} \\ A_{21} & A_{22} & \cdots & A_{2t} \\ \cdots & \cdots & \cdots & \cdots \\ A_{s1} & A_{s2} & \cdots & A_{st} \end{pmatrix}$$

则可以验证

$$A^T=\begin{pmatrix} A_{11}^T & A_{21}^T & \cdots & A_{s1}^T \\ A_{12}^T & A_{22}^T & \cdots & A_{s2}^T \\ \cdots & \cdots & \cdots & \cdots \\ A_{1t}^T & A_{2t}^T & \cdots & A_{st}^T \end{pmatrix}$$

例如,例 2 中矩阵 F 的转置矩阵

$$F^T=(G^T,H^T)=\begin{pmatrix} 1 & 0 & -1 & 0 & 2 \\ 1 & 1 & 0 & 1 & 1 \end{pmatrix}$$

3. 分块求逆

将矩阵进行分块是为了使矩阵运算得以简化而采用的一种技巧. 当你对矩阵作了分块而未能给运算带来任何益处时这种分块就是多余的. 事实上很多时候矩阵的分块运算只是在一些具有特殊结构的矩阵的运算中方显出其功效. 对矩阵的分块求逆方法,我们只以两种特殊的矩阵给以示例.

例 4 设 $H=\begin{pmatrix} A & O \\ C & B \end{pmatrix}$,其中 A、B 分别为 s 阶、t 阶可逆矩阵,C 为 $t\times s$ 矩阵,O 为 $s\times t$ 零矩阵. 试证明 H 可逆并求其逆.

解 由行列式的拉普拉斯展开定理得 $|H|=|A|\cdot|B|\neq 0$,故 H 可逆.

设 $H^{-1}=\begin{pmatrix} X_1 & X_2 \\ X_3 & X_4 \end{pmatrix}$,其中子块 X_1,X_2,X_3,X_4 分别与 H 的子块 A,O,C,B 同型. 则有

$$\begin{pmatrix} A & O \\ C & B \end{pmatrix}\begin{pmatrix} X_1 & X_2 \\ X_3 & X_4 \end{pmatrix} = E_{s+t} = \begin{pmatrix} E_s & O \\ O & E_t \end{pmatrix}$$

即

$$\begin{pmatrix} AX_1 & AX_2 \\ CX_1 + BX_3 & CX_2 + BX_4 \end{pmatrix} = \begin{pmatrix} E_s & O \\ O & E_t \end{pmatrix}$$

于是得矩阵方程组

$$\begin{cases} AX_1 = E_s \\ AX_2 = O \\ CX_1 + BX_3 = O \\ CX_2 + BX_4 = E_t \end{cases}, \quad \text{解之得} \begin{cases} X_1 = A^{-1} \\ X_2 = O \\ X_3 = -B^{-1}CA^{-1} \\ X_4 = B^{-1} \end{cases}$$

故

$$H^{-1} = \begin{pmatrix} A^{-1} & O \\ -B^{-1}CA^{-1} & B^{-1} \end{pmatrix}$$

若例 4 中的子矩阵 $C = O$，则 $H = \begin{pmatrix} A & O \\ O & B \end{pmatrix}$，此时有

$$H^{-1} = \begin{pmatrix} A^{-1} & \\ & B^{-1} \end{pmatrix}$$

一般地，当 $A_1, A_2, \cdots, A_s$ 皆为方阵时，称分块矩阵

$$A = \begin{pmatrix} A_1 & & & \\ & A_2 & & \\ & & \ddots & \\ & & & A_s \end{pmatrix}$$

为**分块对角矩阵**或**准对角矩阵**（其中未写出的子块皆为零矩阵）.

借助于矩阵的分块运算规则容易验证，同阶准对角阵（其对应子块亦同阶）的和、差、积仍为准对角阵；当 $A_1, A_2, \cdots, A_s$ 皆可逆时，A 亦可逆，且有

$$A^{-1} = \begin{pmatrix} A_1^{-1} & & & \\ & A_2^{-1} & & \\ & & \ddots & \\ & & & A_s^{-1} \end{pmatrix} \tag{2.5}$$

例5 设

$$A=\begin{pmatrix}1&4&0&0&0\\0&1&0&0&0\\0&0&-7&0&0\\0&0&0&0&-1\\0&0&0&-1&3\end{pmatrix}$$

求 A^{-1}.

解 设

$$A_1=\begin{pmatrix}1&4\\0&1\end{pmatrix},A_2=(-7),A_3=\begin{pmatrix}0&-1\\-1&3\end{pmatrix}$$

则有

$$A_1^{-1}=\begin{pmatrix}1&-4\\0&1\end{pmatrix},A_2^{-1}=(-\frac{1}{7}),A_3^{-1}=\begin{pmatrix}-3&-1\\-1&0\end{pmatrix}$$

由(2.5)得

$$A^{-1}=\begin{pmatrix}A_1^{-1}&&\\&A_2^{-1}&\\&&A_3^{-1}\end{pmatrix}=\begin{pmatrix}1&-4&0&0&0\\0&1&0&0&0\\0&0&-\frac{1}{7}&0&0\\0&0&0&-3&-1\\0&0&0&-1&0\end{pmatrix}$$

习题 2.3

1. 设

$$A=\begin{pmatrix}1&0&0&0\\0&1&0&0\\-1&2&1&0\\1&1&0&1\end{pmatrix},B=\begin{pmatrix}1&0&3\\-1&2&0\\1&0&4\\-1&-1&2\end{pmatrix}$$

利用矩阵的分块乘法计算 AB.

2. 设 $A=(A_1,A_2,\cdots,A_n)$，其中 $A_i(i=1,2,\cdots,n)$ 为列矩阵，求 A^T.

3. 设矩阵 A、B 可逆，试证明下列矩阵可逆并求其逆.

(1)$\begin{pmatrix} O & A \\ B & O \end{pmatrix}$ (2)$\begin{pmatrix} A & C \\ O & B \end{pmatrix}$

4. 利用分块矩阵求下列矩阵的逆矩阵：

(1)$\begin{pmatrix} 3 & 0 & 0 & 0 \\ 0 & 1 & 2 & -3 \\ 0 & 0 & 1 & 2 \\ 0 & 0 & 0 & 1 \end{pmatrix}$ (2)$\begin{pmatrix} 2 & -1 & 0 & 0 \\ -3 & 2 & 0 & 0 \\ 31 & -19 & 3 & -4 \\ -23 & 14 & -2 & 3 \end{pmatrix}$

(3)$\begin{pmatrix} 0 & a_1 & 0 & \cdots & 0 & 0 \\ 0 & 0 & a_2 & \cdots & 0 & 0 \\ 0 & 0 & 0 & \cdots & 0 & 0 \\ \cdots & \cdots & \cdots & \cdots & \cdots & \cdots \\ 0 & 0 & 0 & \cdots & 0 & a_{n-1} \\ a_n & 0 & 0 & \cdots & 0 & 0 \end{pmatrix}$ $(a_1 a_2 \cdots a_n \neq 0)$.

5. 设

$$A = \begin{pmatrix} 1 & 0 & 0 & 0 \\ \lambda & 1 & 0 & 0 \\ 0 & 0 & 1 & \lambda \\ 0 & 0 & 0 & 1 \end{pmatrix}$$

求 A^n 及 A^{-1}.

§2.4 矩阵的初等变换与矩阵的秩

§2.4.1 矩阵的初等变换

定义 2.14 对矩阵施行的下列变换称作矩阵的行(列)初等变换：

(1) 将矩阵的第 i 行(列)与第 j 行(列)对调；

(2) 以非零常数 k 乘矩阵的第 i 行(列)元素；

(3) 将矩阵第 j 行(列)元素的 k 倍加到第 i 行(列)的相应元素上.

上述行初等变换依次记作 $r_i \leftrightarrow r_j$, kr_i 及 $r_i + kr_j$. 列初等变换只须将上述记号中的字母 r 换作 c.

例 1

$$A=\begin{pmatrix}0&2&-1&1\\1&-1&0&2\\-2&0&3&1\end{pmatrix}\xrightarrow{r_1\leftrightarrow r_2}\begin{pmatrix}1&-1&0&2\\0&2&-1&1\\-2&0&3&1\end{pmatrix}$$

$$\xrightarrow{r_3+2r_1}\begin{pmatrix}1&-1&0&2\\0&2&-1&1\\0&-2&3&5\end{pmatrix}\xrightarrow{r_3+r_2}\begin{pmatrix}1&-1&0&2\\0&2&-1&1\\0&0&2&6\end{pmatrix}$$

$$\xrightarrow{\frac{1}{2}r_3}\begin{pmatrix}1&-1&0&2\\0&2&-1&1\\0&0&1&3\end{pmatrix}=B$$

例 1 表明,一般而言,矩阵经初等变换后不再是原来的矩阵,所以它们之间不能以等号相连而是连之以符号"→". 通常将矩阵 A 与其经初等变换后所得到的矩阵 B 称作**相抵**矩阵或**等价**矩阵,记作$A\cong B$. 易知,矩阵的相抵关系具有如下性质:

1° 反身性,即 $A\cong A$;

2° 对称性,即若 $A\cong B$,则 $B\cong A$;

3° 传递性,即若 $A\cong B,B\cong C$,则 $A\cong C$.

定义 2.15 若一个矩阵具有如下特征则称之为阶梯(形)矩阵:

(1) 零行(即其元素全为零的行)位于全部非零行的下方(如果矩阵有零行的话);

(2) 非零行的首非零元(即位于最左边的非零元)的列标随其行标严格递增.

定义 2.16 若一个阶梯矩阵具有如下特征则称之为行简化阶梯矩阵:

(1) 非零行的首非零元为 1;

(2) 非零行的首非零元所在列的其余元素皆为零.

例 2 矩阵

$$A=\begin{pmatrix}2&1&-1&3\\0&3&0&1\\0&0&-1&4\end{pmatrix},\quad B=\begin{pmatrix}1&0&0&3&4\\0&1&2&5&3\\0&0&0&0&0\end{pmatrix}$$

$$C=\begin{pmatrix}0&2&0&4\\0&0&0&2\\0&0&0&0\end{pmatrix},\quad D=\begin{pmatrix}1&-3&2&3\\0&0&1&5\\0&0&0&0\end{pmatrix}$$

都是阶梯矩阵，但只有 B 是行简化阶梯矩阵；

矩阵

$$\begin{pmatrix} 2 & 1 & -1 & 3 \\ 0 & 3 & 0 & 1 \\ 0 & 4 & -1 & 4 \end{pmatrix}, \quad \begin{pmatrix} 1 & 0 & 3 & 1 & 2 \\ 0 & 0 & 0 & 0 & 0 \\ 0 & 1 & 2 & 1 & 5 \end{pmatrix}$$

都不是阶梯矩阵 .

一个非零矩阵能否经过行初等变换化为阶梯矩阵？例 1 已经显示，这是做得到的 .

定理 2.5　任意非零矩阵都可经行初等变换化为阶梯矩阵 .

证明　不失一般性，我们可以假设非零矩阵 $A=(a_{ij})_{m\times n}$ 各行的首非零元中列标最小者为 a_{1k}(若这样的元素不在第 1 行，则可通过行的对调使之位于第 1 行). 将 A 的第 1 行元素 $\left(-\dfrac{a_{ik}}{a_{1k}}\right)$ 的倍加到第 i 行的相应元素上去 $(i=2,3,\cdots,n)$，则

$$A \to \begin{pmatrix} 0 & \cdots & 0 & a_{1k} & a_{1,(k+1)} & \cdots & a_{1n} \\ 0 & \cdots & 0 & 0 & a'_{2,(k+1)} & \cdots & a'_{2n} \\ \cdots & \cdots & \cdots & \cdots & \cdots & \cdots & \cdots \\ 0 & \cdots & 0 & 0 & a'_{m,(k+1)} & \cdots & a'_{mn} \end{pmatrix} = A_1$$

若 A_1 中由虚线所围的子块 $B=O$，则 A_1 已是阶梯形；若 $B\neq O$，则对 B 作类似前面对 A 所作的行初等变换，并将类似的变换(如果需要的话)重复下去，最终必将 A 化为阶梯矩阵 .

由定理 2.5 不难得出下面的推论：

推论 1　任意非零矩阵都可经行初等变换化为行简化阶梯矩阵 .

证明　设非零矩阵 A 已经行初等变换化为阶梯矩阵 B. 由 B 最下面的非零行开始，自下而上直至第 1 行依次作这样的行初等变换：用该行首非零元的倒数乘该行元素，使该首非零元变成 1；再依次将该行的适当倍数加到其上的每一行，以使与该首非零元同列的元素变成 0. 于是，非零矩阵 A 经行初等变换化为行简化阶梯矩阵 .

容易证明，可逆矩阵经行初等变换得到的行简化阶梯矩阵为单位矩阵，于是可得下面的重要推论 .

推论 2　任意可逆矩阵都可经行初等变换化为单位矩阵 .

【注】 事实上任意可逆矩阵亦可经列初等变换化为单位矩阵. 建议读者自己给出证明.

例 3 用行初等变换将矩阵

$$A=\begin{pmatrix}3&1&5&6\\1&-1&3&-2\\2&1&3&5\\1&1&1&1\end{pmatrix}$$

化为行简化阶梯矩阵.

解

$$A\xrightarrow{r_1\leftrightarrow r_4}\begin{pmatrix}1&1&1&1\\1&-1&3&-2\\2&1&3&5\\3&1&5&6\end{pmatrix}\xrightarrow[\substack{r_3-2r_1\\r_4-3r_1}]{r_2-r_1}\begin{pmatrix}1&1&1&1\\0&-2&2&-3\\0&-1&1&3\\0&-2&2&3\end{pmatrix}$$

$$\xrightarrow{r_2\leftrightarrow r_3}\begin{pmatrix}1&1&1&1\\0&-1&1&3\\0&-2&2&-3\\0&-2&2&3\end{pmatrix}\xrightarrow[r_4-2r_2]{r_3-2r_2}\begin{pmatrix}1&1&1&1\\0&-1&1&3\\0&0&0&-9\\0&0&0&-3\end{pmatrix}\xrightarrow{-\frac{1}{9}r_3}\begin{pmatrix}1&1&1&1\\0&-1&1&3\\0&0&0&1\\0&0&0&-3\end{pmatrix}$$

$$\xrightarrow[\substack{r_2-3r_3\\r_4+3r_3}]{r_1-r_3}\begin{pmatrix}1&1&1&0\\0&-1&1&0\\0&0&0&1\\0&0&0&0\end{pmatrix}\xrightarrow{-r_2}\begin{pmatrix}1&1&1&0\\0&1&-1&0\\0&0&0&1\\0&0&0&0\end{pmatrix}\xrightarrow{r_1-r_2}\begin{pmatrix}1&0&2&0\\0&1&-1&0\\0&0&0&1\\0&0&0&0\end{pmatrix}$$

例 3 表明,将一个矩阵化为行简化阶梯矩阵并不一定非得机械地按照定理 2.5 及其推论的证明中的步骤去做,而是要根据实际计算的情况灵活地加以处理. 此外,一个矩阵经行初等变换所化成的阶梯矩阵显然不是唯一的,而所化成的行简化阶梯矩阵却是唯一的. 但如果矩阵变化过程中还加进列初等变换,那么后者的唯一性不成立.

定义 2.17 若一个矩阵具有如下特征则称之为标准形矩阵:

(1) 位于左上角的子块是一个 r 阶单位阵;

(2) 其余的子块(如果有的话) 都是零矩阵.

例 4 矩阵

$$\begin{pmatrix}1&0&0\\0&1&0\\0&0&0\end{pmatrix}、\begin{pmatrix}1&0&0&0&0\\0&1&0&0&0\\0&0&1&0&0\end{pmatrix}、\begin{pmatrix}1\\0\\0\end{pmatrix}、\begin{pmatrix}1&0\\0&1\end{pmatrix}$$

都是标准形矩阵.

定理 2.6 任意非零矩阵都可经初等变换化为标准形矩阵.

证明 设非零矩阵A已经行初等变换化为行简化阶梯形矩阵B. 对B作如下的列初等变换:以B的第1行的首非零元的适当倍数乘其所在的列并加到其后的每一列以使第1行的其余元素变为零,即

$$B \to \begin{pmatrix} 1 & 0 & \cdots & 0 \\ 0 & & & \\ \vdots & & A_1 & \\ 0 & & & \end{pmatrix}.$$

若其中的$A_1 = O$,则矩阵已是标准形;若$A_1 \neq O$,则A_1仍为行简化阶梯形矩阵,可对其施行类似上面对B所作的列初等变换并重复上述类似步骤(如果需要的话),直至用最下面的非零行的首非零元将其右边的元素都处理成零为止. 最后将零列(如果有的话)依次换到矩阵的最右边. 这样A即化为标准形.

例 5 将例3中的矩阵化为标准形.

解 由例3

$$A \to \begin{pmatrix} 1 & 0 & 2 & 0 \\ 0 & 1 & -1 & 0 \\ 0 & 0 & 0 & 1 \\ 0 & 0 & 0 & 0 \end{pmatrix} \xrightarrow{c_3 - 2c_1 + c_2} \begin{pmatrix} 1 & 0 & 0 & 0 \\ 0 & 1 & 0 & 0 \\ 0 & 0 & 0 & 1 \\ 0 & 0 & 0 & 0 \end{pmatrix} \xrightarrow{c_3 \leftrightarrow c_4} \begin{pmatrix} 1 & 0 & 0 & 0 \\ 0 & 1 & 0 & 0 \\ 0 & 0 & 1 & 0 \\ 0 & 0 & 0 & 0 \end{pmatrix}$$

例5表明,先对矩阵A作行初等变换使之化为行简化阶梯形B,再对B作列初等变换必可将A化为标准形. 在实际计算中读者可不拘泥于上述程序. 事实上,交替使用行、列初等变换常能更快地将一个矩阵化成标准形,读者不妨一试. 最后还应指出,一般而论,单用行的或单用列的初等变换不一定能将一个矩阵化成标准形,但对于可逆矩阵,定理2.5的推论2及其后的注已经表明,单用行的或单用列的初等变换可以将其化成标准形.

§2.4.2 矩阵的秩

前面讨论了矩阵的标准形. 显然,有很多不同的矩阵会有相同的标准形. 此外,一个矩阵可经行初等变换化为不同的阶梯形,但不同的阶梯形中非零行的个数却是相同的. 这一切都源于矩阵的一种本质特征 —— 矩阵的秩.

定义 2.18 设矩阵$A = (a_{ij})_{m \times n}$,称位于$A$的某$k$行、$k$列($1 \leqslant k \leqslant \min\{m,n\}$)的交叉点处的元素依照其原来的相对位置所构成的$k$阶

行列式为 A 的 k 阶子式.

例6 设

$$A=\begin{pmatrix}1 & 0 & -1 & 2\\ 3 & 1 & 2 & 0\\ 1 & 1 & 4 & -4\end{pmatrix}$$

则3阶行列式

$$\begin{vmatrix}1 & 0 & -1\\ 3 & 1 & 2\\ 1 & 1 & 4\end{vmatrix}、\begin{vmatrix}1 & 0 & 2\\ 3 & 1 & 0\\ 1 & 1 & -4\end{vmatrix}、\begin{vmatrix}1 & -1 & 2\\ 3 & 2 & 0\\ 1 & 4 & -4\end{vmatrix}、\begin{vmatrix}0 & -1 & 2\\ 1 & 2 & 0\\ 1 & 4 & -4\end{vmatrix}$$

是 A 的全部4个3阶子式;2阶行列式

$$\begin{vmatrix}1 & -1\\ 3 & 2\end{vmatrix}、\begin{vmatrix}1 & 0\\ 1 & -4\end{vmatrix}$$

等是 A 的2阶子式;1阶行列式 $|1|$、$|0|$、$|-1|$ 等是 A 的1阶子式.

定义2.19 矩阵 A 的非零子式的最高阶数称作矩阵 A 的秩,记作 $R(A)$.

【注】 (1) 此定义表明,矩阵 A 的秩为 r 的充要条件是,A 至少有一个 r 阶非零子式且全部 $r+1$ 阶子式(如果有的话)都等于零(从而更高阶的子式——如果有的话——亦为零);

(2) 零矩阵没有非零子式,规定其秩为零;

(3) 设 A 为 n 阶方阵. 则 ① $R(A)=n$ 当且仅当 $|A|\neq 0$;② $R(A)<n$ 当且仅当 $|A|=0$.

(4) 显然,标准形矩阵的秩等于其左上角的单位阵的阶数,阶梯形矩阵的秩恰为其非零行的个数.

例7 例6中矩阵 A 的全部3阶子式都等于0,而其2阶子式 $\begin{vmatrix}1 & -1\\ 3 & 2\end{vmatrix}=5$,于是 A 的非零子式的最高阶数是2,故 $R(A)=2$.

根据定义2.19,求矩阵 A 的秩须计算多个行列式的值,当 A 的行、列数较多时这个计算量是相当大的. 为此须探讨求矩阵的秩的新途径. 下面的定理是新法求秩的重要理论依据.

定理2.7 矩阵的行初等变换不改变矩阵的秩.

证明 只须证明一次行初等变换不改变矩阵的秩. 下面只就第(3)种行初等变换进行证明,其余两种的证明留给读者.

设 $A\xrightarrow{r_i+kr_j}B$,$R(A)=r$,D 为 B 的任意一个 $r+1$ 阶子式.

若 D 中不含有 B 的第 i 行元素，则 D 是 A 的 $r+1$ 阶子式，从而 $D=0$；

若 D 中含有 B 的第 i 行元素，则由行列式的性质 4 和性质 3，D 可依第 i 行拆成两个行列式之和 $D=D_1+kD_2$，其中 D_1 是 A 的 $r+1$ 阶子式从而为零，于是 $D=kD_2$：当 D 中不含有 B 的第 j 行元素时，D_2 至多与 A 的某个 $r+1$ 阶子式相差一个负号，从而 $D=0$；当 D 中含有 B 的第 j 行元素时，因 D_2 有两行完全相同故为零，从而 $D=0$.

综上，得 $R(B)\leqslant R(A)$.

又因 B 亦可经一次行初等变换变成 A，即 $B\xrightarrow{r_i-kr_j}A$，故同理可证 $R(A)\leqslant R(B)$，因此 $R(A)=R(B)$.

推论 矩阵的列初等变换不改变矩阵的秩.

证明 由矩阵 A 的秩的定义，显然有 $R(A)=R(A^T)$，而对 A 所作的列初等变换对 A^T 来说则是行初等变换. 据定理 2.7，它不改变 A^T 的秩，从而 A 的秩亦不改变.

综合定理 2.7 及其推论，既然初等变换不改变矩阵的秩，而阶梯矩阵的秩一望便知，因此利用矩阵的初等变换将矩阵化为阶梯形，从而得出矩阵的秩的方法应是求秩的有效方法. 它常比直接利用定义求秩更为简捷.

例 8 求矩阵

$$A=\begin{pmatrix}2&1&0&4\\-1&1&3&4\\-1&0&1&0\\0&1&2&4\\3&2&-1&1\end{pmatrix}$$

的秩.

解

$$A\to\begin{pmatrix}1&2&3&8\\-1&1&3&4\\-1&0&1&0\\0&1&2&4\\3&2&-1&1\end{pmatrix}\to\begin{pmatrix}1&2&3&8\\0&3&6&12\\0&2&4&8\\0&1&2&4\\0&-4&-10&-23\end{pmatrix}\to\begin{pmatrix}1&2&3&8\\0&1&2&4\\0&0&-2&-7\\0&0&0&0\\0&0&0&0\end{pmatrix}$$

故 $R(A)=3$.

§2.4.3 初等变换求逆

定义 2.20 由单位矩阵经过一次初等变换得到的矩阵称作初等矩阵.

例如

$$E_3 = \begin{pmatrix} 1 & & \\ & 1 & \\ & & 1 \end{pmatrix} \xrightarrow[(\text{或 } c_1 \leftrightarrow c_2)]{r_1 \leftrightarrow r_2} \begin{pmatrix} 0 & 1 & 0 \\ 1 & 0 & 0 \\ 0 & 0 & 1 \end{pmatrix} \triangleq^{①} P_{12}$$

$$E_3 = \begin{pmatrix} 1 & & \\ & 1 & \\ & & 1 \end{pmatrix} \xrightarrow[(\text{或 } kc_3)]{kr_3} \begin{pmatrix} 1 & & \\ & 1 & \\ & & k \end{pmatrix} \triangleq P_3(k)$$

$$E_3 = \begin{pmatrix} 1 & & \\ & 1 & \\ & & 1 \end{pmatrix} \xrightarrow[(\text{或 } c_2 + kc_1)]{r_1 + kr_2} \begin{pmatrix} 1 & k & \\ & 1 & \\ & & 1 \end{pmatrix} \triangleq P_{12}(k)$$

初等矩阵按照其对应的不同变换可分成三类. 如上面的例子所显示的,现将初等矩阵的记号规定如下:

(1)P_{ij} 表示将单位阵的第 i 行(或列) 与第 j 行(或列) 对调所得到的初等矩阵;

(2)$P_i(k)$ 表示将单位阵的第 i 行(或列) 乘以非 0 常数 k 所得到的初等矩阵;

(3)$P_{ij}(k)$ 表示将单位阵的第 j 行的 k 倍加到第 i 行(或将第 i 列的 k 倍加到第 j 列) 所得到的初等矩阵.

显然,初等矩阵都是可逆矩阵. 容易验证,它们的逆阵仍是初等矩阵:

$$P_{ij}^{-1} = P_{ij}, \quad P_i^{-1}(k) = P_i\left(\frac{1}{k}\right), \quad P_{ij}^{-1}(k) = P_{ij}(-k).$$

例 9 设 $A = (a_{ij})$ 为 3 阶矩阵,计算用 $P_{12}, P_2(k)$ 分别左乘与右乘 A 所得到的乘积并对结果予以解释.

解 设 α_j 表示 A 的第 j 列($j = 1,2,3$),β_i 表示 A 的第 i 行($i = 1,2,3$). 则有

$$A = (\alpha_1\ \alpha_2\ \alpha_3) = \begin{pmatrix} \beta_1 \\ \beta_2 \\ \beta_3 \end{pmatrix}$$

于是

① 记号"$\triangleq$" 读作"记作" 或"表示为".

$$P_{12}A=\begin{pmatrix}0&1&0\\1&0&0\\0&0&1\end{pmatrix}\begin{pmatrix}\beta_1\\\beta_2\\\beta_3\end{pmatrix}=\begin{pmatrix}\beta_2\\\beta_1\\\beta_3\end{pmatrix}$$

这表明,P_{12} 左乘 A 的结果使 A 的第1、2行发生了对调;

$$AP_{12}=(\alpha_1\ \alpha_2\ \alpha_3)\begin{pmatrix}0&1&0\\1&0&0\\0&0&1\end{pmatrix}=(\alpha_2\ \alpha_1\ \alpha_3)$$

这表明,P_{12} 右乘 A 的结果使 A 的第1、2列发生了对调;

$$P_2(k)A=\begin{pmatrix}1&&\\&k&\\&&1\end{pmatrix}\begin{pmatrix}\beta_1\\\beta_2\\\beta_3\end{pmatrix}=\begin{pmatrix}\beta_1\\k\beta_2\\\beta_3\end{pmatrix}$$

这表明,用 $P_2(k)$ 左乘 A 的结果相当于用 k 去乘 A 的第2行;

$$AP_2(k)=(\alpha_1\ \alpha_2\ \alpha_3)\begin{pmatrix}1&&\\&k&\\&&1\end{pmatrix}=(\alpha_1\ k\alpha_2\ \alpha_3)$$

这表明,用 $P_2(k)$ 右乘 A 的结果相当于用 k 去乘 A 的第2列.

我们将第三种初等矩阵与矩阵 A 相乘的计算及对结果的解释留给读者.

定理2.8 设 A 为 $m\times n$ 矩阵,则对 A 所作的行初等变换可通过用一个相应的 m 阶初等矩阵左乘 A 来实现;对 A 所作的列初等变换可通过用一个相应的 n 阶初等矩阵右乘 A 来实现.

仿照例9,容易给出定理2.8的证明,读者可自行完成.

定理2.9 n 阶矩阵 A 可逆的充要条件是,A 可以表示成初等矩阵的乘积.

证明 充分性是显然的,现证明必要性.

设 A 可逆,则由定理2.5的推论2,A 可经一系列的行初等变换化为单位阵 E,再由定理2.8,存在一系列的初等矩阵 $P_1,P_2,\cdots,P_s$ 使得

$$P_s\cdots P_2P_1A=E \tag{2.6}$$

因初等矩阵都可逆,且其逆仍为初等矩阵,从而

$$A=P_1^{-1}P_2^{-1}\cdots P_s^{-1}$$

即 A 可以表示成初等矩阵的乘积.

(2.6)式为初等变换求逆提供了依据.事实上(2.6)式表明

$$A^{-1}=P_s\cdots P_2P_1 \tag{2.7}$$

现构造一个分块矩阵$(A \vdots E)$，并以$P_s \cdots P_2 P_1$左乘之，得

$$P_s \cdots P_2 P_1 (A \vdots E) = (P_s \cdots P_2 P_1 A \vdots P_s \cdots P_2 P_1)$$

即

$$P_s \cdots P_2 P_1 (A \vdots E) = (E \vdots A^{-1}) \tag{2.8}$$

(2.8) 式表明可按如下步骤求可逆矩阵A的逆阵：

(1) 构造分块矩阵$(A \vdots E)$；

(2) 对分块矩阵$(A \vdots E)$施以适当的行初等变换使其中的子块A化为单位矩阵E，与此同时，其中的子块E即化为A^{-1}.

【注】 实际计算中，若行初等变换使A变出了零行，则表明A不可逆.

例 10 用行初等变换求矩阵

$$A = \begin{pmatrix} -3 & 0 & 1 \\ 1 & -3 & 2 \\ 1 & 1 & -1 \end{pmatrix}$$

的逆阵.

解

$$(A \vdots E) = \left(\begin{array}{ccc:ccc} -3 & 0 & 1 & 1 & 0 & 0 \\ 1 & -3 & 2 & 0 & 1 & 0 \\ 1 & 1 & -1 & 0 & 0 & 1 \end{array}\right)$$

$$\xrightarrow{r_1 \leftrightarrow r_3} \left(\begin{array}{ccc:ccc} 1 & 1 & -1 & 0 & 0 & 1 \\ 1 & -3 & 2 & 0 & 1 & 0 \\ -3 & 0 & 1 & 1 & 0 & 0 \end{array}\right) \xrightarrow[r_3 + 3r_1]{r_2 - r_1} \left(\begin{array}{ccc:ccc} 1 & 1 & -1 & 0 & 0 & 1 \\ 0 & -4 & 3 & 0 & 1 & -1 \\ 0 & 3 & -2 & 1 & 0 & 3 \end{array}\right)$$

$$\xrightarrow{r_2 + r_3} \left(\begin{array}{ccc:ccc} 1 & 1 & -1 & 0 & 0 & 1 \\ 0 & -1 & 1 & 1 & 1 & 2 \\ 0 & 3 & -2 & 1 & 0 & 3 \end{array}\right) \xrightarrow{-r_2} \left(\begin{array}{ccc:ccc} 1 & 1 & -1 & 0 & 0 & 1 \\ 0 & 1 & -1 & -1 & -1 & -2 \\ 0 & 3 & -2 & 1 & 0 & 3 \end{array}\right)$$

$$\xrightarrow{r_3 - 3r_2} \left(\begin{array}{ccc:ccc} 1 & 1 & -1 & 0 & 0 & 1 \\ 0 & 1 & -1 & -1 & -1 & -2 \\ 0 & 0 & 1 & 4 & 3 & 9 \end{array}\right) \xrightarrow[r_2 + r_3]{r_1 + r_3} \left(\begin{array}{ccc:ccc} 1 & 1 & 0 & 4 & 3 & 10 \\ 0 & 1 & 0 & 3 & 2 & 7 \\ 0 & 0 & 1 & 4 & 3 & 9 \end{array}\right)$$

$$\xrightarrow{r_1 - r_2} \left(\begin{array}{ccc:ccc} 1 & 0 & 0 & 1 & 1 & 3 \\ 0 & 1 & 0 & 3 & 2 & 7 \\ 0 & 0 & 1 & 4 & 3 & 9 \end{array}\right) = (E \vdots A^{-1})$$

故

$$A^{-1}=\begin{pmatrix}1&1&3\\3&2&7\\4&3&9\end{pmatrix}$$

可以证明,对分块矩阵$\begin{pmatrix}A\\ \hdashline E\end{pmatrix}$施以列初等变换使得其中的子块 A 化为 E,与此同时子块 E 即化为 A^{-1}. 即有

$$\begin{pmatrix}A\\ \hdashline E\end{pmatrix}\xrightarrow{\text{列初等变换}}\begin{pmatrix}E\\ \hdashline A^{-1}\end{pmatrix}$$

这表明,可逆矩阵亦可借助于列初等变换求得其逆阵. 此外,我们还可以将初等变换用于解矩阵方程

$$AX=B\quad(\text{其中 } A \text{ 为可逆矩阵})\tag{2.9}$$

事实上,利用(2.6)及(2.7)式可得

$$P_s\cdots P_2P_1(A\,\vdots\,B)=(E\,\vdots\,A^{-1}B)\tag{2.10}$$

从而得到矩阵方程(2.9)的初等变换解法:

对分块矩阵$(A\,\vdots\,B)$施以适当的行初等变换,使其子块 A 化为 E,与此同时,B 即化成 $A^{-1}B$. 于是方程(2.9)的解为 $X=A^{-1}B$.

矩阵方程 $XA=B$(其中 A 为可逆矩阵)亦有初等变换解法,我们将其推导留给读者.

例 11 设

$$A=\begin{pmatrix}1&1&-1\\0&2&2\\1&-1&0\end{pmatrix},B=\begin{pmatrix}0&3\\3&-6\\3&0\end{pmatrix}$$

用初等变换解矩阵方程 $AX=B$.

解

$$(A\,\vdots\,B)=\left(\begin{array}{ccc:cc}1&1&-1&0&3\\0&2&2&3&-6\\1&-1&0&3&0\end{array}\right)$$

$$\xrightarrow{\text{行初等变换}}\left(\begin{array}{ccc:cc}1&0&0&\dfrac{5}{2}&0\\0&1&0&-\dfrac{1}{2}&0\\0&0&1&2&-3\end{array}\right)=(E\,\vdots\,A^{-1}B)$$

故

$$X=\begin{pmatrix} \frac{5}{2} & 0 \\ -\frac{1}{2} & 0 \\ 2 & -3 \end{pmatrix}$$

习题 2.4

1. 用行初等变换将下列矩阵化为行简化阶梯矩阵：

(1) $\begin{pmatrix} 3 & 0 & -5 & 1 & -2 \\ 2 & 0 & 3 & -5 & 1 \\ -1 & 0 & 7 & -4 & 3 \\ 4 & 0 & 15 & -7 & 9 \end{pmatrix}$　(2) $\begin{pmatrix} 1 & 1 & 1 & 1 & -7 \\ 1 & 0 & 3 & -1 & 8 \\ 1 & 2 & -1 & 1 & 0 \\ 3 & 3 & 3 & 2 & -11 \\ 2 & 2 & 2 & 1 & -4 \end{pmatrix}$

2. 求下列矩阵的秩和标准形：

(1) $\begin{pmatrix} 2 & 2 & -1 \\ 1 & -2 & 4 \\ 5 & 8 & 2 \end{pmatrix}$　(2) $\begin{pmatrix} 3 & -7 & 6 & 1 & 5 \\ 1 & -2 & 4 & -1 & 3 \\ -1 & 1 & -10 & 5 & -7 \\ 4 & -11 & -2 & 8 & 0 \end{pmatrix}$

3. 设 $A=(a_{ij})$ 为 3 阶矩阵. 分别计算用初等矩阵 $P_{12}(k)$ 左乘和右乘 A 所得到的乘积,并对结果进行解释.

4. 用行初等变换将矩阵 $A=\begin{pmatrix} -2 & 1 \\ 3 & 4 \end{pmatrix}$ 化为标准形,并写出相应的初等矩阵.

5. 用初等变换求下列矩阵的逆矩阵：

(1) $\begin{pmatrix} 1 & 0 & -1 \\ -2 & 1 & 3 \\ 3 & -1 & 2 \end{pmatrix}$　(2) $\begin{pmatrix} 5 & 0 & 0 \\ -1 & 3 & 1 \\ 2 & 2 & 1 \end{pmatrix}$

6. 用初等变换解下列矩阵方程：

(1) $\begin{pmatrix} 3 & -1 & 0 \\ -2 & 1 & 1 \\ 2 & -1 & 4 \end{pmatrix}X=\begin{pmatrix} -1 & 1 \\ 0 & 2 \\ -5 & 3 \end{pmatrix}$　(2) $X\begin{pmatrix} 1 & 1 & -1 \\ -2 & 1 & 1 \\ 1 & 1 & 1 \end{pmatrix}=\begin{pmatrix} 1 & -1 & 1 \\ 0 & 3 & 1 \end{pmatrix}$

复习题二

(一) 填空

1. 设矩阵

$$A=\begin{pmatrix}1&0&1\\0&2&0\\1&0&1\end{pmatrix}$$

矩阵 X 满足 $AX+E=A^2+X$,则 $X=$________.

2. 设 A、B 均为 n 阶矩阵,B^* 为 B 的伴随矩阵,若 $|A|=2$,$|B|=-3$,则 $|2A^{-1}B^*|=$________.

3. 设 3 阶方阵 A、B 满足 $A^2B-A-B=E$,其中 E 为 3 阶单位阵,若

$$A=\begin{pmatrix}1&0&1\\0&2&0\\-2&0&1\end{pmatrix}$$

则 $B^{-1}=$________.

4. 设矩阵 A 满足 $A^2+A-4E=0$,其中 E 为单位阵,则 $(A-E)^{-1}=$________.

5. 设 A 为 n 阶矩阵,A^* 为 A 的伴随矩阵,若 $|A|=5$,则 $|(5A^*)^{-1}|=$________.

6. 设

$$A=\begin{pmatrix}a_1b_1&a_1b_2&\cdots&a_1b_n\\a_2b_1&a_2b_2&\cdots&a_2b_n\\\cdots&\cdots&\cdots&\cdots\\a_nb_1&a_nb_2&\cdots&a_nb_n\end{pmatrix}$$

其中 $a_i\neq0,b_i\neq0\quad(i=1,2,\cdots,n)$,则矩阵 A 的秩 $R(A)=$________.

7. 设

$$A=\begin{pmatrix}1&0&0&0\\-2&3&0&0\\0&-4&5&0\\0&0&-6&7\end{pmatrix}$$

E 为4阶单位矩阵，$B=(E+A)^{-1}(E-A)$，则$(E+B)^{-1}=$________.

（二）选择

1. 设A、B、C均为n阶矩阵，且满足$AB=BC=CA=E$　则$A^2+B^2+C^2=$________.

(A)O;　　(B)E;　　(C)$2E$;　　(D)$3E$.

2. 设A为n阶非奇异矩阵($n\geqslant 2$)，A^*是矩阵A的伴随矩阵，则$(A^*)^*=$________.

(A)$|A|^{n-1}A$;　　(B)$|A|^{n+1}A$;

(C)$|A|^{n-2}A$;　　(D)$|A|^{n+2}A$.

3. 设n阶矩阵A与B等价，则必有________.

(A)$|A|=a$　$(a\neq 0)$时，$|B|=a$;

(B)$|A|=a$　$(a\neq 0)$时，$|B|=-a$;

(C)当$|A|\neq 0$时，$|B|=0$;

(D)当$|A|=0$时，$|B|=0$.

4. 设A、B、C均为n阶矩阵，且满足$ABC=E$，则下式中必成立的是________.

(A)$ACB=E$;　　(B)$CBA=E$;

(C)$BAC=E$;　　(D)$BCA=E$.

5. 设A、B、C均为n阶矩阵，若$AB=BA$，$AC=CA$，则必有$ABC=$________.

(A)ACB;　　(B)CBA;　　(C)BCA;　　(D)CAB.

6. 设n阶矩阵A可逆，则A^*亦可逆，且其逆阵为________.

(A)$|A|^{n-1}A$;　　(B)$\frac{1}{|A|}A^{-1}$;

(C)$|A|A$;　　(D)$\frac{1}{|A|}A$.

7. 设A、B均为n阶矩阵，A^*、B^*分别为A、B对应的伴随矩阵，分块矩阵$C=\begin{pmatrix}A & O\\ O & B\end{pmatrix}$，则$C$的伴随矩阵$C^*=$________.

(A)$\begin{pmatrix}|A|A^* & O\\ O & |B|B^*\end{pmatrix}$;　　(B)$\begin{pmatrix}|B|B^* & O\\ O & |A|A^*\end{pmatrix}$;

(C)$\begin{pmatrix}|A|B^* & O\\ O & |B|A^*\end{pmatrix}$;　　(D)$\begin{pmatrix}|B|A^* & O\\ O & |A|B^*\end{pmatrix}$.

8. 设

$$A=\begin{pmatrix}a_{11}&a_{12}&a_{13}\\a_{21}&a_{22}&a_{23}\\a_{31}&a_{32}&a_{33}\end{pmatrix},B=\begin{pmatrix}a_{21}&a_{22}&a_{23}\\a_{11}&a_{12}&a_{13}\\a_{31}+a_{11}&a_{32}+a_{12}&a_{33}+a_{13}\end{pmatrix}$$

$$P_1=\begin{pmatrix}0&1&0\\1&0&0\\0&0&1\end{pmatrix},P_2=\begin{pmatrix}1&0&0\\0&1&0\\1&0&1\end{pmatrix}$$

则必有________.

(A) $AP_1P_2=B$;　　(B) $AP_2P_1=B$;

(C) $P_1P_2A=B$;　　(D) $P_2P_1A=B$.

9. 设 A、B、$A+B$、$A^{-1}+B^{-1}$ 均为 n 阶可逆矩阵,则 $(A^{-1}+B^{-1})^{-1}=$ ________.

(A) $A^{-1}+B^{-1}$;　　(B) $A+B$;

(C) $A(A+B)^{-1}B$;　　(D) $(A+B)^{-1}$.

(三) 计算与证明

1. 计算:

(1) $\begin{pmatrix}\cos\theta&-\sin\theta\\\sin\theta&\cos\theta\end{pmatrix}^n$　　(2) $\begin{pmatrix}1&-1&-1&-1\\-1&1&-1&-1\\-1&-1&1&-1\\-1&-1&-1&1\end{pmatrix}^n$

2. 试证明任意方阵都可表示为一个对称矩阵与一个反对称矩阵之和.

3. 已知 $AB-B=A$,其中

$$B=\begin{pmatrix}1&-2&0\\2&1&0\\0&0&2\end{pmatrix}$$

求 A.

4. 设 $A=\begin{pmatrix}1&-1\\2&3\end{pmatrix}$,$B=A^2-3A+2E$,求 B^{-1}.

5. 设 A、B 为同阶可逆矩阵,证明存在可逆矩阵 P、Q 使得 $PAQ=B$.

6. 已知 3 阶矩阵 A 的逆矩阵为

$$A^{-1}=\begin{pmatrix}1&1&1\\1&2&1\\1&1&3\end{pmatrix}$$

求 A 的伴随矩阵 A^* 的逆矩阵.

7. 设 A 为 n 阶非奇异矩阵,α 为 $n\times 1$ 矩阵,b 为常数. 记分块矩阵

$$P=\begin{pmatrix} E & O \\ -\alpha^T A^* & |A| \end{pmatrix},Q=\begin{pmatrix} A & \alpha \\ \alpha^T & b \end{pmatrix}$$

其中 A^* 为 A 的伴随矩阵.

(1) 计算并化简 PQ;

(2) 证明矩阵 Q 可逆的充要条件是 $\alpha^T A^{-1}\alpha\neq b$.

8. 设矩阵

$$A=\begin{pmatrix} k & 1 & 1 & 1 \\ 1 & k & 1 & 1 \\ 1 & 1 & k & 1 \\ 1 & 1 & 1 & k \end{pmatrix}$$

且 $R(A)=3$,求 k.

9. 设方阵 A 满足等式 $A^2+A-7E=0$. 试证明方阵 A、$A+3E$、$A-2E$ 均可逆.

10. 设方阵 A 满足等式 $A^k=O$(k 为某个自然数,此时称 A 为**幂零矩阵**). 试证明 $(E-A)^{-1}=E+A+A^2+\cdots+A^{k-1}$.

11. 设 A 为 n 阶可逆矩阵($n\geqslant 2$),证明:

(1) $(A^T)^*=(A^*)^T$; (2) $(A^{-1})^*=(A^*)^{-1}$;

(3) $(-A)^*=(-1)^{n-1}A^*$.

12. 设 A 为 n 阶奇异矩阵,证明 $|A^*|=0$.

13. 设 A、B、C、D 皆为 n 阶方阵,且 A 非奇异. 令分块矩阵

$$X=\begin{pmatrix} E & O \\ -CA^{-1} & E \end{pmatrix},Y=\begin{pmatrix} A & B \\ C & D \end{pmatrix},Z=\begin{pmatrix} E & -A^{-1}B \\ O & E \end{pmatrix}$$

(1) 求乘积 XYZ;

(2) 证明 $\begin{vmatrix} A & B \\ C & D \end{vmatrix}=|A||D-CA^{-1}B|$.

14. 设 A、B、C、D 皆为 n 阶方阵,且 A 非奇异,A、C 可交换. 试证明 $\begin{vmatrix} A & B \\ C & D \end{vmatrix}=|AD-CB|$.

15. 设矩阵

$$A=\begin{pmatrix}1&0&0\\0&3&-1\\0&-1&1\end{pmatrix}$$

矩阵 B 满足等式$BA^{*}+B=A^{-1}$,求 B.

16. 设矩阵 A、B 满足 $A^{*}BA=2BA-8E$,其中

$$A=\begin{pmatrix}1&0&0\\0&-2&0\\0&0&1\end{pmatrix}$$

求 B.

17*. 设 A 为 n 阶矩阵,$|E-A|\neq 0$,试证明:

$$(E+A)(E-A)^{*}=(E-A)^{*}(E+A)$$

18*. 设 n 阶矩阵 A、B 满足 $A+B=AB$,试证明:

(1)$A=B(B-E)^{-1}$; (2)A、B 可交换.

19*. 设A、B为n阶矩阵,矩阵$E+AB$可逆,试证明矩阵$E+BA$亦可逆,且有$(E+BA)^{-1}=E-B(E+AB)^{-1}A$.

20*. 设A、B、C皆为n阶矩阵,且有$C=A+CA$,$B=E+AB$,试证明$B-C=E$.

3　线性方程组

§1.4 中我们讨论了系数行列式不为零的 n 个变量、n 个方程的线性方程组的求解问题. 本章将讨论在经济、管理及工程技术中应用更为广泛的一般线性方程组的理论,给出判定一个线性方程组有解的充分必要条件以及求解一般线性方程组的方法,并进一步探讨线性方程组解的结构. 为此还将引入向量及向量空间的概念,使我们得以从新的视角认识线性方程组及其求解,并为学习后面的章节及进一步的经济数学课程提供必备的基础.

§3.1　消元法

所谓一般线性方程组就是我们于 §2.1 中曾提及的由 m 个方程组成的如下的 n 元线性方程组

$$\begin{cases} a_{11}x_1 + a_{12}x_2 + \cdots + a_{1n}x_n = b_1 \\ a_{21}x_1 + a_{22}x_2 + \cdots + a_{2n}x_n = b_2 \\ \quad\cdots\cdots \\ a_{m1}x_1 + a_{m2}x_2 + \cdots + a_{mn}x_n = b_m \end{cases} \tag{3.1}$$

其中方程的个数 m 可以等于 n,也可以大于或小于 n. 当方程组(3.1)的常数项 b_i 全为零时称其为**齐次线性方程组**,否则称之为**非齐次线性次方程组**.

尽管从中学数学中我们已经有了线性方程组的初步概念,在 §1.4 中我们亦解过特殊的 n 元线性方程组,但为了讨论线性方程组的一般理论,先对有关线性方程组的概念予以规范仍是十分必要的.

定义 3.1　若将数 $c_1, c_2, \cdots, c_n$ 分别代替(3.1)中的未知量 $x_1, x_2, \cdots, x_n$ 后,(3.1)中的每个方程都成为恒等式,则称

$$x_1 = c_1, x_2 = c_2, \cdots, x_n = c_n$$

为方程组(3.1)的一个解,或者记为有序数组形式$(c_1, c_2, \cdots, c_n)$. 方程组(3.1)的全体解构成的集合称为方程组的解集合(简称解集).

有时为了表示方便,方程组(3.1)的上述解又可记作列矩阵形式

$$\begin{pmatrix} c_1 \\ c_2 \\ \vdots \\ c_n \end{pmatrix}$$

称之为方程组(3.1)的**解向量**,亦简称**解**.

解方程组就是要求出方程组的全部解,即求出它的全部解的集合.

定义3.2　若两个方程组有相同的解集合,则称这两个方程组为同解方程组或称两个方程组同解.

由(2.4)式,方程组(3.1)又有下面的矩阵方程形式

$$AX=\beta \tag{3.2}$$

其中

$$A=(a_{ij})_{m\times n}=\begin{pmatrix} a_{11} & a_{12} & \cdots & a_{1n} \\ a_{21} & a_{22} & \cdots & a_{2n} \\ \cdots & \cdots & \cdots & \cdots \\ a_{m1} & a_{m2} & \cdots & a_{mn} \end{pmatrix},X=\begin{pmatrix} x_1 \\ x_2 \\ \vdots \\ x_n \end{pmatrix},\beta=\begin{pmatrix} b_1 \\ b_2 \\ \vdots \\ b_m \end{pmatrix}$$

如果列矩阵 $X_0=\begin{pmatrix} c_1 \\ c_2 \\ \vdots \\ c_n \end{pmatrix}$ 是(3.1)的解,则有

$$AX_0=\beta$$

显然,线性方程组(3.1)与其系数矩阵 A、常数项列矩阵 β 互相唯一确定.或者说,线性方程组(3.1)与其增广矩阵

$$\bar{A}=\left(\begin{array}{cccc:c} a_{11} & a_{12} & \cdots & a_{1n} & b_1 \\ a_{21} & a_{22} & \cdots & a_{2n} & b_2 \\ \cdots & \cdots & \cdots & \cdots & \cdots \\ a_{m1} & a_{m2} & \cdots & a_{mn} & b_m \end{array}\right)$$

互相唯一确定.

对于一般线性方程组(3.1),首先需要解决的问题是:

(1)方程组是否有解?

(2)如果方程组有解,它有多少解?如何求出它的全部解?

要解决以上问题,我们先看一个初等代数中的例子.

例 1 解方程组

$$\begin{cases}2x_1 - x_2 - x_3 = 2\\ x_1 - x_2 + 2x_3 = 3\\ x_1 + x_2 - x_3 = 2\end{cases}$$

解 增广矩阵为

$$\bar{A} = \left(\begin{array}{ccc:c}2 & -1 & -1 & 2\\ 1 & -1 & 2 & 3\\ 1 & 1 & -1 & 2\end{array}\right)$$

交换前两个方程,得

$$\begin{cases}x_1 - x_2 + 2x_3 = 3\\ 2x_1 - x_2 - x_3 = 2\\ x_1 + x_2 - x_3 = 2\end{cases}\quad \text{相应地,增广矩阵变为}\left(\begin{array}{ccc:c}1 & -1 & 2 & 3\\ 2 & -1 & -1 & 2\\ 1 & 1 & -1 & 2\end{array}\right)$$

将第一个方程的(-2)倍及(-1)倍分别加到第二个方程及第三个方程上,得

$$\begin{cases}x_1 - x_2 + 2x_3 = 3\\ x_2 - 5x_3 = -4\\ 2x_2 - 3x_3 = -1\end{cases}\quad \text{对应矩阵为}\left(\begin{array}{ccc:c}1 & -1 & 2 & 3\\ 0 & 1 & -5 & -4\\ 0 & 2 & -3 & -1\end{array}\right)$$

将第二个方程的(-2)倍加到第三个方程上,再用$\frac{1}{7}$同乘第三个方程两边,得

$$\begin{cases}x_1 - x_2 + 2x_3 = 3\\ x_2 - 5x_3 = -4\\ x_3 = 1\end{cases}\quad \text{对应矩阵为}\left(\begin{array}{ccc:c}1 & -1 & 2 & 3\\ 0 & 1 & -5 & -4\\ 0 & 0 & 1 & 1\end{array}\right)$$

将第三个方程的 5 倍加到第二个方程上,得

$$\begin{cases}x_1 - x_2 + 2x_3 = 3\\ x_2 = 1\\ x_3 = 1\end{cases}\quad \text{对应矩阵为}\left(\begin{array}{ccc:c}1 & -1 & 2 & 3\\ 0 & 1 & 0 & 1\\ 0 & 0 & 1 & 1\end{array}\right)$$

最后,将第三个方程的(-2)倍及第二个方程的 1 倍加到第一个方程上,得

$$\begin{cases}x_1 = 2\\ x_2 = 1\\ x_3 = 1\end{cases}\quad \text{对应矩阵为}\begin{pmatrix}1 & 0 & 0 & \vdots & 2\\ 0 & 1 & 0 & \vdots & 1\\ 0 & 0 & 1 & \vdots & 1\end{pmatrix}$$

初等代数告诉我们,最后一个方程组是原方程组的同解方程组,所以原方程组的解为 $X = (2,1,1)^T$.

上述求解过程表明,解线性方程组的基本步骤是反复地对方程组施行如下三种变换:

(1) 交换方程组中两个方程的位置;

(2) 以非零常数乘以某个方程的两边;

(3) 将一个方程的若干倍加到另一个方程上.

我们称上述三种变换为**线性方程组的初等变换**. 与 §2.4 中介绍的矩阵的初等变换相比较,显然可以得到如下重要结论:**对方程组施行的初等变换等同于对方程组的增广矩阵 $\bar{A}$ 所作的行初等变换**. 那么对于一般的线性方程组而言上述初等变换会不会改变其解的状况呢?

定理 3.1 线性方程组(3.2) 经过初等变换所得的新方程组与原方程组同解.

证明 只须证明线性方程组(3.2) 经过一次初等变换所得方程组与原方程组同解即可.

设方程组(3.2) 经过一次初等变换后变为方程组

$$A_1X = \beta_1 \tag{3.3}$$

用矩阵来描述,即是存在初等矩阵 P,使得

$$P\bar{A} = P(A,\beta) = (PA,P\beta) = (A_1,\beta_1)$$

所以,若 X_0 是(3.2) 的解,即 $AX_0 = \beta$,则必有

$$PAX_0 = P\beta$$

即

$$A_1X_0 = \beta_1$$

这表明 X_0 是(3.3) 的解.

反之,若 X_0 是(3.3) 的解,即 $A_1X_0 = \beta_1$,由于 P 可逆,因而必有

$$P^{-1}A_1X_0 = P^{-1}\beta_1$$

故

$$AX_0 = \beta$$

即 X_0 也是(3.2) 的解,所以(3.2) 与(3.3) 同解.

根据定理3.1并注意到§2.4中关于任意矩阵都可经行初等变换化为阶梯形矩阵的结论,显然相应地,线性方程组(3.1)必可经初等变换化为与之同解的**阶梯形方程组**(即阶梯形矩阵所对应的方程组).

例1的求解过程表明,由阶梯形方程组我们几乎可以一眼看出方程组的解.所以为了判断一个线性方程组是否有解,有解的话是否是唯一解抑或是有更多的解,先将其化为阶梯形方程组应是有益的.

例2 解方程组

$$\begin{cases} 2x_1 - x_2 + 3x_3 = 1 \\ 4x_1 - 2x_2 + 5x_3 = 4 \\ 2x_1 - x_2 + 4x_3 = -1 \\ 6x_1 - 3x_2 + 5x_3 = 11 \end{cases}$$

解 如例1所示,只须对方程组的增广矩阵$\bar{A}$作行初等变换将其化为阶梯形矩阵:

$$\bar{A} = \left(\begin{array}{ccc:c} 2 & -1 & 3 & 1 \\ 4 & -2 & 5 & 4 \\ 2 & -1 & 4 & -1 \\ 6 & -3 & 5 & 11 \end{array}\right) \xrightarrow{\text{行变换}} \left(\begin{array}{ccc:c} 2 & -1 & 3 & 1 \\ 0 & 0 & -1 & 2 \\ 0 & 0 & 0 & 0 \\ 0 & 0 & 0 & 0 \end{array}\right) = \bar{A}_1$$

因矩阵$\bar{A}_1$的第3、4行对应的方程为"0 = 0",它们没有为方程组的求解提供任何信息,故称之为**多余方程**,将其去掉得原方程组的同解阶梯形方程组

$$\begin{cases} 2x_1 - x_2 + 3x_3 = 1 \\ \qquad\qquad -x_3 = 2 \end{cases}$$

即

$$\begin{cases} 2x_1 + 3x_3 = 1 + x_2 \\ \qquad\quad x_3 = -2 \end{cases}$$

显然,对于x_2的任意取定的值c此方程组有解

$$\begin{cases} x_1 = \dfrac{1}{2}(7 + c) \\ x_2 = c \\ x_3 = -2 \end{cases} \qquad (c\text{ 为任意实数})$$

此即原方程组的解,即原方程组有无穷多个解.

例2中方程组的解的这种形式称为方程组的**一般解**,其中c为任意常数.

例 2 的一般解又可写成

$$\begin{cases} x_1 = \frac{1}{2}(7 + x_2) \\ x_3 = -2 \end{cases}$$

其中 x_2 称作**自由未知量**.

例 3　解方程组

$$\begin{cases} x_1 + 3x_2 - x_3 - x_4 = 6 \\ 3x_1 - x_2 + 5x_3 - 3x_4 = 6 \\ 2x_1 + x_2 + 2x_3 - 2x_4 = 8 \end{cases}$$

解

$$\bar{A} = \left(\begin{array}{cccc:c} 1 & 3 & -1 & -1 & 6 \\ 3 & -1 & 5 & -3 & 6 \\ 2 & 1 & 2 & -2 & 8 \end{array}\right) \xrightarrow{\text{行变换}} \left(\begin{array}{cccc:c} 1 & 3 & -1 & -1 & 6 \\ 0 & -10 & 8 & 0 & -12 \\ 0 & 0 & 0 & 0 & 2 \end{array}\right) = \bar{A}_1$$

于是,原方程组的同解阶梯形方程组为

$$\begin{cases} x_1 + 3x_2 - x_3 - x_4 = 6 \\ \qquad -10x_2 + 8x_3 = -12 \\ \qquad\qquad 0 = 2 \end{cases}$$

最后一个方程"0 = 2" 是一个**矛盾方程**,所以原方程组无解.

下面讨论一般的情况. 不失一般性,设方程组(3.1) 的增广矩阵 $\bar{A}$ 经行初等变换化为阶梯形矩阵 $\bar{A}_1$:

$$\bar{A}_1 = (A_1, \beta_1)$$

$$= \left(\begin{array}{ccccccc:c} c_{11} & c_{12} & \cdots & c_{1r} & c_{1(r+1)} & \cdots & c_{1n} & d_1 \\ 0 & c_{22} & \cdots & c_{2r} & c_{2(r+1)} & \cdots & c_{2n} & d_2 \\ \cdots & \cdots & \cdots & \cdots & \cdots & \cdots & \cdots & \cdots \\ 0 & 0 & \cdots & c_{rr} & c_{r(r+1)} & \cdots & c_{rn} & d_r \\ 0 & 0 & \cdots & 0 & 0 & \cdots & 0 & d_{r+1} \\ \cdots & \cdots & \cdots & \cdots & \cdots & \cdots & \cdots & \cdots \\ 0 & 0 & \cdots & 0 & 0 & \cdots & 0 & 0 \end{array}\right)$$

其中 A_1, β_1 分别为方程组(3.1) 的系数矩阵 A 及常数项列矩阵 β 经同样的行初等变换所得的矩阵. 于是得方程组(3.1) 的同解阶梯形方程组

$$
\begin{cases}
c_{11}x_1 + c_{12}x_2 + \cdots + c_{1r}x_r + c_{1(r+1)}x_{r+1} + \cdots + c_{1n}x_n = d_1 \\
\qquad c_{22}x_2 + \cdots + c_{2r}x_r + c_{2(r+1)}x_{r+1} + \cdots + c_{2n}x_n = d_2 \\
\qquad \cdots\cdots\cdots\cdots \\
\qquad\qquad c_{rr}x_r + c_{r(r+1)}x_{r+1} + \cdots + c_{rn}x_n = d_r \\
\qquad\qquad\qquad 0 = d_{r+1} \\
\qquad\qquad\qquad 0 = 0 \\
\qquad\qquad\qquad \cdots\cdots \\
\qquad\qquad\qquad 0 = 0
\end{cases}
\tag{3.4}
$$

其中 $c_{ii} \neq 0(i=1,2,\cdots,r)$. 方程组中的"$0=0$"是一些恒等式,可以去掉,并不影响方程组的解.

【注】一般线性方程组化为阶梯形,不一定就是(3.4)的形式,但只要把方程组中的未知量的位置作适当的调整(如例2那样)总可以化为类似(3.4)的形式.

根据定理3.1,方程组(3.1)是否有解取决于方程组(3.4)是否有解. 下面我们对此进行讨论.

1. 当 $d_{r+1} \neq 0$ 时,如同例3,这表明方程组(3.4)中有矛盾方程,故方程组(3.4)无解,从而方程组(3.1)亦无解.

2. 当 $d_{r+1} = 0$ 时,我们分两种情形讨论:

(1) $r = n$. 这时阶梯形方程组为

$$
\begin{cases}
c_{11}x_1 + c_{12}x_2 + \cdots + c_{1n}x_n = d_1 \\
\qquad c_{22}x_2 + \cdots + c_{2n}x_n = d_2 \\
\qquad\qquad \cdots\cdots\cdots \\
\qquad\qquad c_{nn}x_n = d_n
\end{cases}
\tag{3.5}
$$

其中 $c_{ii} \neq 0(i=1,2,\cdots,n)$. 由最后一个方程开始我们可以求出未知量 x_n 的唯一值 $c_n = \dfrac{d_n}{c_{nn}}$,将其代入倒数第二个方程,同理可以求出未知量 x_{n-1} 的唯一值 c_{n-1},这样从下至上,可以求得未知量 $x_n, x_{n-1}, \cdots, x_1$ 各自的唯一值 $c_n, c_{n-1}, \cdots, c_1$. 于是方程组(3.5)有唯一解 $X = (c_1, c_2, \cdots, c_n)^T$,它就是方程组(3.1)的唯一解.

(2) $r < n$. 这时阶梯形方程组为:

$$\begin{cases} c_{11}x_1 + c_{12}x_2 + \cdots + c_{1r}x_r + c_{1,(r+1)}x_{r+1} + \cdots + c_{1n}x_n = d_1 \\ \qquad c_{22}x_2 + \cdots + c_{2r}x_r + c_{2,(r+1)}x_{r+1} + \cdots + c_{2n}x_n = d_2 \\ \qquad \cdots\cdots \\ \qquad\qquad c_{rr}x_r + c_{r,(r+1)}x_{r+1} + \cdots + c_{rn}x_n = d_r \end{cases}$$

其中 $c_{ii} \neq 0(i = 1,2,\cdots,r)$. 把它改写成

$$\begin{cases} c_{11}x_1 + c_{12}x_2 + \cdots + c_{1r}x_r = d_1 - c_{1,(r+1)}x_{r+1} - \cdots - c_{1n}x_n \\ \qquad c_{22}x_2 + \cdots + c_{2r}x_r = d_2 - c_{2,(r+1)}x_{r+1} - \cdots - c_{2n}x_n \\ \qquad \cdots\cdots \\ \qquad\qquad c_{rr}x_r = d_r - c_{r,(r+1)}x_{r+1} - \cdots - c_{rn}x_n \end{cases} \tag{3.6}$$

显然,任给 $x_{r+1},\cdots,x_n$ 的一组值,就可唯一地确定 $x_1,x_2,\cdots,x_r$ 的值,从而得到方程组(3.6)的一个解,所以方程组(3.6)有无穷多个解,它们也就是原方程组(3.1)的无穷多个解. 一般地,由(3.6)我们可以把 $x_1,x_2,\cdots,x_r$ 通过 $x_{r+1},\cdots,x_n$ 表示出来(如例2那样),这样一组表达式称为方程组(3.1)的通解,或称**一般解**,而 $x_{r+1},\cdots,x_n$ 称为**自由未知量**.

综上所述,我们得到如下结论:

(1) 方程组(3.1)有解的充分必要条件是其同解阶梯形方程组(3.4)中的 $d_{r+1} = 0$;

(2) 当方程组(3.1)有解时:若 $r = n$,则(3.1)有唯一解;若 $r < n$,则(3.1)有无穷多个解.

忆及 §2.4 中关于矩阵的秩的讨论,显然又有:"$d_{r+1} = 0$"的充要条件是"$R(A_1) = R(\bar{A}_1)$"亦即"$R(A) = R(\bar{A})$". 我们有如下的更便于使用的判定方程组(3.1)解的状况的定理:

定理 3.2 线性方程组 $AX = \beta$ 有解的充分必要条件是 $R(A) = R(\bar{A})$. 当 $R(A) = R(\bar{A}) = r < n$ 时,方程组有无穷多解;当 $R(A) = R(\bar{A}) = r = n$ 时,方程组有唯一解.

在实际求解方程组(3.1)时可分两步走:

(1) 用行初等变换将方程组(3.1)的增广矩阵 $\bar{A}$ 化为阶梯形矩阵 $\bar{A}_1$(这一过程称作**消元过程**),这时即可求出 $R(A)$ 及 $R(\bar{A})$,再由定理3.2对方程组(3.1)的解的状况做出判定;

(2) 若上一步判定方程组(3.1)有解,再继续将 $\bar{A}_1$ 化为行简化阶梯形矩阵(这一过程称作**回代过程**),这时即可写出方程组(3.1)的同解方程组,并求出方

程组(3.1)的解.

上述解线性方程组的方法通常称为**高斯消元法**.

例4 当k为何值时下列方程组有解,并求出其解.

$$\begin{cases} x_1 - 2x_2 - x_3 - x_4 = 2 \\ 2x_1 - 4x_2 + 5x_3 + 3x_4 = 0 \\ 3x_1 - 6x_2 + 4x_3 + 3x_4 = 3 \\ 4x_1 - 8x_2 + 17x_3 + 11x_4 = k \end{cases}$$

解 对方程组的增广矩阵$\bar{A}$施行行初等变换,将其化为阶梯形矩阵

$$\bar{A} = \left(\begin{array}{cccc:c} 1 & -2 & -1 & -1 & 2 \\ 2 & -4 & 5 & 3 & 0 \\ 3 & -6 & 4 & 3 & 3 \\ 4 & -8 & 17 & 11 & k \end{array}\right) \longrightarrow \left(\begin{array}{cccc:c} 1 & -2 & -1 & -1 & 2 \\ 0 & 0 & 7 & 5 & -4 \\ 0 & 0 & 7 & 6 & -3 \\ 0 & 0 & 21 & 15 & k-8 \end{array}\right)$$

$$\longrightarrow \left(\begin{array}{cccc:c} 1 & -2 & -1 & -1 & 2 \\ 0 & 0 & 7 & 5 & -4 \\ 0 & 0 & 0 & 1 & 1 \\ 0 & 0 & 0 & 0 & k+4 \end{array}\right)$$

显然,当$k \neq -4$时方程组无解;当$k = -4$时,因$R(A) = R(\bar{A}) = 3 < 4$,故原方程组有无穷多解.将$k = -4$代入最后一个阶梯形矩阵,并继续进行初等变换:

$$\xrightarrow{\text{接上面}} \left(\begin{array}{cccc:c} 1 & -2 & -1 & 0 & 3 \\ 0 & 0 & 1 & 0 & -\frac{9}{7} \\ 0 & 0 & 0 & 1 & 1 \\ 0 & 0 & 0 & 0 & 0 \end{array}\right) \longrightarrow \left(\begin{array}{cccc:c} 1 & -2 & 0 & 0 & \frac{12}{7} \\ 0 & 0 & 1 & 0 & -\frac{9}{7} \\ 0 & 0 & 0 & 1 & 1 \\ 0 & 0 & 0 & 0 & 0 \end{array}\right)$$

由此可得原方程组的一般解

$$\begin{cases} x_1 = \frac{12}{7} + 2x_2 \\ x_3 = -\frac{9}{7} \\ x_4 = 1 \end{cases} \quad (\text{其中 } x_2 \text{ 为自由未知量})$$

若令$x_2 = c$,则原方程组的一般解又可表为

$$\begin{cases} x_1 = \dfrac{12}{7} + 2c \\ x_2 = c \\ x_3 = -\dfrac{9}{7} \\ x_4 = 1 \end{cases} \quad (c\text{ 为任意常数})$$

应当指出，当方程组(3.1)有无穷多解时，其一般解的表达式不是唯一的，它与所选取的自由未知量有关．例如，在例4中若取 x_1 为自由未知量，则方程组的一般解为

$$\begin{cases} x_2 = \dfrac{1}{2}x_1 - \dfrac{6}{7} \\ x_3 = -\dfrac{9}{7} \\ x_4 = 1 \end{cases} \quad \text{或作} \quad \begin{cases} x_1 = c \\ x_2 = \dfrac{1}{2}c - \dfrac{6}{7} \\ x_3 = -\dfrac{9}{7} \\ x_4 = 1 \end{cases} \quad (c\text{ 为任意常数})$$

由定理3.2容易得到如下的关于齐次线性方程组的推论：

推论1 n 元齐次线性方程组

$$AX = O \tag{3.7}$$

有非零解的充要条件是 $R(A) < n$.

推论2

(1) 若齐次线性方程组(3.7)中方程的个数小于未知量的个数，即 $m < n$，则它必有非零解；

(2) 若 $m = n$，则齐次线性方程组(3.7)有非零解的充要条件是 $|A| = 0$.

习题 3.1

1. 用消元法解下列线性方程组

(1) $\begin{cases} x_1 - x_2 + 2x_3 = 3 \\ x_1 + x_2 - x_3 = 2 \\ 2x_1 - x_2 - x_3 = 2 \end{cases}$　　(2) $\begin{cases} 2x_1 - x_2 - x_3 + x_4 = 1 \\ x_1 + 2x_2 - x_3 - 2x_4 = 0 \\ 3x_1 + x_2 - 2x_3 - x_4 = 2 \end{cases}$

$$(3)\begin{cases}x_1+2x_2+3x_3+4x_4=4\\ x_2+x_3+x_4=3\\ x_1-3x_2+3x_4=1\\ 7x_2+3x_3-x_4=-3\end{cases}\quad(4)\begin{cases}x_1+x_2+x_3+x_4+x_5=1\\ 3x_1+2x_2+x_3+x_4-3x_5=0\\ x_2+2x_3+2x_4+6x_5=3\\ 5x_1+4x_2+3x_3+3x_4-x_5=2\end{cases}$$

$$(5)\begin{cases}x_1+3x_2+5x_3-4x_4=1\\ x_1+3x_2+2x_3-2x_4+x_5=-1\\ x_1-2x_2+x_3-x_4-x_5=3\\ x_1-4x_2+x_3+x_4-x_5=3\\ x_1+2x_2+x_3-x_4+x_5=-1\end{cases}$$

$$(6)\begin{cases}x_1+2x_2+3x_3-x_4=1\\ 3x_1+2x_2+x_3-x_4=1\\ 2x_1+3x_2+x_3+x_4=1\\ 2x_1+2x_2+2x_3-x_4=1\\ 5x_1+5x_2+2x_3=2\end{cases}$$

2. 已知线性方程组

$$\begin{cases}(2-a)x_1+2x_2-2x_3=1\\ 2x_1+(5-a)x_2-4x_3=2\\ -2x_1-4x_2+(5-a)x_3=-a-1\end{cases}$$

问 a 为何值时,此方程组有唯一解？无穷多解？无解？

§3.2 n 维向量

上一节介绍的消元法是解线性方程组的基本而有效的方法．为了进一步揭示线性方程组中方程与方程之间、解与解之间的关系,还需引入向量的概念．

定义 3.3 由 n 个数 $a_1,a_2,\cdots,a_n$ 组成的 n 元有序数组 $(a_1,a_2,\cdots,a_n)$ 称为一个 n 维向量,数 a_i 称为向量的第 i 个分量．分量全为实数的向量称为实向量;分量为复数的向量称为复向量．

本书主要讨论实向量,如不特别声明,向量一词均指实向量．通常用希腊字母 α、β、γ 或者英文字母 X、Y 等表示 n 维向量,记为

$$\alpha = (a_1, a_2, \cdots, a_n) \text{ 或 } \alpha = \begin{pmatrix} a_1 \\ a_2 \\ \vdots \\ a_n \end{pmatrix}$$

前者称为**行向量**,后者称为**列向量**. 若 α 为行向量,则 α^T 为列向量;若 α 表示列向量,则 α^T 表示行向量.

事实上 §3.1 中我们已经使用了解向量这一术语. 将线性方程组的解以向量的形式表示出来,既简洁又便于进一步讨论解与解之间的关系. 此外,方程组(3.1) 中任意一个方程都被该方程中诸未知量的系数及常数项所确定,故可用这些数所构成的 $n+1$ 元有序数组即 $n+1$ 维向量来表示. 如行向量

$$\beta_i = (a_{i1}, a_{i2}, \cdots, a_{in}, b_i)$$

即对应于(3.1) 的第 i 个方程. 又如,直角坐标平面中的点(a,b) 及空间直角坐标系中的空间点(a,b,c) 可分别视作 2 维及 3 维向量;经济问题中,n 个部门的年生产总值可以表示成一个 n 维向量;反映一个企业的经济效益的各项指标 —— 假如共 6 项 —— 可用一个 6 维向量加以表示.

n 维向量中分量全为零的向量具有特殊的地位,通常称之为**零向量**,记之以希腊字母 θ(在不致引起混淆的场合亦可写成 0),即

$$\theta = (0,0,\cdots,0)$$

若 $\alpha = (a_1, a_2, \cdots, a_n)$,则称$(-a_1, -a_2, \cdots, -a_n)$ 为 α 的**负向量**,记为 $-\alpha$.

任何矩阵的每一行都可视作一个行向量,列则视作列向量. 例如在方程组(3.1) 的增广矩阵中若记

$$\alpha_j = \begin{pmatrix} a_{1j} \\ a_{2j} \\ \vdots \\ a_{mj} \end{pmatrix} \quad (j = 1,2,\cdots,n), \qquad \beta = \begin{pmatrix} b_1 \\ b_2 \\ \vdots \\ b_m \end{pmatrix} \text{则}$$

$$\bar{A} = (\alpha_1, \alpha_2, \cdots, \alpha_n, \beta)$$

若记 $\beta_i = (a_{i1}, a_{i2}, \cdots, a_{in}, b_i) \quad (i = 1,2,\cdots,m)$,则

$$\bar{A} = \begin{pmatrix} \beta_1 \\ \beta_2 \\ \vdots \\ \beta_m \end{pmatrix}$$

为了讨论向量之间的关系,下面引入向量相等的概念及向量的运算.

定义 3.4　若 n 维向量

$$\alpha=(a_1,a_2,\cdots,a_n) \text{ 与 } \beta=(b_1,b_2,\cdots,b_n)$$

的对应分量都相等,即

$$a_i=b_i\quad(i=1,2,\cdots,n)$$

则称向量 α 与 β 相等,记作

$$\alpha=\beta$$

定义 3.5　设 $\alpha=(a_1,a_2,\cdots,a_n)$,$\beta=(b_1,b_2,\cdots,b_n)$ 都是 n 维向量,称 n 维向量

$$\gamma=(a_1+b_1,a_2+b_2,\cdots,a_n+b_n)$$

为向量 α 与 β 的和,记作

$$\gamma=\alpha+\beta$$

利用负向量可以定义向量的**减法**:向量 α 与 β 的差 $\alpha-\beta$ 定义为 $\alpha+(-\beta)$,即

$$\alpha-\beta=\alpha+(-\beta)=(a_1-b_1,a_2-b_2,\cdots,a_n-b_n)$$

定义 3.6　设 $\alpha=(a_1,a_2,\cdots,a_n)$ 为 n 维向量,k 为实数,则称向量

$$(ka_1,ka_2,\cdots,ka_n)$$

为数 k 与向量 α 的数量乘积,简称数乘,记为 $k\alpha$,即

$$k\alpha=(ka_1,ka_2,\cdots,ka_n)$$

向量的加法和数乘统称为向量的**线性运算**. 按定义,容易验证向量的线性运算满足下面的运算律(其中 α、β、γ 为向量,k、l 为实数):

(1)$\alpha+\beta=\beta+\alpha$;

(2)$(\alpha+\beta)+\gamma=\alpha+(\beta+\gamma)$;

(3)$\alpha+\theta=\alpha$;

(4)$\alpha+(-\alpha)=\theta$;

(5)$1\cdot\alpha=\alpha$;

(6)$(kl)\alpha=k(l\alpha)=l(k\alpha)$;

(7)$(k+l)\alpha=k\alpha+l\alpha$;

(8)$k(\alpha+\beta)=k\alpha+k\beta$.

例　设向量 $\alpha=(1,1,0)$,$\beta=(-2,0,1)$ 及 γ 满足等式 $2\alpha+\beta+3\gamma=\theta$,求 γ.

解 $3\gamma=-2\alpha-\beta$

$$\gamma=-\frac{2}{3}\alpha-\frac{1}{3}\beta=\left(-\frac{2}{3},-\frac{2}{3},0\right)+\left(\frac{2}{3},0,-\frac{1}{3}\right)$$

$$=\left(0,-\frac{2}{3},-\frac{1}{3}\right)$$

通常称定义了上述加法与数乘运算的全体 n 维实向量的集合为 **n 维实向量空间**,简称 **n 维向量空间**,记为 R^n. 空间的理论是现代数学的重要基础理论,本书第四章将对其作简单的介绍.

习题 3.2

1. 设 $\alpha_1=(1,1,0,-1)$,$\alpha_2=(-2,1,0,0)$,$\alpha_3=(-1,-2,0,1)$,求

(1)$\alpha_1+\alpha_2+\alpha_3$; (2)$2\alpha_1-3\alpha_2+5\alpha_3$;

2. 设 $\alpha_1=(2,0,1)$,$\alpha_2=(3,1,-1)$ 满足 $2\beta+3\alpha_1=3\beta+\alpha_2$,求 β.

3. 已知向量

$$\alpha_1=\begin{pmatrix}5\\2\\1\\3\end{pmatrix},\alpha_2=\begin{pmatrix}10\\1\\5\\10\end{pmatrix},\alpha_3=\begin{pmatrix}4\\1\\-1\\1\end{pmatrix}$$

满足等式 $3(\alpha_1-\beta)+2(\alpha_2-\beta)-5(\alpha_3+\beta)=\theta$,求 β.

§3.3 向量组的线性关系

§3.1 例 2 线性方程组的求解过程中我们曾发现了两个多余方程:方程组的第三个方程是由第一个方程的 3 倍减去第二个方程得到的,而第四个方程则是第一个方程的(−5)倍与第二个方程的 4 倍相加的结果. 因为方程组的后两个方程不含有第一、二个方程以外的任何新信息从而是多余的.

认识多余方程的本质特征,从而使我们能将其识别并从方程组中剔除显然很重要. 事实上,若设上述方程组中自上而下 4 个方程所对应的向量分别为 α_1,α_2,α_3,α_4,则有

$$\alpha_3 = 3\alpha_1 - \alpha_2 \text{ 及 } \alpha_4 = -5\alpha_1 + 4\alpha_2$$

上述两式反映了向量之间的**线性关系**. 研究向量之间的这类线性关系对于揭示方程组中方程与方程、解与解之间的关系乃至更广泛的事物之间的联系是极有意义的.

§3.3.1 线性组合

定义 3.7 对于 n 维向量 $\alpha_1,\alpha_2,\cdots,\alpha_m,\beta$,若存在一组数 $k_1,k_2,\cdots,k_m$ 使得

$$\beta = k_1\alpha_1 + k_2\alpha_2 + \cdots + k_m\alpha_m$$

则称向量 β 是向量 $\alpha_1,\alpha_2,\cdots,\alpha_m$ 的**线性组合**,或称向量 β 可由向量 $\alpha_1,\alpha_2,\cdots,\alpha_m$ **线性表示**. 称 $k_1,k_2,\cdots,k_m$ 为**组合系数**或**表示系数**.

例 1 设

$$\alpha_1 = (1,0,2,-1),\alpha_2 = (3,0,4,1),$$
$$\alpha_3 = (2,0,2,2),\beta = (-1,0,0,-3)$$

不难验证

$$\beta = 2\alpha_1 - \alpha_2 + 0\cdot\alpha_3 \quad \text{或} \quad \beta = \alpha_1 + 0\cdot\alpha_2 - \alpha_3$$

即 β 是 $\alpha_1,\alpha_2,\alpha_3$ 的线性组合.

例 2 设

$$\beta = (-1,1,5),\alpha_1 = (1,2,3),\alpha_2 = (0,1,4),\alpha_3 = (2,3,6)$$

判定向量 β 是否可由向量组 $\alpha_1,\alpha_2,\alpha_3$ 线性表示,如果可以,写出它的表示式.

解 设 $\beta = k_1\alpha_1 + k_2\alpha_2 + k_3\alpha_3$,即

$$\begin{aligned}(-1,1,5) &= k_1(1,2,3) + k_2(0,1,4) + k_3(2,3,6)\\ &= (k_1 + 2k_3, 2k_1 + k_2 + 3k_3, 3k_1 + 4k_2 + 6k_3)\end{aligned}$$

则由向量相等的定义可得以 k_1,k_2,k_3 为未知量的线性方程组

$$\begin{cases} k_1 + 0k_2 + 2k_3 = -1 \\ 2k_1 + k_2 + 3k_3 = 1 \\ 3k_1 + 4k_2 + 6k_3 = 5 \end{cases}$$

用消元法或克莱姆法则解此方程组,得唯一解

$$\begin{cases} k_1 = 1 \\ k_2 = 2 \\ k_3 = -1 \end{cases}$$

于是,β 可以表示为 $\alpha_1,\alpha_2,\alpha_3$ 的线性组合,其表示式为 $\beta = \alpha_1 + 2\alpha_2 - \alpha_3$ 且表

示方法是唯一的.

例 3　设

$$\beta=(1,2,-1),\alpha_1=(1,0,1),\alpha_2=(3,-2,0),$$

判定 β 能否由 α_1,α_2 线性表示.

解　设 $\beta=k_1\alpha_1+k_2\alpha_2$,即

$$(1,2,-1)=k_1(1,0,1)+k_2(3,-2,0)$$

得线性方程组

$$\begin{cases}k_1+3k_2=1\\ -2k_2=2\\ k_1=-1\end{cases}$$

显然,此方程组无解.这表明不存在满足 $\beta=k_1\alpha_1+k_2\alpha_2$ 的 k_1,k_2,所以 β 不能由 α_1,α_2 线性表示.

上述例子表明,向量 β 是否可由向量组 $\alpha_1,\alpha_2,\cdots,\alpha_m$ 线性表示的问题可归结为相应线性方程组的求解问题.事实上,借助于向量运算我们可将方程组(3.1)写成下面的**向量形式**:

$$x_1\alpha_1+x_2\alpha_2+\cdots+x_n\alpha_n=\beta \tag{3.8}$$

其中

$$\alpha_j=\begin{pmatrix}a_{1j}\\a_{2j}\\\vdots\\a_{mj}\end{pmatrix}\quad(j=1,2,\cdots,n),\qquad\beta=\begin{pmatrix}b_1\\b_2\\\vdots\\b_m\end{pmatrix}$$

若方程组(3.1)即(3.8)有解,则至少存在 $x_1,x_2,\cdots,x_n$ 的一组数

$$x_1=c_1,x_2=c_2,\cdots,x_n=c_n$$

使得(3.8)成立,这样,m 维向量 β 可由 m 维向量组 $\alpha_1,\alpha_2,\cdots,\alpha_n$ 线性表示;反之,若 β 可由向量组 $\alpha_1,\alpha_2,\cdots,\alpha_n$ 线性表示,例如有

$$c_1\alpha_1+c_2\alpha_2+\cdots+c_n\alpha_n=\beta$$

则

$$x_1=c_1,x_2=c_2,\cdots,x_n=c_n$$

是方程组(3.8)即(3.1)的解.因此我们有下面的定理:

定理 3.3　设 $\alpha_1,\alpha_2,\cdots,\alpha_n,\beta$ 为 m 维向量,则 β 可由 $\alpha_1,\alpha_2,\cdots,\alpha_n$ 线性表示的充要条件是方程组(3.1)有解.

关于线性组合,我们有下列有用的结果:

1° n 维零向量 θ 是任意 n 维向量组的线性组合,例如

$$\theta = 0\alpha_1 + 0\alpha_2 + \cdots + 0\alpha_m$$

2° n 维向量组 $\alpha_1,\alpha_2,\cdots,\alpha_m$ 中的任意向量 $\alpha_i(i=1,2,\cdots,m)$ 是此 n 维向量组的线性组合,例如

$$\alpha_i = 0\alpha_1 + \cdots + 0\alpha_{i-1} + \alpha_i + 0\alpha_{i+1} + \cdots + 0\alpha_m$$

3° 任何一个 n 维向量 $\alpha = (a_1,a_2,\cdots,a_n)^T$ 都可由 n **维基本向量组**

$$\varepsilon_1 = \begin{pmatrix} 1 \\ 0 \\ \vdots \\ 0 \end{pmatrix}, \varepsilon_2 = \begin{pmatrix} 0 \\ 1 \\ \vdots \\ 0 \end{pmatrix}, \cdots, \varepsilon_n = \begin{pmatrix} 0 \\ 0 \\ \vdots \\ 1 \end{pmatrix} \tag{3.9}$$

线性表示为

$$\alpha = a_1\varepsilon_1 + a_2\varepsilon_2 + \cdots + a_n\varepsilon_n$$

其中表示系数唯一且唯一的表示系数恰是 α 的分量 $a_1,a_2,\cdots,a_n$.

§3.3.2 线性相关与线性无关

定义3.9 设 $\alpha_1,\alpha_2,\cdots,\alpha_m$ 为 n 维向量组,若存在不全为0的数 $k_1,k_2,\cdots,k_m$,使得

$$k_1\alpha_1 + k_2\alpha_2 + \cdots + k_m\alpha_m = \theta \tag{3.10}$$

则称向量组 $\alpha_1,\alpha_2,\cdots,\alpha_m$ 线性相关,否则(即当且仅当 $k_1 = k_2 = \cdots = k_m = 0$ 时(3.10)式才成立)称它们线性无关.

上述定义中的(3.10)式是关于未知量 $k_1,k_2,\cdots,k_m$ 的 m 元齐次线性方程组的向量形式.因此由定义3.9立即可得下面的定理:

定理3.4 n 维向量 $\alpha_1,\alpha_2,\cdots,\alpha_m$ 线性相关(线性无关)的充要条件是齐次线性方程组(3.10)有非零解(仅有零解).

例4 判定向量组 $\alpha_1 = (1,1,-2)^T, \alpha_2 = (2,1,3)^T, \alpha_3 = (-3,1,1)^T$ 是否线性相关.

解 设 $k_1\alpha_1 + k_2\alpha_2 + k_3\alpha_3 = \theta$,则

$$k_1\begin{pmatrix} 1 \\ 1 \\ -2 \end{pmatrix} + k_2\begin{pmatrix} 2 \\ 1 \\ 3 \end{pmatrix} + k_3\begin{pmatrix} -3 \\ 1 \\ 1 \end{pmatrix} = \begin{pmatrix} 0 \\ 0 \\ 0 \end{pmatrix}$$

得以 k_1,k_2,k_3 为未知数的齐次线性方程组

$$\begin{cases} k_1 + 2k_2 - 3k_3 = 0 \\ k_1 + k_2 + k_3 = 0 \\ -2k_1 + 3k_2 + k_3 = 0 \end{cases}$$

方程组的系数矩阵

$$A = \begin{pmatrix} 1 & 2 & -3 \\ 1 & 1 & 1 \\ -2 & 3 & 1 \end{pmatrix} \xrightarrow{\text{行变换}} \begin{pmatrix} 1 & 0 & 0 \\ 0 & 1 & 0 \\ 0 & 0 & 1 \end{pmatrix}$$

故 $R(A) = 3 = n$,所以,方程组仅有零解．从而向量组 $\alpha_1,\alpha_2,\alpha_3$ 线性无关．

推论 1 设

$$\alpha_i = \begin{pmatrix} a_{1i} \\ a_{2i} \\ \vdots \\ a_{ni} \end{pmatrix} \quad (i = 1,2,\cdots,m).$$

则向量组 $\alpha_1,\alpha_2,\cdots,\alpha_m$ 线性相关的充要条件是 $R(A) < m$,其中矩阵

$$A = \begin{pmatrix} a_{11} & a_{12} & \cdots & a_{1m} \\ a_{21} & a_{22} & \cdots & a_{2m} \\ \cdots & \cdots & \cdots & \cdots \\ a_{n1} & a_{n2} & \cdots & a_{nm} \end{pmatrix} = (\alpha_1,\alpha_2,\cdots,\alpha_m)$$

推论 2 n 个 n 维向量 $\alpha_1,\alpha_2,\cdots,\alpha_n$ 线性相关的充要条件是$|A| = 0$, 其中

$$A = (\alpha_1,\alpha_2,\cdots,\alpha_n)$$

命题 1 一个向量 α 线性相关的充要条件是 $\alpha = \theta$.

证明 设 α 线性相关,则由定义 3.9,存在数 $k \neq 0$ 使得 $k\alpha = \theta$,故得 $\alpha = \theta$;若 $\alpha = \theta$,取 $k = 1 \neq 0$ 有 $1 \cdot \alpha = \theta$,故 α 线性相关．

命题 2 若向量组 $\alpha_1,\alpha_2,\cdots,\alpha_m$ 中有部分向量线性相关,则此向量组线性相关．

证明 不失一般性,设 $\alpha_1,\alpha_2,\cdots,\alpha_l$ 线性相关($l < m$)．于是存在不全为零的数 $k_1,k_2,\cdots,k_l$ 使得

$$k_1\alpha_1 + k_2\alpha_2 + \cdots + k_l\alpha_l = \theta$$

从而有不全为零的数 $k_1,k_2,\cdots,k_l,0,\cdots,0$ 使得

$$k_1\alpha_1 + \cdots + k_l\alpha_l + 0\alpha_{l+1} + \cdots + 0\alpha_m = \theta$$

因此向量组 $\alpha_1,\alpha_2,\cdots,\alpha_m$ 线性相关．

读者可利用定义 3.9 或定理 3.4 自行证明下面几个有用的命题:

命题 3 两个向量线性相关的充要条件是它们的对应分量成比例.

命题 4 任意含有 $n+1$ 个或更多个向量的 n 维向量组必线性相关.

命题 5 设列向量 $\alpha_1,\alpha_2,\cdots,\alpha_m \in R^l$,列向量 $\beta_1,\beta_2,\cdots,\beta_m \in R^s$,且向量组 $\alpha_1,\alpha_2,\cdots,\alpha_m$(或者 $\beta_1,\beta_2,\cdots,\beta_m$)线性无关,则 $l+s$ 维列向量组

$$\tilde{\alpha}_i = \begin{pmatrix} \alpha_i \\ \beta_i \end{pmatrix} \quad (i=1,2,\cdots,m)$$

亦线性无关.

通常称向量 $\tilde{\alpha}_i$ 为向量 α_i 的**接长向量**,称向量 α_i 为向量 $\tilde{\alpha}_i$ 的**截短向量**.

例 5 判定下列向量组是否线性相关:

(1) $\alpha_1 = \begin{pmatrix} 2 \\ 1 \\ -1 \end{pmatrix}, \alpha_2 = \begin{pmatrix} 1 \\ 2 \\ 0 \end{pmatrix}$;

(2) $\alpha_1 = \begin{pmatrix} 1 \\ -2 \\ 5 \end{pmatrix}, \alpha_2 = \begin{pmatrix} 2 \\ 1 \\ 2 \end{pmatrix}, \alpha_3 = \begin{pmatrix} -3 \\ 1 \\ 1 \end{pmatrix}, \alpha_4 = \begin{pmatrix} 0 \\ 2 \\ 7 \end{pmatrix}$;

(3) $\alpha_1 = \begin{pmatrix} 1 \\ 0 \\ 2 \end{pmatrix}, \alpha_2 = \begin{pmatrix} 2 \\ 1 \\ 1 \end{pmatrix}, \alpha_3 = \begin{pmatrix} 2 \\ 0 \\ 4 \end{pmatrix}$.

解 (1) 两个向量 α_1,α_2 对应分量不成比例,所以线性无关;

(2) 向量组中向量的个数 4 大于向量的维数 3,所以线性相关;

(3) 因部分向量 α_1,α_3 对应分量成比例从而线性相关,所以整个向量组线性相关.

例 6 设 $\alpha_1,\alpha_2,\alpha_3$ 线性无关,且有 $\beta_1=\alpha_1+\alpha_2, \beta_2=\alpha_1+\alpha_3, \beta_3=\alpha_2+\alpha_3$,问 β_1,β_2,β_3 是否线性无关?

解 设有一组数 k_1,k_2,k_3 使得 $k_1\beta_1+k_2\beta_2+k_3\beta_3=\theta$ 即

$$k_1(\alpha_1+\alpha_2)+k_2(\alpha_1+\alpha_3)+k_3(\alpha_2+\alpha_3)=\theta$$

整理得

$$(k_1+k_2)\alpha_1+(k_1+k_3)\alpha_2+(k_2+k_3)\alpha_3=\theta$$

因为 $\alpha_1,\alpha_2,\alpha_3$ 线性无关,所以

$$\begin{cases} k_1+k_2=0 \\ k_1+k_3=0 \\ k_2+k_3=0 \end{cases}$$

此方程组的系数行列式 $D=-2\neq 0$,故只有零解 $k_1=k_2=k_3=0$,从而 β_1,β_2,β_3 线性无关.

关于向量组的线性相关性的判定我们还有如下的定理:

定理 3.5 向量组 $\alpha_1,\alpha_2,\cdots,\alpha_m(m\geqslant 2)$ 线性相关的充要条件是其中至少有一个向量是其余 $m-1$ 个向量的线性组合.

证明 必要性. 若 $\alpha_1,\alpha_2,\cdots,\alpha_m$ 线性相关,则存在一组不全为零的 $k_1,k_2,\cdots,k_m$ 使得

$$k_1\alpha_1+k_2\alpha_2+\cdots+k_m\alpha_m=\theta$$

设 $k_i\neq 0$,则

$$a_i=-\frac{k_1}{k_i}\alpha_1-\cdots-\frac{k_{i-1}}{k_i}\alpha_{i-1}-\frac{k_{i+1}}{k_i}\alpha_{i+1}-\cdots-\frac{k_m}{k_i}\alpha_m$$

即 α_i 是 $\alpha_1,\cdots,\alpha_{i-1},\alpha_{i+1},\cdots,\alpha_m$ 的线性组合.

充分性. 不妨设 α_i 可由 $\alpha_1,\cdots,\alpha_{i-1},\alpha_{i+1},\cdots,\alpha_m$ 线性表出,即

$$\alpha_i=l_1\alpha_1+\cdots+l_{i-1}\alpha_{i-1}+l_{i+1}\alpha_{i+1}+\cdots+l_m\alpha_m$$

从而

$$l_1a_1+\cdots+l_{i-1}\alpha_{i-1}-1\cdot\alpha_i+l_{i+1}\alpha_{i+1}+\cdots+l_m\alpha_m=\theta$$

显然,$l_1,\cdots,l_{i-1},-1,l_{i+1},\cdots,l_m$ 不全为零,所以 $\alpha_1,\alpha_2,\cdots,\alpha_m$ 线性相关.

定理 3.6 若向量组 $\alpha_1,\alpha_2,\cdots,\alpha_m$ 线性无关,而向量组 $\alpha_1,\alpha_2,\cdots,\alpha_m,\beta$ 线性相关,则向量 β 可由 $\alpha_1,\alpha_2,\cdots,\alpha_m$ 线性表示,且表示式唯一.

证明 因 $\alpha_1,\alpha_2,\cdots,\alpha_m,\beta$ 线性相关,故存在一组不全为零的数 $k_1,k_2,\cdots,k_m$, k 使得

$$k_1\alpha_1+k_2\alpha_2+\cdots+k_m\alpha_m+k\beta=\theta$$

显然上式中的 $k\neq 0$(否则将推得 $\alpha_1,\alpha_2,\cdots,\alpha_m$ 线性相关,与定理假设矛盾),于是

$$\beta=-\frac{k_1}{k}\alpha_1-\cdots-\frac{k_i}{k}\alpha_i-\cdots-\frac{k_m}{k}\alpha_m$$

即 β 可由 $\alpha_1,\alpha_2,\cdots,\alpha_m$ 线性表出.

下面证明表示式的唯一性.

假设 β 可由 $\alpha_1,\alpha_2,\cdots,\alpha_m$ 线性表示为

$$\beta=l_1\alpha_1+l_2\alpha_2+\cdots+l_m\alpha_m$$

及

$$\beta=k_1\alpha_1+k_2\alpha_2+\cdots+k_m\alpha_m$$

两式相减,得

$$(l_1 - k_1)\alpha_1 + (l_2 - k_2)\alpha_2 + \cdots + (l_m - k_m)\alpha_m = \theta$$

由于 $\alpha_1,\alpha_2,\cdots,\alpha_m$ 线性无关,所以

$$l_i - k_i = 0, \qquad 即\ l_i = k_i \qquad (i = 1,2,\cdots,m)$$

这表明,β 由 $\alpha_1,\alpha_2,\cdots,\alpha_m$ 线性表示的表示系数是唯一的.

例7 设向量组 $\alpha_1,\alpha_2,\alpha_3$ 线性相关;$\alpha_2,\alpha_3,\alpha_4$ 线性无关,证明:

(1)α_1 能由 α_2,α_3 线性表出;

(2)α_4 不能由 $\alpha_1,\alpha_2,\alpha_3$ 线性表出.

证明 (1) 因为向量组 $\alpha_1,\alpha_2,\alpha_3$ 线性相关,所以存在不全为零的数 k_1,k_2,k_3 使得

$$k_1\alpha_1 + k_2\alpha_2 + k_3\alpha_3 = \theta$$

若 $k_1 = 0$,则 k_2,k_3 不全为零,且有 $k_2\alpha_2 + k_3\alpha_3 = \theta$,即 α_2,α_3 线性相关,这与 $\alpha_2,\alpha_3,\alpha_4$ 线性无关矛盾,故 $k_1 \neq 0$,于是有

$$\alpha_1 = -\frac{k_2}{k_1}\alpha_2 - \frac{k_3}{k_1}\alpha_3 \triangleq l_1\alpha_2 + l_2\alpha_3$$

(2) 用反证法. 若 α_4 能由 $\alpha_1,\alpha_2,\alpha_3$ 线性表出,则存在一组数 $\lambda_1,\lambda_2,\lambda_3$ 使得

$$\alpha_4 = \lambda_1\alpha_1 + \lambda_2\alpha_2 + \lambda_3\alpha_3$$

利用(1) 的结果可得

$$\alpha_4 = \lambda_1(l_1\alpha_2 + l_2\alpha_3) + \lambda_2\alpha_2 + \lambda_3\alpha_3 = (\lambda_1 l_1 + \lambda_2)\alpha_2 + (\lambda_1 l_2 + \lambda_3)\alpha_3$$

即 α_4 能由 α_2,α_3 线性表出,从而 $\alpha_2,\alpha_3,\alpha_4$ 线性相关,这与题设矛盾. 故 α_4 不能由 $\alpha_1,\alpha_2,\alpha_3$ 线性表出.

习题 3.3

1. 将向量 β 表示成向量 $\alpha_1,\alpha_2,\alpha_3,\alpha_4$ 的线性组合.

(1) $\beta = (1,2,1,1)$, $\alpha_1 = (1,1,1,1)$, $\alpha_2 = (1,1,-1,-1)$,

$\alpha_3 = (1,-1,1,-1)$, $\alpha_4 = (1,-1,-1,1)$

(2) $\beta = (0,0,0,1)$, $\alpha_1 = (1,1,0,1)$, $\alpha_2 = (2,1,3,1)$, $\alpha_3 = (1,1,0,0)$,

$\alpha_4 = (0,1,-1,-1)$

2. 判定下列向量组的线性相关性.

(1) $\alpha_1=\begin{pmatrix}1\\-1\\3\\2\end{pmatrix},\alpha_2=\begin{pmatrix}-1\\1\\-3\\-2\end{pmatrix},\alpha_3=\begin{pmatrix}1\\0\\1\\1\end{pmatrix}$;

(2) $\alpha_1=\begin{pmatrix}0\\0\\0\end{pmatrix},\alpha_2=\begin{pmatrix}1\\1\\1\end{pmatrix}$;

(3) $\alpha_1=\begin{pmatrix}1\\2\\3\end{pmatrix},\alpha_2=\begin{pmatrix}2\\3\\1\end{pmatrix},\alpha_3=\begin{pmatrix}3\\1\\2\end{pmatrix}$;

(4) $\alpha_1=\begin{pmatrix}1\\0\\0\\0\\-1\end{pmatrix},\alpha_2=\begin{pmatrix}-1\\1\\0\\0\\0\end{pmatrix}\alpha_3=\begin{pmatrix}0\\-1\\1\\0\\0\end{pmatrix},\alpha_4=\begin{pmatrix}0\\0\\-1\\1\\0\end{pmatrix},\alpha_5=\begin{pmatrix}0\\0\\0\\-1\\1\end{pmatrix}$;

(5) $\alpha_1=\begin{pmatrix}0\\1\\2\\3\end{pmatrix},\alpha_2=\begin{pmatrix}1\\2\\3\\0\end{pmatrix},\alpha_3=\begin{pmatrix}3\\2\\1\\0\end{pmatrix}$.

3. 讨论下列向量组的线性相关性.

(1) $\alpha_1=\begin{pmatrix}-1\\2\\1\end{pmatrix},\alpha_2=\begin{pmatrix}2\\k\\5\end{pmatrix},\alpha_3=\begin{pmatrix}1\\0\\2\end{pmatrix}$;

(2) $\alpha_1=\begin{pmatrix}1\\2\\3\\0\end{pmatrix},\alpha_2=\begin{pmatrix}2\\3\\a\\1\end{pmatrix},\alpha_3=\begin{pmatrix}3\\1\\b\\2\end{pmatrix},\alpha_4=\begin{pmatrix}0\\1\\2\\3\end{pmatrix}$;

(3) $\alpha_1=\begin{pmatrix}1\\1\\1\end{pmatrix},\alpha_2=\begin{pmatrix}1\\1\\0\end{pmatrix},\alpha_3=\begin{pmatrix}2\\a\\b\end{pmatrix}$;

$$(4)\alpha_1=\begin{pmatrix}1\\1\\2\\2\\1\end{pmatrix},\alpha_2=\begin{pmatrix}0\\2\\1\\5\\-1\end{pmatrix},\alpha_3=\begin{pmatrix}1\\a\\4\\b\\-1\end{pmatrix}.$$

4. (1) 若 α_1,α_2 线性相关,β_1,β_2 线性相关,$\alpha_1+\beta_1,\alpha_2+\beta_2$ 是否一定线性相关?

(2) 若 α_1,α_2 线性无关,β 为任一向量,$\alpha_1+\beta,\alpha_2+\beta$ 是否一定线性无关?

(3) 若 $\alpha_1,\alpha_2,\alpha_3$ 是三个 n 维向量,其中 α_1,α_2 线性无关,α_2,α_3 线性无关,α_1,α_3 线性无关,$\alpha_1,\alpha_2,\alpha_3$ 是否一定线性无关?

5. 若 $\alpha_1,\alpha_2,\cdots,\alpha_m(m\geqslant 2)$ 线性相关,则其中任何一个向量都可由其余向量线性表示吗? 为什么?(举例说明)

6. 如果 n 维向量组 $\alpha_1,\alpha_2,\cdots,\alpha_m(m\geqslant 2)$ 线性无关,那么是否对于任意不全为零的数 $k_1,k_2,\cdots,k_m$ 一定有 $k_1\alpha_1+k_2\alpha_2+\cdots+k_m\alpha_m\neq\theta$?

7. 设有一组不全为零的数 $k_1,k_2,\cdots,k_m$ 使得 $k_1\alpha_1+k_2\alpha_2+\cdots+k_m\alpha_m\neq\theta$,问 $\alpha_1,\alpha_2,\cdots,\alpha_m$ 是否一定线性无关?

8. 设 $\alpha_1,\alpha_2,\alpha_3,\alpha_4$ 均为 n 维向量,判定下列向量组的线性相关性.

(1) $\alpha_1+\alpha_2,\alpha_2+\alpha_3,\alpha_3-\alpha_1$;

(2) $\alpha_1+\alpha_2,\alpha_2+\alpha_3,\alpha_1+2\alpha_2+\alpha_3$;

(3) $\alpha_1+\alpha_2,\alpha_2+\alpha_3,\alpha_3+\alpha_4,\alpha_4+\alpha_1$;

(4) $\alpha_1-\alpha_2,\alpha_2-\alpha_3,\alpha_3-\alpha_4,\alpha_4-\alpha_1$.

§ 3.4　向量组的秩

对任意给定的一个 n 维向量组,研究其线性无关部分组最多可以包含多少个向量,在理论及应用上都十分重要. 下面对此进行讨论.

§ 3.4.1　向量组的等价

定义 3.10　设有两个向量组

$$(I)\alpha_1,\alpha_2,\cdots,\alpha_s\quad 及\quad (II)\beta_1,\beta_2,\cdots,\beta_t$$

若向量组 (I) 的每个向量都可由向量组 (II) 线性表示,则称向量组 (I) 可由向量组(II) 线性表示．若向量组(I) 与向量组(II) 可以相互线性表示，则称向量组(I) 与向量组(II) 等价．

等价向量组可记作

$$\{\alpha_1,\alpha_2,\cdots,\alpha_s\} \cong \{\beta_1,\beta_2,\cdots,\beta_t\}$$

例 1 设向量 γ 可由向量组 $\alpha_1,\alpha_2,\alpha_3$ 线性表示，而向量组 $\alpha_1,\alpha_2,\alpha_3$ 可由向量组 β_1,β_2 线性表示，证明：向量 γ 可由向量组 β_1,β_2 线性表示．

证明 由已知可设

$$\gamma = l_1\alpha_1 + l_2\alpha_2 + l_3\alpha_3$$

$$\alpha_i = k_{i1}\beta_1 + k_{i2}\beta_2 \quad (i = 1,2,3)$$

将后式代入前式并整理，得

$$\gamma = (l_1k_{11} + l_2k_{21} + l_3k_{31})\beta_1 + (l_1k_{12} + l_2k_{22} + l_3k_{32})\beta_2$$

即 γ 可由 β_1,β_2 线性表示．

例 1 表明，向量组的线性表示具有**传递性**，即若向量组(I) 可由向量组(II) 线性表示，向量组(II) 可由向量组(III) 线性表示，则向量组(I) 也可由向量组(III) 线性表示．

容易证明，等价向量组具有下列性质：

1° 反身性．即向量组与自身等价；

2° 对称性．即若向量组(I) 与向量组(II) 等价，则向量组(II) 与向量组(I) 等价；

3° 传递性．即若向量组(I) 与向量组(II) 等价，向量组(II) 与向量组(III) 等价，则向量组(I) 与向量组(III) 等价．

§3.4.2 极大线性无关组

我们知道，n 维向量空间 R^n 的任意向量 α 都可由（线性无关的）基本向量组 $\varepsilon_1,\varepsilon_2,\cdots,\varepsilon_n$ 线性表示．对于任意一组向量，我们也希望能从组中找出一个含向量个数最少的部分组，使得该向量组中的任意向量都可由其线性表示．为此，我们引入下面的概念．

定义 3.11 设 $\alpha_{i_1},\alpha_{i_2},\cdots,\alpha_{i_r}$ 是向量组 $\alpha_1,\alpha_2,\cdots,\alpha_m$ 的一个部分向量组，它满足

(1) $\alpha_{i_1},\alpha_{i_2},\cdots,\alpha_{i_r}$ 线性无关；

(2) 向量组 $\alpha_1,\alpha_2,\cdots,\alpha_m$ 中每一个向量都可由 $\alpha_{i_1},\alpha_{i_2},\cdots,\alpha_{i_r}$ 线性表示．

则称向量组 $\alpha_{i_1},\alpha_{i_2},\cdots,\alpha_{i_r}$ 是向量组 $\alpha_1,\alpha_2,\cdots,\alpha_m$ 的一个**极大线性无关组**（简称

极大无关组).

显然,任何一个含有非零向量的向量组都有极大无关组,而全由零向量组成的向量组则没有极大无关组.

由定义 3.11 不难推得关于向量组与其极大无关组的下列命题:

1° 任意一个向量组与它的极大无关组(如果有的话)等价.

2° 一个向量组的任意两个极大无关组等价.

例 2 设 $\alpha_1=(1,0,0)^T,\alpha_2=(0,1,0)^T,\alpha_3=(1,2,0)^T$. 显然,部分组 α_1,α_2 线性无关,且有

$$\alpha_1=1\alpha_1+0\alpha_2,\quad \alpha_2=0\alpha_1+1\alpha_2,\quad \alpha_3=1\alpha_1+2\alpha_2$$

即 $\alpha_1,\alpha_2,\alpha_3$ 中的任一向量都可由 α_1,α_2 线性表示,所以,部分组 α_1,α_2 是向量组 $\alpha_1,\alpha_2,\alpha_3$ 的一个极大无关组.

不难验证,α_1,α_3 和 α_2,α_3 也是向量组 $\alpha_1,\alpha_2,\alpha_3$ 的极大无关组,可见向量组的极大无关组可以不唯一. 于是有

$$\{\alpha_1,\alpha_2\}\cong\{\alpha_1,\alpha_3\}\cong\{\alpha_2,\alpha_3\}\cong\{\alpha_1,\alpha_2,\alpha_3\}$$

上例还表明,向量组 $\alpha_1,\alpha_2,\alpha_3$ 的三个不同的极大无关组中所含向量的个数都相同,这个特点是否具有一般性,我们对此进行探讨.

定理 3.7 若向量组 $\alpha_1,\alpha_2,\cdots,\alpha_s(I)$ 可由向量组 $\beta_1,\beta_2,\cdots,\beta_t(II)$ 线性表示,且 $s>t$,则向量组 $\alpha_1,\alpha_2,\cdots,\alpha_s$ 线性相关.

证明 只须证明,存在不全为 0 的数 $k_1,k_2,\cdots,k_s$ 使得

$$k_1\alpha_1+k_2\alpha_2+\cdots+k_s\alpha_s=\theta$$

由已知,可设

$$\alpha_i=l_{1i}\beta_1+l_{2i}\beta_2+\cdots+l_{ti}\beta_t=(\beta_1,\beta_2,\cdots,\beta_t)\begin{pmatrix}l_{1i}\\l_{2i}\\\vdots\\l_{ti}\end{pmatrix}\qquad(i=1,2,\cdots,s)$$

就是

$$(\alpha_1,\alpha_2,\cdots,\alpha_s)=(\beta_1,\beta_2,\cdots,\beta_t)\begin{pmatrix}l_{11}&l_{12}&\cdots&l_{1s}\\l_{21}&l_{22}&\cdots&l_{2s}\\\cdots&\cdots&\cdots&\cdots\\l_{t1}&l_{t2}&\cdots&l_{ts}\end{pmatrix}$$

记

$$A=\begin{pmatrix} l_{11} & l_{12} & \cdots & l_{1s} \\ l_{21} & l_{22} & \cdots & l_{2s} \\ \cdots & \cdots & \cdots & \cdots \\ l_{t1} & l_{t2} & \cdots & l_{ts} \end{pmatrix}$$

因为 $R(A) \leqslant min\{s,t\}$，而 $s > t$，所以 $R(A) < s$，因而齐次线性方程组

$$AX = \theta$$

有非零解，即存在不全为零的数 $k_1, k_2, \cdots, k_s$，使得

$$A\begin{pmatrix} k_1 \\ k_2 \\ \vdots \\ k_s \end{pmatrix} = \theta$$

因而

$$\sum_{i=1}^{s} k_i\alpha_i = (\alpha_1, \alpha_2, \cdots, \alpha_s)\begin{pmatrix} k_1 \\ k_2 \\ \vdots \\ k_s \end{pmatrix} = (\beta_1, \beta_2, \cdots, \beta_t)A\begin{pmatrix} k_1 \\ k_2 \\ \vdots \\ k_s \end{pmatrix} = \theta$$

即 $\alpha_1, \alpha_2, \cdots, \alpha_s$ 线性相关.

推论 1 若向量组 $\alpha_1, \alpha_2, \cdots, \alpha_s$ 线性无关，且可由向量组 $\beta_1, \beta_2, \cdots, \beta_t$ 线性表示，则 $s \leqslant t$.

事实上，推论 1 与定理 3.7 互为逆否命题.

推论 2 两个线性无关的等价向量组必含有相同个数的向量.

证明 设线性无关向量组 $(I)\alpha_1, \alpha_2, \cdots, \alpha_s$ 与线性无关向量组 $(II)\beta_1, \beta_2, \cdots, \beta_t$ 等价. 由于 (I) 线性无关且可由 (II) 线性表示，据推论 1 有 $s \leqslant t$；同时，(II) 线性无关且可由 (I) 表示，从而 $t \leqslant s$，故 $s = t$.

推论 3 向量组 $\alpha_1, \alpha_2, \cdots, \alpha_m$ 的任意两个极大无关组所含向量个数相同.

§3.4.3 向量组的秩

推论 3 表明，向量组的极大无关组所含向量的个数应是向量组的一种本质属性. 为此我们引入向量组的秩的概念.

定义 3.12 向量组 $\alpha_1, \alpha_2, \cdots, \alpha_m$ 的极大无关组所含向量的个数称为向量组的秩. 记作

$$R(\alpha_1,\alpha_2,\cdots,\alpha_m)$$

由于全由零向量组成的向量组没有极大无关组,我们规定其秩为零.

显然,对任意含有非零向量的向量组 $\alpha_1,\alpha_2,\cdots,\alpha_m$,有

$$0 < R(\alpha_1,\alpha_2,\cdots,\alpha_m) \leqslant m$$

其中的等号当且仅当向量组 $\alpha_1,\alpha_2,\cdots,\alpha_m$ 线性无关时成立.

利用向量组的秩的定义及定理 3.7 的推论可得下列推论:

推论 4 等价的向量组必有相同的秩.

推论 5 若向量组 $\alpha_1,\alpha_2,\cdots,\alpha_s$ 可由向量组 $\beta_1,\beta_2,\cdots,\beta_t$ 线性表示,则

$$R(\alpha_1,\alpha_2,\cdots,\alpha_s) \leqslant R(\beta_1,\beta_2,\cdots,\beta_t)$$

证明 因向量组(Ⅰ)$\alpha_1,\alpha_2,\cdots,\alpha_s$ 可由向量组(Ⅱ)$\beta_1,\beta_2,\cdots,\beta_t$ 线性表示,故组(Ⅰ)的极大无关组(设其中有 r_1 个向量)可由组(Ⅱ)的极大无关组(设其中有 r_2 个向量)线性表示.由推论 1,$r_1 \leqslant r_2$,从而

$$R(\alpha_1,\alpha_2,\cdots,\alpha_s) \leqslant R(\beta_1,\beta_2,\cdots,\beta_t).$$

例 3 设向量组 $\alpha_1,\alpha_2,\cdots,\alpha_m(m > 1)$ 的秩为 r,$\beta_1 = \alpha_2 + \alpha_3 + \cdots + \alpha_m$;$\beta_2 = \alpha_1 + \alpha_3 + \cdots + \alpha_m$;$\cdots$;$\beta_m = \alpha_1 + \alpha_2 + \cdots + \alpha_{m-1}$ 试证明:向量组 $\beta_1,\beta_2,\cdots,\beta_m$ 的秩为 r.

证明 据推论 4,只须证明向量组

$$\{\alpha_1,\alpha_2,\cdots,\alpha_m\} \cong \{\beta_1,\beta_2,\cdots,\beta_m\}$$

由题设,$\beta_1,\beta_2,\cdots,\beta_m$ 可由 $\alpha_1,\alpha_2,\cdots,\alpha_m$ 线性表示,且有

$$\beta_1 + \beta_2 + \cdots + \beta_m = (m-1)(\alpha_1 + \alpha_2 + \cdots + \alpha_m)$$

或者

$$\alpha_1 + \alpha_2 + \cdots + \alpha_m = \frac{1}{m-1}(\beta_1 + \beta_2 + \cdots + \beta_m)$$

从而

$$\alpha_i + \beta_i = \alpha_1 + \alpha_2 + \cdots + \alpha_m = \frac{1}{m-1}(\beta_1 + \beta_2 + \cdots + \beta_m)$$

于是有

$$\alpha_i = \frac{1}{m-1}(\beta_1 + \beta_2 + \cdots + \beta_m) - \beta_i \quad (i = 1,2,\cdots,m)$$

这表明 $\alpha_1,\alpha_2,\cdots,\alpha_m$ 可由 $\beta_1,\beta_2,\cdots,\beta_m$ 线性表示,所以

$$\{\alpha_1,\alpha_2,\cdots,\alpha_m\} \cong \{\beta_1,\beta_2,\cdots,\beta_m\}$$

故它们有相同的秩.

§3.4.4 向量组的秩与矩阵的秩的关系

定理 3.8 设 A 为 $m \times n$ 阶矩阵，则 A 的列向量组 $\alpha_1, \alpha_2, \cdots, \alpha_n$ 的秩等于矩阵 A 的秩．

证明 设 $R(A) = r$，则 A 中必有一个 r 阶子式 $D \neq 0$. 不妨设 D 位于 A 的第 $j_1, j_2, \cdots, j_r$ 列（$j_1 < j_2 < \cdots < j_r$）. 记 $B = (\alpha_{j_1}, \alpha_{j_2}, \cdots, \alpha_{j_r})$，则 B 为 $m \times r$ 矩阵，且有 $R(B) = r$. 由定理 3.4 推论 1 知 $\alpha_{j_1}, \alpha_{j_2}, \cdots, \alpha_{j_r}$ 线性无关．

又，对 A 中任意一个未在 $\alpha_{j_1}, \alpha_{j_2}, \cdots, \alpha_{j_r}$ 中的列向量 α_j（如果有的话，不妨设 $j_1 < \cdots < j_k < j < j_{k+1} < \cdots < j_r$），显然，向量组

$$\alpha_{j_1}, \cdots, \alpha_{j_k}, \alpha_j, \alpha_{j_{k+1}}, \cdots, \alpha_{j_r}$$

线性相关（否则，由定理 3.4 推论 1 可推得以其为列的矩阵的秩等于 $r + 1$，从而 $R(A) > r$，这与原假设矛盾），于是，α_j 可由 $\alpha_{j_1}, \alpha_{j_2}, \cdots, \alpha_{j_r}$ 线性表示，从而向量组 $\alpha_1, \alpha_2, \cdots, \alpha_n$ 可由 $\alpha_{j_1}, \alpha_{j_2}, \cdots, \alpha_{j_r}$ 线性表示，故 $\alpha_{j_1}, \alpha_{j_2}, \cdots, \alpha_{j_r}$ 是 $\alpha_1, \alpha_2, \cdots, \alpha_n$ 的极大无关组．所以 A 的列向量组 $\alpha_1, \alpha_2, \cdots, \alpha_n$ 的秩等于矩阵 A 的秩 r.

通常将矩阵 A 的列（行）向量组的秩称为矩阵 A 的列（行）秩．由于 $R(A) = R(A^T)$，而矩阵 A 的行秩就是 A^T 的列秩，故也等于 A 的秩，即有

$$R(A) = A \text{ 的列秩} = A \text{ 的行秩}$$

由于初等变换不改变矩阵的秩，所以我们有下面的推论．

推论 初等变换不改变矩阵的行（列）向量组的秩．

事实上我们还有下面的更进一步的结果．

定理 3.9 矩阵的行初等变换不改变矩阵的列向量之间的线性关系．即若

$$A = (\alpha_1, \alpha_2, \cdots, \alpha_n) \xrightarrow{\text{行变换}} (\beta_1, \beta_2, \cdots, \beta_n) = B$$

则 （1）A 的列向量组 $\alpha_1, \alpha_2, \cdots, \alpha_n$ 中的部分组 $\alpha_{j_1}, \alpha_{j_2}, \cdots, \alpha_{j_r}$ 线性无关的充要条件是 B 的列向量组 $\beta_1, \beta_2, \cdots, \beta_n$ 中对应的部分组 $\beta_{j_1}, \beta_{j_2}, \cdots, \beta_{j_r}$ 线性无关；

（2）A 的列向量组 $\alpha_1, \alpha_2, \cdots, \alpha_n$ 中的某个向量 α_j 可由部分组 $\alpha_{j_1}, \alpha_{j_2}, \cdots, \alpha_{j_r}$ 线性表示为

$$\alpha_j = k_1\alpha_{j_1} + k_2\alpha_{j_2} + \cdots + k_r\alpha_{j_r}$$

的充要条件是 B 的列向量组 $\beta_1, \beta_2, \cdots, \beta_n$ 中对应的向量 β_j 可以由对应的部分组 $\beta_{j_1}, \beta_{j_2}, \cdots, \beta_{j_r}$ 线性表示为

$$\beta_j = k_1\beta_{j_1} + k_2\beta_{j_2} + \cdots + k_r\beta_{j_r}$$

（证略）.

定理3.9为我们提供了求向量组的秩、向量组的极大无关组以及将向量组中其余向量表示成极大无关组的线性组合的有效方法.

例4 设有向量组

$$\alpha_1=\begin{pmatrix}1\\4\\1\\0\end{pmatrix},\alpha_2=\begin{pmatrix}2\\9\\-1\\-3\end{pmatrix},\alpha_3=\begin{pmatrix}1\\0\\-3\\-1\end{pmatrix},\alpha_4=\begin{pmatrix}3\\10\\-7\\-7\end{pmatrix}$$

求此向量组的秩和它的一个极大线性无关组,并将其余向量用极大无关组线性表示.

解 构造矩阵 $A=(\alpha_1,\alpha_2,\alpha_3,\alpha_4)$,对 A 作行初等变换将其化为行简化阶梯型矩阵,即

$$A=\begin{pmatrix}1&2&1&3\\4&9&0&10\\1&-1&-3&-7\\0&-3&-1&-7\end{pmatrix}\xrightarrow{\text{初等行变换}}\begin{pmatrix}1&0&0&-2\\0&1&0&2\\0&0&1&1\\0&0&0&0\end{pmatrix}=B$$

显然,$R(A)=R(B)=3$,所以 $R(\alpha_1,\alpha_2,\alpha_3,\alpha_4)=3.$

记 $B=(\beta_1,\beta_2,\beta_3,\beta_4)$. 显然,$\beta_1,\beta_2,\beta_3$ 是 B 的列向量组的一个极大无关组,且有

$$\beta_4=-2\beta_1+2\beta_2+\beta_3$$

所以,$\alpha_1,\alpha_2,\alpha_3$ 是 A 的一个极大线性无关组,且有

$$\alpha_4=-2\alpha_1+2\alpha_2+\alpha_3$$

对称地,矩阵的列初等变换亦不改变矩阵的行向量之间的线性关系. 因此,借助于矩阵的列初等变换亦可较方便地求一个行向量组的极大无关组并找到用此极大无关组将向量组中其余向量表示出来的线性表示式.

例5 证明 $R(AB)\leqslant min\{R(A),R(B)\}$,其中 A 为 $m\times p$ 阶矩阵,B 为 $p\times n$ 阶矩阵.

证明 设 $A=(\alpha_{ij})_{m\times p}=(\alpha_1,\alpha_2,\cdots,\alpha_p)$,$B=(b_{ij})_{p\times n}$. 则

$$AB=(\alpha_1,\alpha_2,\cdots,\alpha_p)\begin{pmatrix}b_{11}&b_{12}&\cdots&b_{1n}\\b_{21}&b_{22}&\cdots&b_{2n}\\\cdots&\cdots&\cdots&\cdots\\b_{p1}&b_{p2}&\cdots&b_{pn}\end{pmatrix}=\left(\sum_{i=1}^{p}b_{i1}\alpha_i,\sum_{i=1}^{p}b_{i2}\alpha_i,\cdots,\sum_{i=1}^{p}b_{in}\alpha_i,\right)$$

可见 AB 的列向量组可由 $\alpha_1,\alpha_2,\cdots,\alpha_p$ 线性表示,由定理3.7推论5

$$R(AB) \leqslant R(\alpha_1,\alpha_2,\cdots,\alpha_p) = R(A)$$

类似可证

$$R(AB) \leqslant R(B)$$

因而

$$R(AB) \leqslant min\{R(A),R(B)\}$$

下面的例从新的角度给出线性方程组有解的充要条件的证明，它对于我们认识向量理论在线性方程组理论中的作用是有益的.

例 6 证明:线性方程组(3.1) 有解的充分必要条件是 $R(A)=R(\bar{A})$.

证明 必要性. 如果方程组(3.1) 有解，由此方程组的向量形式(3.8) 可知，向量 β 可由向量组 $\alpha_1,\alpha_2,\cdots,\alpha_n$ 线性表示. 于是有

$$\{\alpha_1,\alpha_2,\cdots,\alpha_n\} \cong \{\alpha_1,\alpha_2,\cdots,\alpha_n,\beta\}$$

所以

$$R(A)=R(\bar{A}).$$

充分性. 若 $R(A)=R(\bar{A})=r$，则 A 与 $\bar{A}$ 的列向量组有相同的秩. 不失一般性，设 $\alpha_1,\alpha_2,\cdots,\alpha_r$ 是 A 的列向量组的极大无关组，则同时它也是 $\bar{A}$ 的列向量组 $\{\alpha_1,\alpha_2,\cdots,\alpha_n,\beta\}$ 的极大无关组. 所以 β 可由 $\alpha_1,\alpha_2,\cdots,\alpha_r$ 线性表示，从而也可由向量组 $\alpha_1,\alpha_2,\cdots,\alpha_n$ 线性表示. 即方程组(3.1) 有解.

习题 3.4

1. 证明向量组的等价关系具有:(1) 反身性;(2) 对称性;(3) 传递性.

2. n 维向量组 $\alpha_1,\alpha_2,\cdots,\alpha_n$ 与 $\beta_1,\beta_2,\cdots,\beta_n$ 都线性无关，证明它们等价.

3. 求下列向量组的一个极大线性无关组并把其余向量由此极大线性无关组线性表示.

(1) $\alpha_1=\begin{pmatrix}1\\0\\0\end{pmatrix},\alpha_2=\begin{pmatrix}1\\-1\\2\end{pmatrix},\alpha_3=\begin{pmatrix}1\\0\\-1\end{pmatrix},\alpha_4=\begin{pmatrix}-1\\1\\0\end{pmatrix}$;

(2) $\alpha_1=\begin{pmatrix}1\\0\\1\\2\end{pmatrix},\alpha_2=\begin{pmatrix}1\\-1\\0\\1\end{pmatrix},\alpha_3=\begin{pmatrix}2\\-1\\1\\3\end{pmatrix}$;

$$(3)\alpha_1=\begin{pmatrix}1\\3\\4\\-2\end{pmatrix},\alpha_2=\begin{pmatrix}2\\1\\3\\-1\end{pmatrix},\alpha_3=\begin{pmatrix}3\\-1\\2\\0\end{pmatrix},\alpha_4=\begin{pmatrix}4\\-3\\1\\1\end{pmatrix};$$

$$(4)\alpha_1=\begin{pmatrix}1\\-1\\-1\\1\end{pmatrix},\alpha_2=\begin{pmatrix}0\\2\\1\\-1\end{pmatrix},\alpha_3=\begin{pmatrix}-1\\1\\1\\-1\end{pmatrix},\alpha_4=\begin{pmatrix}0\\0\\1\\2\end{pmatrix},\alpha_5=\begin{pmatrix}2\\0\\0\\0\end{pmatrix}.$$

4. 求下列向量组的极大线性无关组与秩.

$$(1)\alpha_1=\begin{pmatrix}6\\4\\1\\-1\\2\end{pmatrix},\alpha_2=\begin{pmatrix}7\\1\\0\\-1\\3\end{pmatrix},\alpha_3=\begin{pmatrix}1\\4\\-9\\-16\\22\end{pmatrix},\alpha_4=\begin{pmatrix}1\\0\\2\\3\\-4\end{pmatrix};$$

$$(2)\alpha_1=\begin{pmatrix}0\\0\\1\\1\end{pmatrix},\alpha_2=\begin{pmatrix}1\\2\\3\\0\end{pmatrix},\alpha_3=\begin{pmatrix}-1\\-2\\0\\3\end{pmatrix},\alpha_4=\begin{pmatrix}2\\4\\6\\0\end{pmatrix},\alpha_5=\begin{pmatrix}1\\-2\\-1\\0\end{pmatrix};$$

$$(3)\alpha_1=\begin{pmatrix}1\\3\\2\\0\\1\end{pmatrix},\alpha_2=\begin{pmatrix}-1\\0\\1\\3\\-1\end{pmatrix},\alpha_3=\begin{pmatrix}2\\7\\5\\1\\2\end{pmatrix},\alpha_4=\begin{pmatrix}4\\14\\6\\2\\0\end{pmatrix};$$

$$(4)\alpha_1=\begin{pmatrix}0\\3\\1\\2\end{pmatrix},\alpha_2=\begin{pmatrix}1\\-1\\2\\0\end{pmatrix},\alpha_3=\begin{pmatrix}2\\1\\0\\1\end{pmatrix},\alpha_4=\begin{pmatrix}2\\0\\1\\3\end{pmatrix},\alpha_5=\begin{pmatrix}1\\-1\\2\\4\end{pmatrix}.$$

5. 求向量组

$$\alpha_1=\begin{pmatrix}1\\1\\1\\2\end{pmatrix},\alpha_2=\begin{pmatrix}1\\a\\1\\1\end{pmatrix},\alpha_3=\begin{pmatrix}1\\1\\a\\1\end{pmatrix}$$

的秩和一个极大线性无关组.

6. 设$R(\alpha_1,\alpha_2,\cdots,\alpha_m)=r$,证明$R(\alpha_1,\alpha_2,\cdots,\alpha_m,\beta)=r$的充分必要条件是$\beta$可由向量$\alpha_1,\alpha_2,\cdots,\alpha_m$线性表示.

7. 设$R(\alpha_1,\alpha_2,\cdots,\alpha_s)=r_1$;$R(\beta_1,\beta_2,\cdots,\beta_t)=r_2$. 证明:

$$R(\alpha_1,\alpha_2,\cdots,\alpha_s,\beta_1,\beta_2,\cdots,\beta_t)\leqslant r_1+r_2$$

8. 设A为$n\times m$阶矩阵,B为$m\times n$阶矩阵,且$n>m$,证明$|AB|=0$.

9. 设A、B均为$m\times n$阶矩阵,证明:

$$R(A+B)\leqslant R(A)+R(B)$$

§3.5 齐次线性方程组解的结构

由前面定理3.2的推论1我们知道,当$R(A)<n$时,n元齐次线性方程组

$$AX=\theta \tag{3.12}$$

有无穷多个非零解. 那么在这无穷多个非零解之中,解与解之间的关系如何?是否能找到方程组(3.12)的有限个解将这无穷多个解表示出来——正如R^n中的所有向量都可由R^n的基本向量组表示出来一样?为此,先讨论齐次线性方程组的解的性质.

性质1 若向量η_1,η_2是齐次线性方程组(3.12)的解,则$\eta_1+\eta_2$也是它的解.

性质2 若向量η是齐次线性方程组(3.12)的解,则对任意的数k,$k\eta$也是它的解.

证明 (只证性质1,请读者自证性质2)

因η_1,η_2是方程组(3.12)的解,故有

$$A\eta_1=\theta,A\eta_2=\theta$$

所以

$$A(\eta_1+\eta_2)=A\eta_1+A\eta_2=\theta+\theta=\theta$$

即 $\eta_1+\eta_2$是(3.12)的解.

推论 设向量$\eta_1,\eta_2,\cdots,\eta_s$是方程组(3.12)的$s$个解,则它们的线性组合

$$k_1\eta_1+k_2\eta_2+\cdots+k_s\eta_s=\sum_{i=1}^{s}k_i\eta_i$$

仍然是(3.12)的解,其中$k_1,k_2,\cdots,k_s$为任意常数.(证略)

上述推论表明,当齐次线性方程组(3.12)有非零解时,将其解表示成有限个

解的线性组合是可能的. 而这有限个解应是(3.12)的全体解向量所构成的向量组的极大无关组.

定义 3.13　设 $\eta_1,\eta_2,\cdots,\eta_s$ 是齐次线性方程组 $AX=\theta$ 的一组解向量,若

(1) $\eta_1,\eta_2,\cdots,\eta_s$ 线性无关;

(2) 齐次线性方程组 $AX=\theta$ 的任意一个解向量都可由 $\eta_1,\eta_2,\cdots,\eta_s$ 线性表示.

则称 $\eta_1,\eta_2,\cdots,\eta_s$ 为齐次线性方程组 $AX=\theta$ 的一个基础解系.

显然 $AX=\theta$ 的基础解系就是 $AX=\theta$ 的全体解向量的一个极大线性无关组.

定理 3.10　设 A 是 $m\times n$ 阶阵,若 $R(A)=r<n$,则方程组(3.12)存在一个由 $n-r$ 个解向量 $\eta_1,\eta_2,\cdots,\eta_{n-r}$ 构成的基础解系.

$$\tilde{\eta}=k_1\eta_1+k_2\eta_2+\cdots+k_{n-r}\eta_{n-r} \tag{3.13}$$

表示了 $AX=\theta$ 的全部解,其中 $k_1,k_2,\cdots,k_{n-r}$ 为任意常数.

证明　(1) 先证方程组(3.12)存在 $n-r$ 个线性无关的解向量.

由高斯消元法,对矩阵 A 作行初等变换将其化为行简化阶梯形矩阵 B. 不失一般性,设

$$B=\begin{pmatrix}1&0&\cdots&0&c_{1,r+1}&\cdots&c_{1n}\\0&1&\cdots&0&c_{2,r+1}&\cdots&c_{2n}\\\cdots&\cdots&\cdots&\cdots&\cdots&&\cdots\\0&0&\cdots&1&c_{r,r+1}&\cdots&c_{rn}\\0&0&\cdots&0&0&\cdots&0\\\cdots&\cdots&\cdots&\cdots&\cdots&&\cdots\\0&0&\cdots&0&0&&0\end{pmatrix}$$

则方程组(3.12)有同解方程组

$$\begin{cases}x_1+c_{1,r+1}x_{r+1}+\cdots+c_{1n}x_n=0\\x_2+c_{2,r+1}x_{r+1}+\cdots+c_{2n}x_n=0\\\cdots\cdots\cdots\cdots\cdots\cdots\cdots\cdots\cdots\cdots\\x_r+c_{r,r+1}x_{r+1}+\cdots+c_{rn}x_n=0\end{cases} \tag{3.14}$$

在(3.14)中分别用 $n-r$ 组数

$$(1,0,\cdots,0)^T,(0,1,\cdots,0)^T,\cdots,(0,0,\cdots,1)^T$$

代自由未知量 $(x_{r+1},x_{r+2},\cdots,x_n)^T$ 即得方程组(3.14)亦即方程组(3.12)的 $n-r$ 个解:

$$\boldsymbol{\eta}_1=\begin{pmatrix}-c_{1,r+1}\\-c_{2,r+1}\\\vdots\\-c_{r,r+1}\\1\\0\\\vdots\\0\end{pmatrix},\boldsymbol{\eta}_2=\begin{pmatrix}-c_{1,r+2}\\-c_{2,r+2}\\\vdots\\-c_{r,r+2}\\0\\1\\\vdots\\0\end{pmatrix},\cdots,\boldsymbol{\eta}_{n-r}=\begin{pmatrix}-c_{1n}\\-c_{2n}\\\vdots\\-c_{rn}\\0\\0\\\vdots\\1\end{pmatrix}\tag{3.15}$$

显然,(3.15) 的截短向量组

$$\begin{pmatrix}1\\0\\\vdots\\0\end{pmatrix},\begin{pmatrix}0\\1\\\vdots\\0\end{pmatrix},\cdots,\begin{pmatrix}0\\0\\\vdots\\1\end{pmatrix}$$

线性无关,从而向量组 $\boldsymbol{\eta}_1,\boldsymbol{\eta}_2,\cdots,\boldsymbol{\eta}_{n-r}$ 线性无关.

(2) 再证方程组(3.12) 的任一解向量都可由解向量组 $\boldsymbol{\eta}_1,\boldsymbol{\eta}_2,\cdots,\boldsymbol{\eta}_{n-r}$ 线性表示.

设 $\boldsymbol{\eta}=(c_1,c_2,\cdots,c_r,c_{r+1},c_{r+2},\cdots,c_n)^T$ 是方程组(3.12) 的任一解向量,由齐次线性方程组解的性质之推论知

$$\tilde{\boldsymbol{\eta}}=c_{r+1}\boldsymbol{\eta}_1+c_{r+2}\boldsymbol{\eta}_2+\cdots+c_n\boldsymbol{\eta}_{n-r}$$

亦是(3.12) 的一个解向量,所以

$$\boldsymbol{\eta}-\tilde{\boldsymbol{\eta}}=\begin{pmatrix}c_1\\c_2\\\vdots\\c_r\\c_{r+1}\\c_{r+2}\\\vdots\\c_n\end{pmatrix}-c_{r+1}\begin{pmatrix}-c_{1,r+1}\\-c_{2,r+1}\\\vdots\\-c_{r,r+1}\\1\\0\\\vdots\\0\end{pmatrix}-c_{r+2}\begin{pmatrix}-c_{1,r+2}\\-c_{2,r+2}\\\vdots\\-c_{r,r+2}\\0\\1\\\vdots\\0\end{pmatrix}-\cdots-c_n\begin{pmatrix}-c_{1n}\\-c_{2n}\\\vdots\\-c_{rn}\\0\\0\\\vdots\\1\end{pmatrix}\triangleq\begin{pmatrix}d_1\\d_2\\\vdots\\d_r\\0\\0\\\vdots\\0\end{pmatrix}$$

仍然是(3.12) 的一个解向量. 将它代入同解方程组(3.14) 中,得到 $d_1=d_2=\cdots=d_r=0$. 从而 $\boldsymbol{\eta}-\tilde{\boldsymbol{\eta}}=\theta$,即

$$\boldsymbol{\eta}=\tilde{\boldsymbol{\eta}}=c_{r+1}\boldsymbol{\eta}_1+c_{r+2}\boldsymbol{\eta}_2+\cdots+c_n\boldsymbol{\eta}_{n-r}$$

可见齐次线性方程组(3.12)的任意一个解都可由 $\eta_1,\eta_2,\cdots,\eta_{n-r}$ 线性表示.

综上,$\eta_1,\eta_2,\cdots,\eta_{n-r}$ 是齐次线性方程组(3.12)的基础解系.

通常将形如 $\tilde{\eta}=k_1\eta_1+k_2\eta_2+\cdots+k_{n-r}\eta_{n-r}$ 的解称为齐次线性方程组 $AX=\theta$ 的**结构式通解**,其中 $\eta_1,\eta_2,\cdots,\eta_{n-r}$ 是齐次方程组的基础解系,$k_1,k_2,\cdots,k_{n-r}$ 为任意常数.

定理3.10的上述证明过程事实上也给出了求解齐次线性方程组(3.12)的基础解系的具体方法.当然,由于自由未知量选取的不同,以及自由未知量确定之后对其不同的赋值将得到不同的解向量,所以齐次线性方程组会有不同的基础解系.但这些不同的基础解系是等价的,所表达的齐次线性方程组的解集是相同的.

例1 求齐次线性方程组

$$\begin{cases}2x_1+x_2-2x_3+3x_4=0\\3x_1+2x_2-x_3+2x_4=0\\x_1+x_2+x_3-x_4=0\end{cases}$$

的基础解系与通解.

解1 将系数矩阵 A 化为行简化阶梯形矩阵

$$A=\begin{pmatrix}2&1&-2&3\\3&2&-1&2\\1&1&1&-1\end{pmatrix}\xrightarrow{\text{行变换}}\begin{pmatrix}1&0&-3&4\\0&1&4&-5\\0&0&0&0\end{pmatrix}$$

于是原方程组同解地变为

$$\begin{cases}x_1-3x_3+4x_4=0\\x_2+4x_3-5x_4=0\end{cases}\quad\text{或}\quad\begin{cases}x_1=3x_3-4x_4\\x_2=-4x_3+5x_4\end{cases}$$

选 x_3,x_4 为自由未知量,并取 $x_3=1,x_4=0$ 和 $x_3=0,x_4=1$ 得基础解系

$$\eta_1=\begin{pmatrix}3\\-4\\1\\0\end{pmatrix},\eta_2=\begin{pmatrix}-4\\5\\0\\1\end{pmatrix}$$

于是原方程组之通解为 $\tilde{\eta}=k_1\eta_1+k_2\eta_2$ (k_1,k_2 为任意常数).

解 2 以下是基础解系的另一种求法．将 A 按列分块

$$A=(\alpha_1,\alpha_2,\alpha_3,\alpha_4)=\begin{pmatrix}2&1&-2&3\\3&2&-1&2\\1&1&1&-1\end{pmatrix}\xrightarrow{\text{初等行变换}}$$

$$\begin{pmatrix}1&0&-3&4\\0&1&4&-5\\0&0&0&0\end{pmatrix}=B=(\beta_1,\beta_2,\beta_3,\beta_4)$$

显然 β_1,β_2 是 B 的列向量组 $\beta_1,\beta_2,\beta_3,\beta_4$ 的极大无关组且有

$$\begin{cases}\beta_3=\begin{pmatrix}-3\\4\\0\end{pmatrix}=-3\begin{pmatrix}1\\0\\0\end{pmatrix}+4\begin{pmatrix}0\\1\\0\end{pmatrix}=-3\beta_1+4\beta_2\\ \beta_4=\begin{pmatrix}4\\-5\\0\end{pmatrix}=4\begin{pmatrix}1\\0\\0\end{pmatrix}-5\begin{pmatrix}0\\1\\0\end{pmatrix}=4\beta_1-5\beta_2\end{cases}$$

于是由定理 3.9，有

$$\begin{cases}\alpha_3=-3\alpha_1+4\alpha_2\\ \alpha_4=4\alpha_1-5\alpha_2\end{cases}\Rightarrow\begin{cases}3\alpha_1-4\alpha_2+1\alpha_3+0\alpha_4=\theta\\ -4\alpha_1+5\alpha_2+0\alpha_3+1\alpha_4=\theta\end{cases}$$

比较原方程组的向量形式

$$x_1\alpha_1+x_2\alpha_2+x_3\alpha_3+x_4\alpha_4=\theta$$

有

$$\eta_1=\begin{pmatrix}3\\-4\\1\\0\end{pmatrix},\eta_2=\begin{pmatrix}-4\\5\\0\\1\end{pmatrix}$$

此即原方程组的基础解系．

例 2 设 A、B 分别是 $m\times n$ 和 $n\times p$ 阶矩阵，且 $AB=O_{m\times p}$，试证明

$$R(A)+R(B)\leqslant n$$

证明 当 $B=O$ 时结论显然，现设 $B\neq O$.

将 B 按列分块为 $B=(\beta_1,\beta_2,\cdots,\beta_p)$，则 $\beta_1,\beta_2,\cdots,\beta_p$ 中至少有一个是非零向量．由

$$AB=A(\beta_1,\beta_2,\cdots,\beta_p)=(A\beta_1,A\beta_2,\cdots,A\beta_p)=O_{m\times p}$$

得

$$A\beta_j = \theta \qquad (j = 1,2,\cdots,p)$$

故 B 的每个列向量都是齐次线性方程组 $AX = \theta$ 的解向量.

这说明 $AX=\theta$ 有非零解,从而有基础解系 $\eta_1,\eta_2,\cdots,\eta_{n-r}$,其中 $R(A)=r$. 而 B 的列向量都可由 $\eta_1,\eta_2,\cdots,\eta_{n-r}$ 线性表示,所以

$$R(B) \leqslant R(\eta_1,\eta_2,\cdots,\eta_{n-r}) = n - R(A)$$

就是

$$R(A) + R(B) \leqslant n.$$

习题 3.5

1. 向量

$$\alpha_1 = \begin{pmatrix} 1 \\ -2 \\ 1 \\ 0 \\ 0 \end{pmatrix}, \alpha_2 = \begin{pmatrix} 1 \\ -2 \\ 0 \\ 1 \\ 0 \end{pmatrix}, \alpha_3 = \begin{pmatrix} 1 \\ -2 \\ 3 \\ -2 \\ 0 \end{pmatrix}, \alpha_4 = \begin{pmatrix} 5 \\ -6 \\ 0 \\ 0 \\ 1 \end{pmatrix}$$

是否是齐次线性方程组

$$\begin{cases} x_1 + x_2 + x_3 + x_4 + x_5 = 0 \\ 3x_1 + 2x_2 + x_3 + x_4 - 3x_5 = 0 \\ 5x_1 + 4x_2 + 3x_3 + 3x_4 - x_5 = 0 \\ x_2 + 2x_3 + 2x_4 + 6x_5 = 0 \end{cases}$$

的解向量? 它们的全部或部分能否构成此方程组的一个基础解系?

2. 求下列齐次线性方程组的基础解系,并用此基础解系表示方程组的全部解.

$$(1)\begin{cases} x_1 + x_2 - x_3 + x_4 = 0 \\ x_1 - x_2 + 2x_3 - x_4 = 0 \\ 3x_1 + x_2 + x_4 = 0 \end{cases} \qquad (2)\begin{cases} 2x_1 + x_2 - x_3 - x_4 + x_5 = 0 \\ x_1 - x_2 + x_3 + x_4 - 2x_5 = 0 \\ 3x_1 + 3x_2 - 3x_3 - 3x_4 + 4x_5 = 0 \\ 4x_1 + 5x_2 - 5x_3 - 5x_4 + 7x_5 = 0 \end{cases}$$

$$(3)\begin{cases} x_1+x_2-3x_4-x_5=0 \\ x_1-x_2+2x_3-x_4+x_5=0 \\ 4x_1-2x_2+6x_3-5x_4+x_5=0 \\ 2x_1+4x_2-2x_3+4x_4-16x_5=0 \end{cases}$$

3. 设

$$A=\begin{pmatrix} 1 & 2 & 1 & 2 \\ 0 & 1 & c & c \\ 1 & c & 0 & 1 \end{pmatrix}$$

且方程组 $AX=\theta$ 的基础解系由两个解向量构成,求 $AX=\theta$ 的通解.

4. 设 n 阶方阵 A 的每行元素之和均为零,且 $R(A)=n-1$,求方程组 $AX=\theta$ 的通解.

§3.6 非齐次线性方程组解的结构

在非齐次线性方程组

$$\begin{cases} a_{11}x_1+a_{12}x_2+\cdots+a_{1n}x_n=b_1 \\ a_{21}x_1+a_{22}x_2+\cdots+a_{2n}x_n=b_2 \\ \cdots\cdots\cdots\cdots\cdots\cdots \\ a_{m1}x_1+a_{m2}x_2+\cdots+a_{mn}x_n=b_m \end{cases} \tag{3.16}$$

中,令它的常数项为零($b_1=b_2=\cdots=b_m=0$),即得到一个齐次线性方程组

$$\begin{cases} a_{11}x_1+a_{12}x_2+\cdots+a_{1n}x_n=0 \\ a_{21}x_1+a_{22}x_2+\cdots+a_{2n}x_n=0 \\ \cdots\cdots\cdots\cdots\cdots\cdots \\ a_{m1}x_1+a_{m2}x_2+\cdots+a_{mn}x_n=0 \end{cases} \tag{3.17}$$

称(3.17)为非齐次线性方程组(3.16)对应的齐次线性方程组,简称**导出组**.非齐次线性方程组(3.16)的解与其导出组(3.17)的解具有如下性质:

性质1 若 γ_1,γ_2 是方程组(3.16)的任意两个解向量,则 $\gamma_1-\gamma_2$ 是其导出组(3.17)的解向量.

证明 分别记(3.16)与(3.17)的矩阵形式为

$$AX=\beta \quad 与 \quad AX=\theta$$

则有

$$A\gamma_1=\beta,\quad A\gamma_2=\beta$$

于是

$$A(\gamma_1-\gamma_2)=A\gamma_1-A\gamma_2=\beta-\beta=\theta$$

所以 $\gamma_1-\gamma_2$ 为 $AX=\theta$ 的解向量.

性质2 若 γ_0 是(3.16)的一个解向量,η 是其导出组(3.17)的任一解向量,则 $\gamma_0+\eta$ 仍是(3.16)的解向量.

证明 因为 $A\gamma_0=\beta,\quad A\eta=\theta$,所以

$$A(\gamma_0+\eta)=A\gamma_0+A\eta=\beta+\theta=\beta$$

定理3.11 若 γ_0 是(3.16)的一个解,η 是其导出组(3.17)的结构式通解,即

$$\eta=k_1\eta_1+k_2\eta_2+\cdots+k_{n-r}\eta_{n-r}$$

其中 $\eta_1,\eta_2,\cdots,\eta_{n-r}$ 是导出组(3.17)的一个基础解系($k_1,k_2,\cdots,k_{n-r}$ 为任意常数),则方程组(3.16)的一般解可表示为

$$X=\gamma_0+k_1\eta_1+k_2\eta_2+\cdots+k_{n-r}\eta_{n-r} \tag{3.18}$$

证明 由性质2,$X=\gamma_0+\eta$ 必是方程组(3.16)的解.下面证明方程组(3.16)的任一个解 γ_1,一定具有(3.18)的形式.

由性质1,$\gamma_1-\gamma_0$ 一定是导出组(3.17)的解,因而必可由导出组(3.17)的基础解系 $\eta_1,\eta_2,\cdots,\eta_{n-r}$ 线性表示,即存在常数 $k_1,k_2,\cdots,k_{n-r}$ 使得

$$\gamma_1-\gamma_0=k_1\eta_1+k_2\eta_2+\cdots+k_{n-r}\eta_{n-r}$$

于是

$$\gamma_1=\gamma_0+k_1\eta_1+k_2\eta_2+\cdots+k_{n-r}\eta_{n-r}$$

因此,方程组(3.16)的通解可以表示为(3.18).

通常称 γ_0 为方程组(3.16)的**特解**,(3.18)为方程组(3.16)的**结构式通解**,简称**通解**.

由定理(3.11)可知:当方程组(3.16)有解时,它有唯一解的充分必要条件是其导出组(3.17)仅有零解;它有无穷多解的充分必要条件是其导出组有无穷多解.

例1 求非齐次线性方程组

$$\begin{cases}x_1-x_2+3x_3+x_4+x_5=0\\2x_1+x_2+3x_3+3x_4+2x_5=1\\x_1+2x_2+x_4+4x_5=3\end{cases}$$

的结构式通解.

解 用初等行变换把增广矩阵$(A \mid \beta)$化为行简化阶梯形矩阵

$$(A \mid \beta) \longrightarrow \left(\begin{array}{ccccc:c} 1 & 0 & 2 & 0 & 5 & 3 \\ 0 & 1 & -1 & 0 & 1 & 1 \\ 0 & 0 & 0 & 1 & -3 & -2 \end{array}\right)$$

因$R(A \mid \beta) = R(A) = 3 < 5$,故方程组有无穷多解.原方程组的通解为

$$\begin{cases} x_1 = 3 - 2x_3 - 5x_5 \\ x_2 = 1 + x_3 - x_5 \\ x_4 = -2 + 3x_5 \end{cases}$$

其中x_3, x_5为自由未知量.令$x_3 = x_5 = 0$得特解

$$\gamma_0 = (3 \quad 1 \quad 0 \quad -2 \quad 0)^T$$

又,原方程组的导出组的同解方程组为

$$\begin{cases} x_1 = -2x_3 - 5x_5 \\ x_2 = x_3 - x_5 \\ x_4 = 3x_5 \end{cases}$$

分别令$(x_3, x_5)^T$等于$(1,0)^T,(0,1)^T$,得导出组的基础解系为

$$\eta_1 = \begin{pmatrix} -2 \\ 1 \\ 1 \\ 0 \\ 0 \end{pmatrix}, \eta_2 = \begin{pmatrix} -5 \\ -1 \\ 0 \\ 3 \\ 1 \end{pmatrix}$$

于是,原方程组的结构式通解为

$$X = \begin{pmatrix} 3 \\ 1 \\ 0 \\ -2 \\ 0 \end{pmatrix} + k_1 \begin{pmatrix} -2 \\ 1 \\ 1 \\ 0 \\ 0 \end{pmatrix} + k_2 \begin{pmatrix} -5 \\ -1 \\ 0 \\ 3 \\ 1 \end{pmatrix}$$

其中k_1, k_2为任意常数.

例2 已知γ_1、γ_2、γ_3是四元非齐次线性方程组$AX = \beta$的三个解,$R(A) = 3$且

$$\gamma_1 = \begin{pmatrix} 1 \\ 0 \\ 2 \\ 3 \end{pmatrix}, \gamma_2 + \gamma_3 = \begin{pmatrix} 4 \\ 2 \\ -6 \\ 0 \end{pmatrix}$$

求方程组 $AX = \beta$ 的通解.

解 由题设 $A\gamma_i = \beta \quad (i = 1,2,3)$. 因为

$$A\left(\gamma_1 - \frac{\gamma_2 + \gamma_3}{2}\right) = A\gamma_1 - \frac{1}{2}(A\gamma_2 + A\gamma_3) = \beta - \frac{1}{2}(\beta + \beta) = \theta$$

所以

$$\eta = \gamma_1 - \frac{1}{2}(\gamma_2 + \gamma_3) = \begin{pmatrix} 1 \\ 0 \\ 2 \\ 3 \end{pmatrix} - \frac{1}{2}\begin{pmatrix} 4 \\ 2 \\ -6 \\ 0 \end{pmatrix} = \begin{pmatrix} -1 \\ -1 \\ 5 \\ 3 \end{pmatrix}$$

是原方程组的导出组的一个解向量. 而 $R(A) = 3$, 所以导出组的基础解系只含有一个解向量. 故原方程组 $AX = \beta$ 的通解为

$$X = \gamma_1 + k\eta = \begin{pmatrix} 1 \\ 0 \\ 2 \\ 3 \end{pmatrix} + k\begin{pmatrix} -1 \\ -1 \\ 5 \\ 3 \end{pmatrix}$$

其中 k 为任意常数.

例 3 已知向量组

$$\alpha_1 = \begin{pmatrix} 1 \\ 4 \\ 0 \\ 2 \end{pmatrix}, \alpha_2 = \begin{pmatrix} 2 \\ 7 \\ 1 \\ 3 \end{pmatrix}, \alpha_3 = \begin{pmatrix} 0 \\ 1 \\ -1 \\ a \end{pmatrix}, \beta = \begin{pmatrix} 3 \\ 10 \\ b \\ 4 \end{pmatrix}$$

(1) a、b 为何值时 β 不能由 $\alpha_1, \alpha_2, \alpha_3$ 线性表示?

(2) a、b 为何值时 β 可由 $\alpha_1, \alpha_2, \alpha_3$ 唯一地线性表示? 写出该表示式;

(3) a、b 为何值时 β 由 $\alpha_1, \alpha_2, \alpha_3$ 线性表示的表示式不唯一? 写出该表示式.

解 设 $\beta = x_1\alpha_1 + x_2\alpha_2 + x_3\alpha_3$, 得非齐次线性方程组 $AX = \beta$, 其中

$$A = (\alpha_1, \alpha_2, \alpha_3), X = (x_1, x_2, x_3)^T$$

因

$$\bar{A}=(A\mid\beta)=\left(\begin{array}{ccc:c}1&2&0&3\\4&7&1&10\\0&1&-1&b\\2&3&a&4\end{array}\right)$$

$$\xrightarrow{\text{初等行变换}}\left(\begin{array}{ccc:c}1&2&0&3\\0&-1&1&-2\\0&0&a-1&0\\0&0&0&b-2\end{array}\right)=\bar{A}_1$$

故得

(1) 当 $b\neq 2$ 时,$R(A)<R(\bar{A})$,方程组 $AX=\beta$ 无解,即 β 不能由 $\alpha_1,\alpha_2,\alpha_3$ 线性表示;

(2) 当 $b=2$ 且 $a\neq 1$ 时,$R(A)=R(\bar{A})=3$,方程组 $AX=\beta$ 有唯一解,即 β 可由 $\alpha_1,\alpha_2,\alpha_3$ 唯一线性表示. 为此把 $\bar{A}_1$ 化为行简化阶梯形:

$$\bar{A}_1\xrightarrow{\text{行变换}}\left(\begin{array}{ccc:c}1&0&0&-1\\0&1&0&2\\0&0&1&0\\0&0&0&0\end{array}\right)$$

得方程组的唯一解为$(x_1\ x_2\ x_3)^T=(-1\ 2\ 0)^T$,即 β 可由 $\alpha_1,\alpha_2,\alpha_3$ 唯一地表示为

$$\beta=-\alpha_1+2\alpha_2+0\alpha_3=-\alpha_1+2\alpha_2$$

(3) 当 $b=2$ 且 $a=1$ 时,$R(A)=R(\bar{A})=2<3$,此时

$$\bar{A}_1\xrightarrow{\text{行变换}}\left(\begin{array}{ccc:c}1&2&0&3\\0&-1&1&-2\\0&0&0&0\\0&0&0&0\end{array}\right)$$

得方程组的无穷多个解

$$(x_1,x_2,x_3)^T=k(-2,1,1)^T+(3,0,-2)^T=(3-2k,k,-2+k)^T$$

即 β 可由 $\alpha_1,\alpha_2,\alpha_3$ 线性表示,且表示式为

$$\beta=(3-2k)\alpha_1+k\alpha_2+(-2+k)\alpha_3$$

其中 k 为任意常数.

习题 3.6

1. 判断下列线性方程组是否有解，若有解，试求其解（在有无穷多个解时，求出其结构式通解）.

(1) $\begin{pmatrix} 2 & -4 & -1 & 0 \\ -1 & -2 & 0 & -1 \\ 0 & 3 & 1 & 2 \\ 3 & 1 & 0 & 3 \end{pmatrix}\begin{pmatrix} x_1 \\ x_2 \\ x_3 \\ x_4 \end{pmatrix} = \begin{pmatrix} 4 \\ 4 \\ 1 \\ -3 \end{pmatrix}$;

(2) $\begin{pmatrix} 1 & 0 & 1 & -1 \\ 3 & 1 & 1 & 0 \\ 7 & 0 & 7 & -3 \end{pmatrix}\begin{pmatrix} x_1 \\ x_2 \\ x_3 \\ x_4 \end{pmatrix} = \begin{pmatrix} -3 \\ 1 \\ 3 \end{pmatrix}$;

(3) $\begin{pmatrix} 1 & 1 & 1 & 1 & 1 \\ 3 & 2 & 1 & 1 & -3 \\ 0 & 1 & 2 & 2 & 6 \\ 5 & 4 & 3 & 3 & -1 \end{pmatrix}\begin{pmatrix} x_1 \\ x_2 \\ x_3 \\ x_4 \\ x_5 \end{pmatrix} = \begin{pmatrix} -1 \\ -5 \\ 2 \\ -7 \end{pmatrix}$.

2. 试问 a、b 为何值时，线性方程组

$$\begin{cases} x_1 + ax_2 + x_3 = 3 \\ x_1 + 2ax_2 + x_3 = 4 \\ x_1 + x_2 + bx_3 = 4 \end{cases}$$

无解，有唯一解，或有无穷多个解？在有无穷多个解时，求出其通解.

3. 设有三维向量组

$$\alpha_1 = \begin{pmatrix} 1+a \\ 1 \\ 1 \end{pmatrix}, \alpha_2 = \begin{pmatrix} 1 \\ 1+a \\ 1 \end{pmatrix}, \alpha_3 = \begin{pmatrix} 1 \\ 1 \\ 1+a \end{pmatrix}, \beta = \begin{pmatrix} 0 \\ a \\ a^2 \end{pmatrix}$$

问 a 为何值时：

(1) β 可由 $\alpha_1,\alpha_2,\alpha_3$ 线性表示，且表示式唯一；

(2) β 可由 $\alpha_1,\alpha_2,\alpha_3$ 线性表示,且表示式不唯一;

(3) β 不能由 $\alpha_1,\alpha_2,\alpha_3$ 线性表示.

4. 设向量 η_1,η_2,η_3 是三元非齐次线性方程 $AX=\beta$ 的解向量,$R(A)=2$ 且

$$\eta_1+\eta_2=\begin{pmatrix}-2\\3\\1\end{pmatrix},\eta_2+\eta_3=\begin{pmatrix}3\\-1\\2\end{pmatrix}$$

求 $AX=\beta$ 的通解.

5. 证明线性方程组

$$\begin{cases}x_1-x_2=a_1\\x_2-x_3=a_2\\x_3-x_4=a_3\\x_4-x_5=a_4\\x_5-x_1=a_5\end{cases}$$

有解的充分必要条件是 $\sum_{i=1}^{5}a_i=0$,并在有解时求它的通解.

6. 证明:非齐次线性方程组 $AX=\beta$ 的解向量 $\eta_1,\eta_2,\cdots,\eta_s$ 的线性组合 $k_1\eta_1+k_2\eta_2+\cdots+k_s\eta_s$ 仍然是它的解的充分必要条件是 $k_1+k_2+\cdots+k_s=1$.

复习题三

(一) 填空

1. 设向量组 $\alpha_1=(a,0,c)^T,\alpha_2=(b,c,0)^T,\alpha_3=(0,a,b)^T$ 线性无关,则 a、b、c 必满足关系式________.

2. 已知 α_1、α_2、α_3 是四元非齐次线性方程组 $AX=b$ 的 3 个解向量,且 $R(A)=3,\alpha_1=(1,2,3,4)^T,\alpha_2+\alpha_3=(0,1,2,3)^T$,则线性方程组 $AX=b$ 的通解 $X=$________.

3. 设 α_1、α_2、α_3、β_1、β_2 都是四维列向量,且 4 阶行列式

$$|\alpha_3\quad\alpha_2\quad\alpha_1\quad\beta_1|=a,|\alpha_1\quad\alpha_2\quad\beta_2\quad\alpha_3|=b$$

则 4 阶行列式 $|\alpha_3\quad\alpha_2\quad\alpha_1\quad(\beta_1+\beta_2)|=$________.

4. 设 B 为 3 阶非零矩阵,且 B 的每个列向量都是方程组

$$\begin{cases} x_1 + 2x_2 + kx_3 = 0 \\ 2x_1 - x_2 + x_3 = 0 \\ 3x_1 + x_2 - x_3 = 0 \end{cases}$$

的解,则 $k =$ ________, $|B| =$ ________.

5. 设方程组

$$\begin{pmatrix} k & 1 & 1 \\ 1 & k & 1 \\ 1 & 1 & k \end{pmatrix}\begin{pmatrix} x_1 \\ x_2 \\ x_3 \end{pmatrix} = \begin{pmatrix} 1 \\ 1 \\ -2 \end{pmatrix}$$

则 $k =$ ________时,该方程组无解.

6. 当 $k =$ ________时,向量 $\beta = (0,k,k^2)^T$ 可由向量组

$$\alpha_1 = (1+k,1,1)^T, \alpha_2 = (1,1+k,1)^T, \alpha_3 = (1,1,1+k)^T$$

线性表示且表示方法不唯一.

7. 设

$$A = \begin{pmatrix} 1 & 2 & -2 \\ 4 & t & 3 \\ 3 & -1 & 1 \end{pmatrix}$$

B 为 3 阶非零矩阵,且 $AB = O$,则 $t =$ ________.

(二) 选择

1. 设有任意两个 n 维向量组 $\alpha_1,\alpha_2,\cdots,\alpha_m$ 和 $\beta_1,\beta_2,\cdots,\beta_m$,若存在两组不全为零的数 $\lambda_1,\lambda_2,\cdots,\lambda_m$ 和 $k_1,k_2,\cdots,k_m$,使得

$$(\lambda_1 + k_1)\alpha_1 + \cdots + (\lambda_m + k_m)\alpha_m + (\lambda_1 - k_1)\beta_1 + \cdots + (\lambda_m - k_m)\beta_m = 0$$

则________.

(A) $\alpha_1,\alpha_2,\cdots,\alpha_m$ 和 $\beta_1,\beta_2,\cdots,\beta_m$ 都线性相关;

(B) $\alpha_1,\alpha_2,\cdots,\alpha_m$ 和 $\beta_1,\beta_2,\cdots,\beta_m$ 都线性无关;

(C) $\alpha_1+\beta_1,\alpha_2+\beta_2,\cdots,\alpha_m+\beta_m,\alpha_1-\beta_1,\alpha_2-\beta_2,\cdots,\alpha_m-\beta_m$ 线性无关;

(D) $\alpha_1+\beta_1,\alpha_2+\beta_2,\cdots,\alpha_m+\beta_m,\alpha_1-\beta_1,\alpha_2-\beta_2,\cdots,\alpha_m-\beta_m$ 线性相关.

2. 设向量组 $\alpha_1,\alpha_2,\alpha_3$ 线性无关,则下列向量组中,线性无关的是________.

(A) $\alpha_1+\alpha_2,\alpha_2+\alpha_3,\alpha_3-\alpha_1$;

(B) $\alpha_1+\alpha_2,\alpha_2+\alpha_3,\alpha_1+2\alpha_2+\alpha_3$;

(C) $\alpha_1+2\alpha_2,2\alpha_2+3\alpha_3,3\alpha_3+\alpha_1$;

$(D)\alpha_1+\alpha_2+\alpha_3, 2\alpha_1-3\alpha_2+22\alpha_3, 3\alpha_1+5\alpha_2-5\alpha_3$.

3. 设向量β可由向量组$\alpha_1,\alpha_2,\cdots,\alpha_m$线性表示,但不能由向量组(Ⅰ)$\alpha_1,\alpha_2,\cdots,\alpha_{m-1}$线性表示,记向量组(Ⅱ)$\alpha_1,\alpha_2,\cdots,\alpha_{m-1},\beta$,则________.

(A)α_m不能由(Ⅰ)线性表示,也不能由(Ⅱ)线性表示;

(B)α_m不能由(Ⅰ)线性表示,但可由(Ⅱ)线性表示;

(C)α_m可由(Ⅰ)线性表示,也可由(Ⅱ)线性表示;

(D)α_m可由(Ⅰ)线性表示,但不可由(Ⅱ)线性表示.

4. 若向量组α,β,γ线性无关,α,β,δ线性相关,则________.

(A)α必可由β,γ,δ线性表示; (B)β必不可由α,γ,δ线性表示;

(C)δ必可由α,β,γ线性表示; (D)δ必不可由α,β,γ线性表示.

5. 设非齐次线性方程组$AX=b$中未知量个数为n,方程个数为m,系数矩阵A的秩为r,则________.

(A)$r=m$时,方程组$AX=b$有解;

(B)$r=n$时,方程组$AX=b$有唯一解;

(C)$m=n$时,方程组$AX=b$有唯一解;

(D)$r<n$时,方程组$AX=b$有无穷多解.

6. 将齐次线性方程组

$$\begin{cases}\lambda x_1+x_2+\lambda^2x_3=0\\x_1+\lambda x_2+x_3=0\\x_1+x_2+\lambda x_3=0\end{cases}$$

的系数矩阵记为A,若存在3阶矩阵$B\neq O$使得$AB=O$,则________.

(A)$\lambda=-2$且$|B|=0$; (B)$\lambda=-2$且$|B|\neq 0$;

(C)$\lambda=1$且$|B|=0$; (D)$\lambda=1$且$|B|\neq 0$.

7. 设A是n阶矩阵,α是n维列向量,若$R\begin{pmatrix}A&\alpha\\\alpha^T&0\end{pmatrix}=R(A)$,则线性方程组________.

(A)$AX=\alpha$必有无穷多解; (B)$AX=\alpha$必有唯一解;

(C)$\begin{pmatrix}A&\alpha\\\alpha^T&0\end{pmatrix}\begin{pmatrix}X\\y\end{pmatrix}=0$仅有零解; (D)$\begin{pmatrix}A&\alpha\\\alpha^T&0\end{pmatrix}\begin{pmatrix}X\\y\end{pmatrix}=0$必有非零解.

（三）计算与证明

1. 设向量组 $\alpha_1,\alpha_2,\alpha_3$ 线性无关，且有

$$\beta_1=(m-1)\alpha_1+3\alpha_2+\alpha_3,\beta_2=\alpha_1+(m+1)\alpha_2+\alpha_3,$$
$$\beta_3=-\alpha_1-(m+1)\alpha_2+(m-1)\alpha_3$$

问：m 为何值时，向量组 β_1,β_2,β_3 线性无关？线性相关？

2. 设向量组（Ⅰ）$\alpha_1,\alpha_2,\alpha_3$，（Ⅱ）$\alpha_1,\alpha_2,\alpha_3,\alpha_4$，（Ⅲ）$\alpha_1,\alpha_2,\alpha_3,\alpha_5$ 的秩依次为 3,3,4. 证明向量组 $\alpha_1,\alpha_2,\alpha_3,\alpha_5-\alpha_4$ 的秩为 4.

3. 设向量组 $\alpha_1,\alpha_2,\cdots,\alpha_m$ 线性相关，证明：存在一组不全为零的数 $t_1,t_2,\cdots,t_m$，使得对任意向量 β 都有

$$\alpha_1+t_1\beta,\alpha_2+t_2\beta,\cdots,\alpha_m+t_m\beta(m\geqslant 2)$$

线性相关.

4. 若向量组 $\alpha_1,\alpha_2,\cdots,\alpha_m(m>1)$ 线性无关，且 $\beta=\alpha_1+\alpha_2+\cdots+\alpha_m$，证明：向量组 $\beta-\alpha_1,\beta-\alpha_2,\cdots,\beta-\alpha_m$，线性无关.

5. 已知向量组 $\alpha_1,\alpha_2,\cdots,\alpha_m$，设

$$\beta_1=\alpha_1+\alpha_2,\beta_2=\alpha_2+\alpha_3,\cdots,\beta_{m-1}=\alpha_{m-1}+\alpha_m,\beta_m=\alpha_m+\alpha_1$$

证明：

(1) 当 m 为偶数时，向量组 $\beta_1,\beta_2,\cdots,\beta_m$ 线性相关；

(2) 当 m 为奇数时，若 $\alpha_1,\alpha_2,\cdots,\alpha_m$ 线性无关，则 $\beta_1,\beta_2,\cdots,\beta_m$ 也线性无关.

6. 设向量组 $\alpha_1,\alpha_2,\alpha_3$ 线性无关，且有

$$\beta_1=\alpha_1+\alpha_2+2\alpha_3,\beta_2=2\alpha_1+\alpha_2+\alpha_3,\beta_3=\alpha_1+2\alpha_2+\alpha_3$$

证明 β_1,β_2,β_3 亦线性无关.

7. 设向量组 $\alpha_1,\alpha_2,\alpha_3$ 线性无关，问：k、l 为何值时向量组

$$k\alpha_2-\alpha_1,l\alpha_3-\alpha_2,\alpha_1-\alpha_3$$

线性无关？线性相关？

8. 已知 $\alpha_1,\alpha_2,\alpha_3$ 线性无关，

$$\beta_1=a_1\alpha_1+a_2\alpha_2+a_3\alpha_3,\beta_2=b_1\alpha_1+b_2\alpha_2+b_3\alpha_3,$$
$$\beta_3=c_1\alpha_1+c_2\alpha_2+c_3\alpha_3,\beta_4=d_1\alpha_1+d_2\alpha_2+d_3\alpha_3,$$

其中 a_i、b_i、c_i、$d_i(i=1,2,3)$ 均为常数. 试讨论 $\beta_1,\beta_2,\beta_3,\beta_4$ 的线性关系.

9. 设 $\alpha_1=(a,2,10)^T,\alpha_2=(-2,1,5)^T,\alpha_3=(-1,1,4)^T,\beta=(1,b,c)^T$. 试讨论当 a、b、c 满足什么条件时：

(1) β 不能由 $\alpha_1,\alpha_2,\alpha_3$ 线性表出？

(2) β 可由 $\alpha_1,\alpha_2,\alpha_3$ 唯一线性表出？

(3)β 可由 $\alpha_1,\alpha_2,\alpha_3$ 线性表出,但表示式不唯一?(并求出一般表达式).

10. 设有向量组

$$\alpha_1=\begin{pmatrix}1\\0\\2\\3\end{pmatrix},\alpha_2=\begin{pmatrix}1\\1\\3\\5\end{pmatrix},\alpha_3=\begin{pmatrix}1\\-1\\a+2\\1\end{pmatrix},\alpha_4=\begin{pmatrix}1\\2\\4\\a+8\end{pmatrix},\beta=\begin{pmatrix}1\\1\\b+3\\5\end{pmatrix}$$

试讨论当 a、b 为何值时:

(1)β 不能由 $\alpha_1,\alpha_2,\alpha_3,\alpha_4$ 线性表示?

(2)β 可由 $\alpha_1,\alpha_2,\alpha_3,\alpha_4$ 唯一线性表示?(并写出该表示式);

(3)β 由 $\alpha_1,\alpha_2,\alpha_3,\alpha_4$ 线性表示的表示式不唯一?(并写出该表示式).

11. 设

$$\begin{cases}\beta_1=a_{11}\alpha_1+a_{12}\alpha_2+\cdots+a_{1n}\alpha_n\\ \beta_2=a_{21}\alpha_1+a_{22}\alpha_2+\cdots+a_{2n}\alpha_n\\ \cdots\cdots\cdots\cdots\cdots\cdots\cdots\cdots\cdots\cdots\\ \beta_n=a_{n1}\alpha_1+a_{n2}\alpha_2+\cdots+a_{nn}\alpha_n\end{cases}$$

且行列式

$$D=\begin{vmatrix}a_{11}&a_{12}&\cdots&a_{1n}\\a_{21}&a_{22}&\cdots&a_{2n}\\\cdots&\cdots&\cdots&\cdots\\a_{n1}&a_{n2}&\cdots&a_{nn}\end{vmatrix}\neq 0$$

证明:向量组 $\alpha_1,\alpha_2,\cdots,\alpha_n$ 与 $\beta_1,\beta_2,\cdots,\beta_n$ 等价.

12. 从 $m\times n$ 阶矩阵 A 中任取 s 列作一个 $m\times s$ 阶矩阵 B,设 $R(A)=r$,证明:

$$r+s-n\leqslant R(B)\leqslant r$$

13. 设 A、B 为同阶矩阵,证明:

(1)$R(A+B)\leqslant R(A)+R(B)$;　(2)$R(A-B)\leqslant R(A)+R(B)$;

(3)$R(kA)=\begin{cases}0, & k=0\\R(A), & k\neq 0\end{cases}$;　(4)$R(A^T)=R(A)$;

(5)$R(A^{-1})=R(A)=n$.　　(A 为非奇异方阵)

14. 已知矩阵 $A_{m\times n},B_{m\times t},C=(A,B)_{m\times(n+t)}$. 证明:

$$R(C)\leqslant R(A)+R(B)$$

15. 若线性方程组

$$\begin{cases} a_{11}x_1 + \cdots + a_{1n}x_n = b_1 \\ a_{21}x_1 + \cdots + a_{2n}x_n = b_2 \\ \cdots\cdots\cdots\cdots\cdots \\ a_{n1}x_1 + \cdots + a_{nn}x_n = b_n \end{cases}$$

的系数矩阵的秩等于矩阵

$$B = \begin{pmatrix} a_{11} & \cdots & a_{1n} & b_1 \\ \cdots & \cdots & \cdots & \cdots \\ a_{n1} & \cdots & a_{nn} & b_n \\ b_1 & \cdots & b_n & 0 \end{pmatrix}$$

的秩,证明此方程组有解.

16. 设两个齐次线性方程组

$$\begin{cases} a_{11}x_1 + \cdots + a_{1n}x_n = 0 \\ a_{21}x_1 + \cdots + a_{2n}x_n = 0 \\ \cdots\cdots\cdots\cdots\cdots \\ a_{m1}x_1 + \cdots + a_{mn}x_n = 0 \end{cases}, \quad \begin{cases} b_{11}x_1 + \cdots + b_{1n}x_n = 0 \\ b_{21}x_1 + \cdots + b_{2n}x_n = 0 \\ \cdots\cdots\cdots\cdots\cdots \\ b_{t1}x_1 + \cdots + b_{tn}x_n = 0 \end{cases}$$

的系数矩阵 A 与 B 的秩都小于$\frac{n}{2}$,证明:这两个方程组必有相同的非零解.

17. 设 $\alpha_1, \alpha_2, \alpha_3$ 是四元非齐次线性方程组 $AX = \beta$ 的三个解向量,且 $R(A) = 3, \alpha_1 = (1,2,3,4)^T, \alpha_2 + \alpha_3 = (0,1,2,3)^T$,求线性方程组 $AX = \beta$ 的通解.

18. 试讨论参数 p、t 取何值时线性方程组

$$\begin{cases} x_1 + x_2 - 2x_3 + 3x_4 = 0 \\ 2x_1 + x_2 - 6x_3 + 4x_4 = -1 \\ 3x_1 + 2x_2 + px_3 + 7x_4 = -1 \\ x_1 - x_2 - 6x_3 - x_4 = t \end{cases}$$

无解、有解?当方程组有解时,试用其导出组的基础解系表示通解.

19. 已知线性方程组

$$\begin{cases} x_1 + x_2 + x_3 = 0 \\ ax_1 + bx_2 + cx_3 = 0 \\ a^2x_1 + b^2x_2 + c^2x_3 = 0 \end{cases}$$

(1) 当 a、b、c 满足何种关系时,方程组仅有零解?

(2) 当 a、b、c 满足何种关系时,方程组有无穷多个解？求出其结构式通解.

20. 已知 $X_1=(0,1,0)^T$,$X_2=(-3,2,2)^T$ 是方程组

$$\begin{cases}x_1-x_2+2x_3=-1\\3x_1+x_2+4x_3=1\\ax_1+bx_2+cx_3=d\end{cases}$$

的两个解,求此方程组的一般解.

21. 设非齐次线性方程组 $AX=\beta$ 有特解 γ_0,它的导出组 $AX=\theta$ 的一个基础解系为 $\eta_1,\eta_2,\cdots,\eta_{n-r}$,其中 $r=R(A)$. 证明:$\gamma_0,\gamma_0+\eta_1,\gamma_0+\eta_2,\cdots,\gamma_0+\eta_{n-r}$ 是非齐次线性方程组 $AX=\beta$ 的线性无关的解向量组.

22. 设 $\gamma_0,\gamma_1,\gamma_2,\cdots,\gamma_{n-r}$ 为非齐次线性方程组 $AX=\beta$ 的 $n-r+1$ 个线性无关的解向量,其中 $r=R(A)$. 证明:$\gamma_1-\gamma_0,\gamma_2-\gamma_0,\cdots,\gamma_{n-r}-\gamma_0$ 是其导出组 $AX=\theta$ 的一个基础解系.

23. 已知向量 $\alpha_1=(-1,1,1)^T$,$\alpha_2=(1,1,-1)^T$ 是非齐次线性方程组

$$\begin{cases}x_1+kx_2+k^2x_3=k^3\\x_1-kx_2+k^2x_3=-k^2\end{cases}(k\text{ 为不等于零的常数})$$

的两个解向量. 求其通解.

24. 设 A 是 $m\times 3$ 阶矩阵,且 $R(A)=1$. 如果非齐次线性方程组 $AX=\beta$ 的三个解向量 η_1,η_2,η_3 满足

$$\eta_1+\eta_2=\begin{pmatrix}1\\2\\3\end{pmatrix},\eta_2+\eta_3=\begin{pmatrix}0\\-1\\1\end{pmatrix},\eta_3+\eta_1=\begin{pmatrix}1\\0\\-1\end{pmatrix}.$$

求 $AX=\beta$ 的通解.

25. 已知 $m\times n$ 阶矩阵 A 的秩为 r 且 $r<n$. 求证:存在秩为 $(n-r)$ 的矩阵 $B_{n\times(n-r)}$ 满足 $AB=O$.

4 线性空间

在第三章,我们把有序数组称为向量,把定义了向量的加法与数乘的 n 维实向量全体称为 n 维向量空间 R^n. 事实上,如果我们摈弃向量的具体形式,只把它们看作满足一定条件的元素的全体,就会进一步地推广出更一般的抽象向量空间 —— 线性空间.

§4.1 线性空间

§4.1.1 线性空间

为了引进线性空间的概念,我们先介绍数域.

定义4.1 设 F 是由一些数组成的集合,其中包含0与1,若 F 中任意两个数的和、差、积、商(0不作除数) 仍然在 F 中,则称 F 为一个数域.

容易验证,复数集 C、实数集 R、有理数集 Q 都是数域,而无理数集不是数域.

定义4.2 设 V 是一个非空集合,F 是一个数域. 在 V 中定义两种代数运算:

(1) **加法**:对 V 中任意两个元素 α 与 β,规定 V 中唯一确定的元素 η 与之对应,称为 α 与 β 的和,记作 $\eta=\alpha+\beta$;

(2) **数乘**:对 V 中任意元素 α 和数域 F 中的任意数 k,规定 V 中唯一确定的元素 β 与之对应,称为 k 与 α 的数量乘积,记作 $\beta=k\alpha$.

若 V 中定义的上述加法和数乘运算满足下列八条运算规则(式中 α、β、γ 为 V 中的任意元素,k、l 为数域 F 中的任意数),则称 V 为数域 F 上的线性空间:

(1) $\alpha+\beta=\beta+\alpha$;

(2) $(\alpha+\beta)+\gamma=\alpha+(\beta+\gamma)$;

(3) V 中存在零元素 θ,使得 $\alpha+\theta=\alpha$;

(4) V 中存在 α 的负元素 α^*,使得 $\alpha+\alpha^*=\theta$;

(5) $1\cdot\alpha=\alpha$;

(6) $k(l\alpha)=(kl)\alpha$;

(7) $(k+l)\alpha=k\alpha+l\alpha$;

(8) $k(\alpha+\beta)=k\alpha+k\beta$.

按照定义4.2,判定某个非空集合V是否是数域F上的线性空间须作两件事:第一,检查V中的元素对所定义的加法与数乘运算是否封闭,即其运算结果是否仍在V中;第二,检查两种运算是否满足定义4.2中的八条运算规则.当且仅当上述两步都得到肯定的答案时V是线性空间.

显然R^n是线性空间.下面再举几个线性空间的例.

例1 全体$m\times n$阶矩阵,按照矩阵的加法和矩阵与实数的数量乘法构成实数域R上的线性空间,记为$M^{m\times n}$.

例2 全体定义在区间$[a,b]$上的连续实函数,按照函数的加法及实数与函数的乘法构成实数域上的线性空间,记为$C[a,b]$.

例3 系数矩阵为实矩阵$A=(a_{ij})_{m\times n}$的齐次线性方程组

$$AX=\theta$$

的全体解向量依照向量的加法和向量与实数的数量乘法也构成实数域上的线性空间,称为方程组的解空间.

上述例子表明,线性空间的概念比n维向量空间的概念更具有普遍性.习惯上我们仍将线性空间中的元素称为向量,而不论其实际是矩阵、是函数还是其他什么事物,线性空间V又称向量空间.

线性空间有如下简单性质:

(1) 线性空间中的零元素、每个元素的负元素唯一;

(2) $0\alpha=\theta, k\theta=\theta, (-1)\alpha=-\alpha$

(3) 若$k\alpha=\theta$,则$k=0$或$\alpha=\theta$

§4.1.2 线性子空间

定义4.3 设V是数域F上的线性空间,W是V的非空子集,若W对于V的加法和数乘运算是封闭的,即对任意α、$\beta\in W$和数$k\in F$,有$\alpha+\beta\in W$,及$k\alpha\in W$,则称W为线性空间V的一个子空间.

例4 n元实系数齐次线性方程组$AX=\theta$的解构成的解集合是R^n的子空间.

例5 全体n阶实上三角矩阵的集合,全体n阶实下三角矩阵的集合及全体n阶实对称矩阵的集合都是全体n阶方阵构成的线性空间的子空间.

例6 由数域F上的线性空间V中的零元素构成的单元素集是V的子空间,

称作零子空间．

例7 n 元实系数非齐次线性方程组 $AX=\beta$ 的解集合不构成 R^n 的子空间．

习题 4.1

1. 试判定下列向量集合对向量的加法，数乘是否构成实数域上的线性空间．

(1) $V_1=\{(x_1,0,\cdots,0,x_n)\mid x_1,x_n\in R\}$；

(2) $V_2=\{(x_1,x_2,\cdots,x_n)\mid x_1+x_2+\cdots+x_n=0,x_i\in R\}$；

(3) $V_3=\{(x_1,x_2,\cdots,x_n)\mid x_1+x_2+\cdots+x_n=1,x_i\in R\}$．

2. 试判定下列 n 阶实矩阵的集合对矩阵的加法，数乘是否构成实数域上的线性空间．

(1) 全体对角矩阵；

(2) 全体非奇异矩阵．

§4.2 维数、基与坐标

要深入研究线性空间的有关性质，就需要引入向量（V 中的元素）的线性组合、线性相关及线性无关等概念，这样第三章所讨论的关于 n 维向量的有关概念和性质就可以推广到数域 F 上的线性空间 V 中来．下面我们就直接利用这些概念和性质．

§4.2.1 维数、基与坐标

定义4.4 设 V 是数域 F 上的线性空间，若

(1) $\alpha_1,\alpha_2,\cdots,\alpha_n$ 是 V 中 n 个线性无关的向量；

(2) V 中任意向量 α 都可由 $\alpha_1,\alpha_2,\cdots,\alpha_n$ 线性表示；

则称 V 为 n 维线性空间，称 n 为 V 的维数，记作 $\dim V=n$，并称向量组 $\alpha_1,\alpha_2,\cdots,\alpha_n$ 为线性空间 V 的一组基．

显然，R^n 的任意 n 个线性无关向量都构成 R^n 的一组基，从而 R^n 有无穷多组基．例如，n 维基本向量组

$$\varepsilon_1=(1,0,\cdots,0)^T,\varepsilon_2=(0,1,\cdots,0)^T,\cdots,\varepsilon_n=(0,0,\cdots,1)^T$$

就是 R^n 的一组基(称作**自然基**或**标准基**),于是 R^n 是 n 维线性空间,$\dim R^n = n$—— 这正是我们早在 §3.2 中就称 R^n 为 n 维向量空间的原因. R^n 作为全体 n 维向量的集合,基是它的一个极大线性无关组,而维数则是它的秩,所以虽然 R^n 有无穷多组基,但不同的基中所含的向量的个数却是相同的.

零空间中没有线性无关向量,所以没有基.

因为 R^n 中任意向量 α 由 R^n 的一组已知基线性表示的表示系数是唯一的,所以我们可以定义坐标的概念(由于本书只着重讨论 R^n 中的问题,所以下面的讨论只在 R^n 中进行,事实上所涉及的概念与性质均可移植到一般线性空间上来).

定义 4.5　设 $\xi_1,\xi_2,\cdots,\xi_n$ 是 R^n 的一组基,α 为 R^n 中的向量,且有

$$\alpha = a_1\xi_1 + a_2\xi_2 + \cdots + a_n\xi_n$$

则称数 $a_1,a_2,\cdots,a_n$ 为向量 α 在基 $\xi_1,\xi_2,\cdots,\xi_n$ 下的坐标,记为 $(a_1,a_2,\cdots,a_n)^T$.

按照定义 4.5,显然,$\alpha = (a_1,a_2,\cdots,a_n)^T$ 在 R^n 的自然基下的坐标为

$$(a_1,a_2,\cdots,a_n)^T$$

例 1　求向量 $\alpha = (a_1,a_2,\cdots,a_n)^T$ 在 R^n 的基

$$\beta_1 = (1,0,\cdots,0)^T,\beta_2 = (1,1,\cdots,0)^T,\cdots,\beta_n = (1,1,\cdots,1)^T$$

下的坐标.

解　设 $\alpha = x_1\beta_1 + x_2\beta_2 + \cdots,x_n\beta_n$,则有

$$\begin{cases} x_1 + x_2 + \cdots + x_{n-1} + x_n = a_1 \\ \qquad x_2 + \cdots + x_{n-1} + x_n = a_2 \\ \cdots\cdots\cdots\cdots\cdots\cdots \\ \qquad\qquad x_{n-1} + x_n = a_{n-1} \\ \qquad\qquad\qquad x_n = a_n \end{cases}$$

解之得

$$x_1 = a_1 - a_2, x_2 = a_2 - a_3, \cdots, x_{n-1} = a_{n-1} - a_n, x_n = a_n$$

所以 α 关于基 $\beta_1,\beta_2,\cdots,\beta_n$ 的坐标为

$$(a_1 - a_2, a_2 - a_3, \cdots, a_{n-1} - a_n, a_n)^T$$

§4.2.2　基变换与坐标变换

上面的讨论表明,同一个向量在不同基下的坐标一般是不同的. 那么,随着基的改变,向量的坐标又是怎样变化的呢?

定义 4.6 设 $\xi_1,\xi_2,\cdots,\xi_n$ 和 $\eta_1,\eta_2,\cdots,\eta_n$ 是 R^n 的两组基,且有

$$\begin{cases}\eta_1 = c_{11}\xi_1 + c_{21}\xi_2 + \cdots + c_{n1}\xi_n \\ \eta_2 = c_{12}\xi_1 + c_{22}\xi_2 + \cdots + c_{n2}\xi_n \\ \cdots\cdots\cdots\cdots\cdots\cdots\cdots\cdots \\ \eta_n = c_{1n}\xi_1 + c_{2n}\xi_2 + \cdots + c_{nn}\xi_n\end{cases} \tag{4.1}$$

简记作

$$(\eta_1,\eta_2,\cdots,\eta_n) = (\xi_1,\xi_2,\cdots,\xi_n)C \tag{4.2}$$

其中矩阵

$$C = \begin{pmatrix} c_{11} & c_{12} & \cdots & c_{1n} \\ c_{21} & c_{22} & \cdots & c_{2n} \\ \cdots & \cdots & \cdots & \cdots \\ c_{n1} & c_{n2} & \cdots & c_{nn} \end{pmatrix}$$

称为由基 $\xi_1,\xi_2,\cdots,\xi_n$ 到基 $\eta_1,\eta_2,\cdots,\eta_n$ 的**过渡矩阵**,(4.2) 式为由基 $\xi_1,\xi_2,\cdots,\xi_n$ 到基 $\eta_1,\eta_2,\cdots,\eta_n$ 的**基变换**.

容易看出

(1) 过渡矩阵 C 的第 j 列 $\begin{pmatrix} c_{1j} \\ c_{2j} \\ \vdots \\ c_{nj} \end{pmatrix}$ 恰为 η_j 在基 $\xi_1,\xi_2,\cdots,\xi_n$ 下的坐标;

(2) 过渡矩阵 C 一定可逆,且

$$(\xi_1,\xi_2,\cdots,\xi_n) = (\eta_1,\eta_2,\cdots,\eta_n)C^{-1}$$

即由基 $\eta_1,\eta_2,\cdots,\eta_n$ 到基 $\xi_1,\xi_2,\cdots,\xi_n$ 的过渡矩阵为 C^{-1}.

据此我们可以推导 R^n 中同一向量关于不同基下的坐标之间的关系.

定理 4.1 设 $\xi_1,\xi_2,\cdots,\xi_n$ 和 $\eta_1,\eta_2,\cdots,\eta_n$ 是 R^n 的两组基,由基 $\xi_1,\xi_2,\cdots,\xi_n$ 到基 $\eta_1,\eta_2,\cdots,\eta_n$ 的过渡矩阵 $C = (c_{ij})_{n\times n}$,即有

$$(\eta_1,\eta_2,\cdots,\eta_n) = (\xi_1,\xi_2,\cdots,\xi_n)C$$

若向量 α 在这两组基下的坐标分别为 $(x_1,x_2,\cdots,x_n)^T$ 与 $(y_1,y_2,\cdots,y_n)^T$,则有坐标变换公式

$$\begin{pmatrix} x_1 \\ x_2 \\ \vdots \\ x_n \end{pmatrix} = C\begin{pmatrix} y_1 \\ y_2 \\ \vdots \\ y_n \end{pmatrix} \tag{4.3}$$

证明 因为向量α在基$\xi_1,\xi_2,\cdots,\xi_n$与$\eta_1,\eta_2,\cdots,\eta_n$下的坐标分别为$(x_1,x_2,\cdots,x_n)^T$和$(y_1,y_2,\cdots,y_n)^T$,所以

$$\alpha=(\xi_1,\xi_2,\cdots,\xi_n)\begin{pmatrix}x_1\\x_2\\\vdots\\x_n\end{pmatrix}=(\eta_1,\eta_2,\cdots,\eta_n)\begin{pmatrix}y_1\\y_2\\\vdots\\y_n\end{pmatrix}$$

将基变换公式(4.2)代入上式得

$$\alpha=(\xi_1,\xi_2,\cdots,\xi_n)\begin{pmatrix}x_1\\x_2\\\vdots\\x_n\end{pmatrix}=(\xi_1,\xi_2,\cdots,\xi_n)C\begin{pmatrix}y_1\\y_2\\\vdots\\y_n\end{pmatrix}$$

这表明,α在$\xi_1,\xi_2,\cdots,\xi_n$下的坐标为$C\begin{pmatrix}y_1\\y_2\\\vdots\\y_n\end{pmatrix}$,再由坐标的唯一性,得

$$\begin{pmatrix}x_1\\x_2\\\vdots\\x_n\end{pmatrix}=C\begin{pmatrix}y_1\\y_2\\\vdots\\y_n\end{pmatrix}$$

例2 给定R^3的两组基

$$\alpha_1=(1,1,1)^T,\alpha_2=(1,0,-1)^T,\alpha_3=(1,0,1)^T$$

和

$$\beta_1=(1,2,1)^T,\beta_2=(2,3,4)^T,\beta_3=(3,4,3)^T$$

(1) 求$\alpha_1,\alpha_2,\alpha_3$到$\beta_1,\beta_2,\beta_3$的过渡矩阵$C$;

(2) 若向量β在β_1,β_2,β_3下的坐标为$(1,-1,0)^T$,求β在$\alpha_1,\alpha_2,\alpha_3$下的坐标;

(3) 若向量α在$\alpha_1,\alpha_2,\alpha_3$下的坐标为$(1,-1,0)^T$,求$\alpha$在$\beta_1,\beta_2,\beta_3$下的坐标.

解 (1) 因$(\beta_1,\beta_2,\beta_3)=(\alpha_1,\alpha_2,\alpha_3)C$,即

$$\begin{pmatrix}1&2&3\\2&3&4\\1&4&3\end{pmatrix}=\begin{pmatrix}1&1&1\\1&0&0\\1&-1&1\end{pmatrix}C$$

则有

$$C=\begin{pmatrix}1&1&1\\1&0&0\\1&-1&1\end{pmatrix}^{-1}\begin{pmatrix}1&2&3\\2&3&4\\1&4&3\end{pmatrix}=\begin{pmatrix}2&3&4\\0&-1&0\\-1&0&-1\end{pmatrix}$$

(2) 由坐标变换公式(4.3) 式,β 在 $\alpha_1,\alpha_2,\alpha_3$ 下的坐标为

$$C\begin{pmatrix}1\\-1\\0\end{pmatrix}=\begin{pmatrix}2&3&4\\0&-1&0\\-1&0&-1\end{pmatrix}\begin{pmatrix}1\\-1\\0\end{pmatrix}=\begin{pmatrix}-1\\1\\-1\end{pmatrix}$$

(3) 由坐标变换公式(4.3) 的等价形式

$$\begin{pmatrix}y_1\\y_2\\\vdots\\y_n\end{pmatrix}=C^{-1}\begin{pmatrix}x_1\\x_2\\\vdots\\x_n\end{pmatrix}$$

α 在 β_1,β_2,β_3 下的坐标为

$$C^{-1}\begin{pmatrix}1\\-1\\0\end{pmatrix}=\begin{pmatrix}2&3&4\\0&-1&0\\-1&0&-1\end{pmatrix}^{-1}\begin{pmatrix}1\\-1\\0\end{pmatrix}=\begin{pmatrix}1\\1\\-1\end{pmatrix}$$

习题 4.2

1. 下列向量组是否构成 R^4 的一组基:

(1) $\alpha_1=(1,0,0,1)^T$, $\alpha_2=(0,1,1,0)^T$, $\alpha_3=(0,0,1,1)^T$,

$\alpha_4=(0,0,0,1)^T$

(2) $\alpha_1=(1,1,2,3)^T$, $\alpha_2=(2,5,4,2)^T$, $\alpha_3=(3,2,4,0)^T$,

$\alpha_4=(1,2,0,0)^T$

2. 求 R^4 中向量 $\alpha=(1,2,1,1)^T$ 在基

$$\alpha_1=(1,1,1,1)^T,\alpha_2=(1,1,-1,-1)^T,$$
$$\alpha_3=(1,-1,1,-1)^T,\ \alpha_4=(1,-1,-1,1)^T$$

下的坐标.

3. 给定 R^3 的两组基

$$\alpha_1=(1,2,1)^T,\ \alpha_2=(2,3,3)^T,\ \alpha_3=(3,7,1)^T$$

$$\beta_1=(3,1,4)^T,\ \beta_2=(5,2,1)^T,\ \beta_3=(1,1,-6)^T$$

试求基 $\alpha_1,\alpha_2,\alpha_3$ 到基 β_1,β_2,β_3 的过渡矩阵 C.

4. 设 R^4 的两组基为

$$(A)\quad \alpha_1=\begin{pmatrix}5\\2\\0\\0\end{pmatrix},\alpha_2=\begin{pmatrix}2\\1\\0\\0\end{pmatrix},\alpha_3=\begin{pmatrix}0\\0\\8\\5\end{pmatrix},\alpha_4=\begin{pmatrix}0\\0\\3\\2\end{pmatrix}$$

$$(B)\quad \beta_1=\begin{pmatrix}1\\0\\0\\0\end{pmatrix},\beta_2=\begin{pmatrix}0\\2\\0\\0\end{pmatrix},\beta_3=\begin{pmatrix}0\\1\\2\\0\end{pmatrix},\beta_4=\begin{pmatrix}1\\0\\1\\1\end{pmatrix}$$

(1) 求基(A)到基(B)的过渡矩阵;

(2) 求向量 $\beta=3\beta_1+2\beta_2+\beta_3$ 在基(A)下的坐标.

§4.3 内积

本节讨论 R^n 中向量的度量性质,它将深化我们对向量的认识.与上节一样,这些性质同样可以推广到一般的线性空间中.

§4.3.1 内积

定义 4.7 设 $\alpha=(a_1,a_2,\cdots,a_n)^T$ 及 $\beta=(b_1,b_2,\cdots,b_n)^T$ 为 R^n 中的向量,称实数

$$a_1b_1+a_2b_2+\cdots+a_nb_n=\sum_{i=1}^n a_ib_i$$

为向量 α 与 β 的内积,记为(α,β) 或者 $\alpha\cdot\beta$,即

$$(\alpha,\beta)=\alpha^T\beta=a_1b_1+a_2b_2+\cdots+a_nb_n=\sum_{i=1}^n a_ib_i$$

根据定义 4.7 易证内积具有下列性质:

1° $(\alpha,\beta)=(\beta,\alpha)$;

2° $(k\alpha,\beta)=k(\alpha,\beta)$;

3° $(\alpha+\beta,\gamma)=(\alpha,\gamma)+(\beta,\gamma)$;

4° $(\alpha,\alpha)\geqslant 0$,当且仅当 $\alpha=\theta$ 时 $(\alpha,\alpha)=0$.

其中 α、β、γ 为 R^n 中任意向量,k 为任意实数.

通常称定义了内积的 n 维向量空间 R^n 为**欧几里得空间**,仍记为 R^n.

§4.3.2 长度与距离

定义4.8 设 $\alpha=(a_1,a_2,\cdots,a_n)^T$ 为 R^n 中任意向量,称非负实数 $\sqrt{(a,a)}$ 为向量 α 的长度,记为 $\|\alpha\|$,即

$$\|\alpha\|=\sqrt{(a,a)}=\sqrt{a_1^2+a_2^2+\cdots+a_n^2}$$

特别地,长度为1的向量称为**单位向量**. 对于任意非零向量 $\alpha\in R^n$,因为有

$$\left\|\frac{\alpha}{\|\alpha\|}\right\|=\sqrt{\left(\frac{\alpha}{\|\alpha\|},\frac{\alpha}{\|\alpha\|}\right)}=\sqrt{\frac{(\alpha,\alpha)}{\|\alpha\|^2}}=\frac{\sqrt{(\alpha,\alpha)}}{\|\alpha\|}=\frac{\|\alpha\|}{\|\alpha\|}=1$$

所以向量 $\dfrac{\alpha}{\|\alpha\|}$ 一定是单位向量,这样得到单位向量的做法,称之为**向量 α 的单位化**.

向量的长度又称向量的**范数**,它具有如下性质:

1° $\|\alpha\|\geqslant 0$,当且仅当 $\alpha=\theta$ 时,$\|\alpha\|=0$. 这表明任意非零向量的长度为正数,只有零向量的长度为0.

2° 对任意向量 α 和任意实数 k,有 $\|k\alpha\|=|k|\ \|\alpha\|$

证明

$$\|k\alpha\|=\sqrt{(k\alpha,k\alpha)}=\sqrt{k^2(\alpha,\alpha)}=|k|\sqrt{(\alpha,\alpha)}=|k|\cdot\|\alpha\|$$

3° 对于任意向量 $\alpha=(a_1,a_2,\cdots,a_n)^T$ 和 $\beta=(b_1,b_2,\cdots,b_n)^T$,有

$$|(\alpha,\beta)|\leqslant\|\alpha\|\cdot\|\beta\| \text{ 或 } \left|\sum_{i=1}^n a_ib_i\right|\leqslant\sqrt{\sum_{i=1}^n a_i^2}\cdot\sqrt{\sum_{i=1}^n b_i^2}$$

当且仅当 α 与 β 线性相关时,等号成立.

上述不等式称为Cauchy－schwarz**不等式**. 它表明任意两个向量的内积与它们的长度之间的关系.

证明 下面分别就 α 与 β 线性相关与线性无关两种情况予以证明.

(1) 若 α 与 β 线性相关

当 α 与 β 至少有一个为零向量时,显然有

$$|(\alpha,\beta)|=\|\alpha\|\cdot\|\beta\|$$

当 α 与 β 都不为零向量时,设 $\beta=k\alpha(k\in R$ 且 $k\neq 0)$. 于是

$$\|\beta\| = \|k\alpha\| = |k| \cdot \|\alpha\|$$

$$|(\alpha,\beta)| = |(\alpha,k\alpha)| = |k| \cdot \|\alpha\|^2 = \|\alpha\| \cdot \|\beta\|$$

(2) 若 α 与 β 线性无关,则对任意实数 t,$t\alpha - \beta \neq \theta$,因而

$$0 < (t\alpha - \beta, t\alpha - \beta) = t^2(\alpha,\alpha) - 2t(\alpha,\beta) + (\beta,\beta)$$

上式右边是一个关于 t 的二次三项式,且对任意实数 t 该式都大于零,这表明

$$\Delta = [-2(\alpha,\beta)]^2 - 4(\alpha,\alpha)(\beta,\beta) < 0$$

即

$$|(\alpha,\beta)| < \|\alpha\| \cdot \|\beta\|$$

定义 4.9 设 $\alpha = (a_1,a_2,\cdots,a_n)^T$,$\beta = (b_1,b_2,\cdots,b_n)^T$ 为 R^n 中任意两个向量,称 $\|\alpha - \beta\|$ 为 α 与 β 的距离,记为 d,即

$$d = \|\alpha - \beta\| = \sqrt{(a_1 - b_1)^2 + (a_2 - b_2)^2 + \cdots + (a_n - b_n)^2}$$

§4.3.3 夹角与正交

定义 4.10 设 α、β 为 R^n 中的非零向量,定义 α、β 间的夹角为 $\langle\alpha,\beta\rangle$

$$\langle\alpha,\beta\rangle = \arccos\frac{(\alpha,\beta)}{\|\alpha\| \cdot \|\beta\|} \quad (0 \leqslant \langle\alpha,\beta\rangle \leqslant \pi)$$

例 求 R^5 中的向量 $\alpha = (1,0,-1,0,2)^T$,与 $\beta = (0,1,2,4,1)^T$ 的夹角与距离.

解

$$\begin{aligned} d &= \|\alpha - \beta\| \\ &= \sqrt{(1-0)^2 + (0-1)^2 + (-1-2)^2 + (0-4)^2 + (2-1)^2} \\ &= \sqrt{28} \end{aligned}$$

$$\begin{aligned} \langle\alpha,\beta\rangle &= \arccos\frac{(\alpha,\beta)}{\|\alpha\| \cdot \|\beta\|} \\ &= \arccos\frac{1\times 0 + 0\times 1 + (-1)\times 2 + 0\times 4 + 2\times 1}{\sqrt{1^2 + 0^2 + (-1)^2 + 0^2 + 2^2} \cdot \sqrt{0^2 + 1^2 + 2^2 + 4^2 + 1^2}} \\ &= \arccos 0 = \frac{\pi}{2} \end{aligned}$$

定义 4.11 设 α,β 为 R^n 中两个非零向量,若 α 与 β 间的夹角 $\langle\alpha,\beta\rangle = \frac{\pi}{2}$,则称 α 与 β 正交(或垂直),记为 $\alpha \perp \beta$.

定理 4.2 R^n 中任意两个非零向量 α 与 β 正交的充要条件是它们的内积等

于零,即$(\alpha,\beta)=0$.

证明 若$(\alpha,\beta)=0$,则

$$\langle\alpha,\beta\rangle=\arccos\frac{(\alpha,\beta)}{\|\alpha\|\cdot\|\beta\|}=\arccos 0$$

所以,$\langle\alpha,\beta\rangle=\frac{\pi}{2}$即$\alpha\perp\beta$.

反之,若α与β正交,即$\langle\alpha,\beta\rangle=\frac{\pi}{2}$,则

$$cos\langle\alpha,\beta\rangle=0\text{ 或}\frac{(\alpha,\beta)}{\|\alpha\|\cdot\|\beta\|}=0$$

所以$(\alpha,\beta)=0$.

习题 4.3

1. 求下列向量的内积

(1) $\alpha=(-1,2,-2,1)^T$, $\beta=(-2,2,1,-1)^T$;

(2) $\alpha=(3,7,3,-1,2)^T$, $\beta=(-3,0,2,-1,3)^T$.

2. 求下列向量的长度

$\alpha=(0,-2,1,0)^T$;$\beta=(-1,0,2,-3,2)^T$;$\gamma=(1,-2,-1,0,2,1)^T$.

3. 求下列向量之间的距离

(1) $\alpha=(1,1,0,-2)^T$, $\beta=(0,1,2,1)^T$;

(2) $\alpha=(1,-1,1,-1,1)^T$, $\beta=(-1,1,-1,1,-1)^T$.

4. 求下列向量之间的夹角

(1) $\alpha=(1,2,2,3)^T$, $\beta=(3,1,5,1)^T$;

(2) $\alpha=(1,0,-1,0,1)^T$, $\beta=(0,1,0,2,0)^T$.

§4.4 标准正交基

§4.4.1 标准正交基

定义 4.12 称 R^n 中一组两两正交的非零向量 $\alpha_1,\alpha_2,\cdots,\alpha_m$ 为一个正交向

量组.

定理4.3 R^n 中的正交向量组 $\alpha_1,\alpha_2,\cdots,\alpha_m$ 必定线性无关.

证明 设有一组实数 $k_1,k_2,\cdots,k_m$ 使得

$$k_1\alpha_1+k_2\alpha_2+\cdots k_m\alpha_m=\theta$$

由于 $\alpha_i\neq\theta$,所以$(\alpha_i,\alpha_i)\neq 0$.

又因为 α_i 与 α_j 正交$(i\neq j)$,故

$$(\alpha_i,\alpha_j)=0.$$

于是

$$(k_1\alpha_1+k_2\alpha_2+\cdots+k_m\alpha_m,\ \alpha_i)=(\theta,\alpha_i)=0\qquad(i=1,2,\cdots,m)$$

从而

$$k_1(\alpha_1,\alpha_i)+\cdots+k_m(\alpha_m,\alpha_i)=0\qquad(i=1,2,\cdots,m)$$

故得

$$k_i(\alpha_i,\alpha_i)=0$$

又$(\alpha_i,\alpha_i)>0$,于是

$$k_i=0\qquad(i=1,2,\cdots,m)$$

所以 $\alpha_1,\alpha_2,\cdots,\alpha_m$ 线性无关.

推论 R^n 中任一个正交向量组的向量个数不超过 n 个.

定义4.13 设$\alpha_1,\alpha_2,\cdots,\alpha_n$ 是R^n 中的一组基,且它们两两正交,则称$\alpha_1,\alpha_2,\cdots,\alpha_n$ 为 R^n 中的一组正交基;当正交基中的向量 $\alpha_1,\alpha_2,\cdots,\alpha_n$ 都为单位向量时,则称这组正交基为标准正交基.

由以上定义,向量组 $\alpha_1,\alpha_2,\cdots,\alpha_n$ 是 R^n 中的一组标准正交基的充要条件是:

$$(\alpha_i,\alpha_j)=\begin{cases}0, & i\neq j\\ 1, & i=j\end{cases}$$

由定义 4.13,显然,单位向量组 $\varepsilon_1,\varepsilon_2,\cdots,\varepsilon_n$ 是 R^n 中的一组标准正交基.容易验证,向量组

$$\alpha_1=\left(\frac{1}{\sqrt{2}},\frac{1}{\sqrt{2}},0\right)^T,\ \alpha_2=(0,0,1)^T,\ \alpha_3=\left(\frac{1}{\sqrt{2}},\ -\frac{1}{\sqrt{2}},0\right)^T$$

是 R^3 的一组标准正交基(请读者自行验证).

例1 求 R^n 中任意向量β在标准正交基 $\alpha_1,\alpha_2,\cdots,\alpha_n$ 下的坐标.

解 设β在$\alpha_1,\alpha_2,\cdots,\alpha_n$ 下的坐标为$(x_1,x_2,\cdots,x_n)^T$,则

$$\beta=x_1\alpha_1+x_2\alpha_2+\cdots+x_n\alpha_n$$

对任意 i 有

$$
\begin{aligned}
(\alpha_i,\beta) &= (\alpha_i, x_1\alpha_1 + x_2\alpha_2 + \cdots + x_n\alpha_n) \\
&= x_1(\alpha_i,\alpha_1) + x_2(\alpha_i,\alpha_2) + \cdots + x_n(\alpha_i,\alpha_n) \\
&= x_i \qquad (i = 1,2,\cdots,n)
\end{aligned}
$$

故 β 在 $\alpha_1,\alpha_2,\cdots,\alpha_n$ 下的坐标为

$$x_i = (\alpha_i,\beta) \qquad (i = 1,2,\cdots,n) \tag{4.4}$$

§4.4.2 向量组的正交化与单位化

从例 1 可看出,求 R^n 中任意一向量在标准正交基下的坐标,代入(4.4)式即可.那么,给定 R^n 中的一组基,能不能得到一组标准正交基?为此引入正交化方法.

定理 4.4 R^n 中的任一线性无关向量组 $\alpha_1,\alpha_2,\cdots,\alpha_m(2 \leqslant m \leqslant n)$ 必等价于某个正交向量组.

证明 (归纳法)

当 $m = 2$ 时,取 $\beta_1 = \alpha_1,\beta_2 = \alpha_2 + k\beta_1$($k$ 为待定系数).由 β_1 与 β_2 正交,有

$$(\beta_1,\beta_2) = (\beta_1,\alpha_2 + k\beta_1) = (\beta_1,\alpha_2) + k(\beta_1,\beta_1) = 0$$

解之得

$$k = -\frac{(\beta_1,\alpha_2)}{(\beta_1,\beta_1)}$$

于是

$$\beta_2 = \alpha_2 - \frac{(\beta_1,\alpha_2)}{(\beta_1,\beta_1)}\beta_1$$

显然 $\beta_2 \neq \theta$(否则 α_2 可由 α_1 线性表出,这与 α_1、α_2 线性无关矛盾),且 β_1、β_2 与 α_1、α_2 可互相线性表示,从而 β_1、β_2 即为与 α_1、α_2 等价的正交向量组.

当 $m = 3$ 时,β_1、β_2 的取法同上,再取 $\beta_3 = \alpha_3 + k_1\beta_1 + k_2\beta_2$($k_1$、$k_2$ 为待定系数).由 β_3 与 β_1、β_2 都正交,有

$$(\beta_1,\beta_3) = 0 \text{ 及 } (\beta_2,\beta_3) = 0$$

将 β_3 代入,与上面类似可解得

$$k_1 = -\frac{(\beta_1,\alpha_3)}{(\beta_1,\beta_1)}, \quad k_2 = -\frac{(\beta_2,\alpha_3)}{(\beta_2,\beta_2)}$$

于是

$$\beta_3 = \alpha_3 - \frac{(\beta_1,\alpha_3)}{(\beta_1,\beta_1)}\beta_1 - \frac{(\beta_2,\alpha_3)}{(\beta_2,\beta_2)}\beta_2$$

同理$\beta_3 \neq \theta$,且β_1、β_2、β_3与α_1、α_2、α_3可互相线性表示,从而β_1、β_2、β_3即为与α_1、α_2、α_3等价的正交向量组.

假设当$m = i - 1$时结论成立,即有与$\alpha_1,\alpha_2,\cdots,\alpha_{i-1}$等价的正交向量组$\beta_1,\beta_2,\cdots,\beta_{i-1}$,现证结论当$m = i$时亦成立.

为此,须找到适当的向量β_i,使得$\beta_1,\beta_2,\cdots,\beta_{i-1},\beta_i$成为与$\alpha_1,\alpha_2,\cdots,\alpha_{i-1},\alpha_i$等价的正交向量组.

设

$$\beta_i = \alpha_i + l_1\beta_1 + \cdots + l_{i-1}\beta_{i-1}(l_1,\cdots,l_{i-1}\text{ 为待定系数})$$

由β_i与$\beta_1,\beta_2,\cdots,\beta_{i-1}$都正交,得

$$(\beta_j,\beta_i) = 0 \qquad (j = 1,2,\cdots,i-1)$$

解之得

$$l_j = -\frac{(\beta_j,\alpha_i)}{(\beta_j,\beta_j)} \qquad (j = 1,2,\cdots,i-1)$$

所以

$$\beta_i = \alpha_i - \frac{(\beta_1,\alpha_i)}{(\beta_1,\beta_1)}\beta_1 - \frac{(\beta_2,\alpha_i)}{(\beta_2,\beta_2)}\beta_2 - \cdots - \frac{(\beta_{i-1},\alpha_i)}{(\beta_{i-1},\beta_{i-1})}\beta_{i-1}$$

$$(i = 2,\cdots,m) \tag{4.5}$$

于是$\beta_1,\beta_2,\cdots,\beta_{i-1},\beta_i$就是与$\alpha_1,\alpha_i,\cdots,\alpha_{i-1},\alpha_i$等价的正交向量组.$(i = 2,\cdots,m)$

显然,定理4.4的上述证明同时给出了由任一线性无关向量组$\alpha_1,\alpha_2,\cdots,\alpha_m$构造出与之等价的正交向量组$\beta_1,\beta_2,\cdots,\beta_m$的方法.

若再将向量组$\beta_1,\beta_2,\cdots,\beta_m$中的每个向量单位化,即令

$$\eta_i = \frac{\beta_i}{\|\beta_i\|} \qquad (i = 1,2,\cdots,m)$$

则进一步可得到一个与原向量组等价的正交单位向量组$\eta_1,\eta_2,\cdots,\eta_m$. 上述过程称为**向量组的正交化与单位化**,通常称之为 Gram - Schmidt **正交化法**.

推论 R^n中任一组基都可用 Gram - Schmidt 正交化法化为标准正交基.

例2 试将R^3的一组基

$$\alpha_1 = \begin{pmatrix} 1 \\ -1 \\ 0 \end{pmatrix},\alpha_2 = \begin{pmatrix} 1 \\ 0 \\ 1 \end{pmatrix},\alpha_3 = \begin{pmatrix} -1 \\ 1 \\ 1 \end{pmatrix}$$

化为标准正交基.

解 （1）正交化

$$\beta_1=\alpha_1=\begin{pmatrix}1\\-1\\0\end{pmatrix}$$

$$\beta_2=\alpha_2-\frac{(\beta_1,\alpha_2)}{(\beta_1,\beta_1)}\beta_1=\begin{pmatrix}1\\0\\1\end{pmatrix}-\frac{1}{2}\begin{pmatrix}1\\-1\\0\end{pmatrix}=\begin{pmatrix}\frac{1}{2}\\\frac{1}{2}\\1\end{pmatrix}$$

$$\beta_3=\alpha_3-\frac{(\beta_1,\alpha_3)}{(\beta_1,\beta_1)}\beta_1-\frac{(\beta_2,\alpha_3)}{(\beta_2,\beta_2)}\beta_2$$

$$=\begin{pmatrix}-1\\1\\1\end{pmatrix}-\frac{(-2)}{2}\begin{pmatrix}1\\-1\\0\end{pmatrix}-\frac{2}{3}\begin{pmatrix}\frac{1}{2}\\\frac{1}{2}\\1\end{pmatrix}=\begin{pmatrix}-\frac{1}{3}\\-\frac{1}{3}\\\frac{1}{3}\end{pmatrix}$$

（2）单位化

$$\eta_1=\frac{\beta_1}{\|\beta_1\|}=\begin{pmatrix}\frac{\sqrt{2}}{2}\\-\frac{\sqrt{2}}{2}\\0\end{pmatrix},\eta_2=\frac{\beta_2}{\|\beta_2\|}=\begin{pmatrix}\frac{\sqrt{6}}{6}\\\frac{\sqrt{6}}{6}\\\frac{\sqrt{6}}{3}\end{pmatrix},\eta_3=\frac{\beta_3}{\|\beta_3\|}=\begin{pmatrix}-\frac{\sqrt{3}}{3}\\-\frac{\sqrt{3}}{3}\\\frac{\sqrt{3}}{3}\end{pmatrix}$$

于是，η_1,η_2,η_3 即为 R^3 的一组标准正交基.

§4.4.3 正交矩阵

定义 4.14 设 Q 为 n 阶实矩阵，若 $Q^TQ=E$，则称 Q 为正交矩阵.

容易验证，单位阵及

$$\begin{pmatrix}cos\theta & -sin\theta\\sin\theta & cos\theta\end{pmatrix}、\begin{pmatrix}\frac{1}{\sqrt{3}} & \frac{1}{\sqrt{3}} & \frac{1}{\sqrt{3}}\\0 & -\frac{1}{\sqrt{2}} & \frac{1}{\sqrt{2}}\\-\frac{2}{\sqrt{6}} & \frac{1}{\sqrt{6}} & \frac{1}{\sqrt{6}}\end{pmatrix}$$

都是正交矩阵.

正交矩阵有下列性质:

1° 若 Q 为正交阵,则 $|Q| = 1$ 或 $|Q| = -1$;

2° 若 P 与 Q 都是 n 阶正交矩阵,则 PQ 也是 n 阶正交矩阵;

3° 实矩阵 Q 为正交矩阵的充要条件是:Q 可逆,且 $Q^{-1} = Q^T$;

4° 实矩阵 Q 为 n 阶正交矩阵的充要条件是 Q 的列(或行)向量组是单位正交向量组(即 R^n 的一组标准正交基).

证明 (下面证明2°、4°,请读者自行证明1°、3°)

2° $(PQ)^T(PQ) = Q^TP^TPQ = Q^T(P^TP)Q = Q^TEQ = Q^TQ = E$

所以 PQ 也是正交矩阵.

4° (仅就列向量组的情形证明)将矩阵 Q 按列分块(此时 $\alpha_1,\alpha_2,\cdots,\alpha_n$ 均为列向量)

$$Q = (\alpha_1,\alpha_2,\cdots,\alpha_n)$$

则有

$$Q^T = \begin{pmatrix} \alpha_1^T \\ \alpha_2^T \\ \vdots \\ \alpha_n^T \end{pmatrix}$$

因而

$$Q^TQ = \begin{pmatrix} \alpha_1^T \\ \alpha_2^T \\ \vdots \\ \alpha_n^T \end{pmatrix}(\alpha_1,\alpha_2,\cdots,\alpha_n) = \begin{pmatrix} \alpha_1^T\alpha_1 & \alpha_1^T\alpha_2 & \cdots & \alpha_1^T\alpha_n \\ \alpha_2^T\alpha_1 & \alpha_2^T\alpha_2 & \cdots & \alpha_2^T\alpha_n \\ \cdots & \cdots & \cdots & \cdots \\ \alpha_n^T\alpha_1 & \alpha_n^T\alpha_2 & \cdots & \alpha_n^T\alpha_n \end{pmatrix}$$

按定义,矩阵 Q 正交的充要条件是 $Q^TQ = E$,即

$$(\alpha_i,\alpha_j) = \alpha_i^T\alpha_j = \begin{cases} 1, & i = j \\ 0, & i \neq j \end{cases}$$

这说明,矩阵 Q 为正交矩阵的充要条件是 Q 的两个不同的列向量的内积为0,而每个列向量与其自身的内积为1,即 Q 的列向量组是单位正交向量组即 R^n 的标准正交基.

例3 设 $A = (a_{ij})$ 为3阶非零实方阵,且 $a_{ij} = A_{ij}$,其中 A_{ij} 是 $a_{ij}(i,j = 1,2,3)$ 的代数余子式. 证明 $|A| = 1$,且 A 是正交阵.

证明 由 $a_{ij}=A_{ij}$ 得 $A^*=A^T$,所以

$$AA^T=AA^*=|A|E$$

两边取行列式,得

$$|A|^2=|A|^3$$

又由于 A 为非零实方阵,所以 A 中至少有一个元素不为零,不失一般性,设此元素位于第 i 行,则

$$|A|=a_{i1}A_{i1}+a_{i2}A_{i2}+a_{i3}A_{i3}=a_{i1}^2+a_{i2}^2+a_{i3}^2\neq 0$$

所以,$|A|=1$ 且 $AA^T=E$,即 A 为正交阵.

习题 4.4

1. 求一个与向量组

$\alpha_1=(1,1,-1,-1)^T,\alpha_2=(1,-1,-1,1)^T,\alpha_3=(1,-1,1,-1)^T$

中每个向量都正交的单位向量.

2. 把下列向量组化为单位正交向量组:

(1) $\alpha_1=(1,0,1)^T$, $\alpha_2=(1,1,0)^T$, $\alpha_3=(0,1,1)^T$;

(2) $\alpha_1=(1,1,0,0)^T$, $\alpha_2=(1,0,1,0)^T$, $\alpha_3=(-1,0,0,1)^T$, $\alpha_4=(1,-1,-1,1)^T$

3. 证明有限个正交矩阵的积仍然是正交阵.

4. 设 α_1、α_2 是 n 维实列向量空间 R^n 中的任意两个向量,求证:对任一 n 阶正交阵 A,总有 $(A\alpha_1,A\alpha_2)=(\alpha_1,\alpha_2)$

5. 设 $\alpha_1,\alpha_2,\cdots,\alpha_n$ 是 n 维实列向量空间 R^n 中的一组标准正交基,A 是 n 阶正交阵,证明:$A\alpha_1,A\alpha_2,\cdots,A\alpha_n$ 也是 R^n 中的一组标准正交基.

复习题四

(一) 填空

1. 当 $k\neq$ ________ 时,向量组

$$\alpha_1=(-1,2,2)^T,\alpha_2=(3,5,k)^T,\alpha_3=(2,3,-2)^T$$

是 R^3 的一组基.

2. R^4 中的向量 $\alpha=(2,-3,1,4)^T$ 在基

$$\alpha_1=(1,1,1,1)^T,\alpha_2=(0,1,1,1)^T,$$
$$\alpha_3=(0,0,1,1)^T,\alpha_4=(0,0,0,1)^T$$

下的坐标为________.

3. 向量 $\alpha=(5,4,3,3,-2)^T,\beta=(1,1,0,2,-3)^T$ 之间的夹角 $\theta=$________.

4. 设 $\alpha=(1,2,3),\beta=\left(1,\frac{1}{2},\frac{1}{3}\right)$,且 $A=\alpha^T\beta$,则 $A^n=$________.

5. 与向量 $\alpha_1=(1,1,-1,1)^T,\alpha_2=(1,-1,-1,1)^T,\alpha_3=(2,1,1,3)^T$ 都正交的单位向量为________.

6. 设 A、B 均为 n 阶正交阵,且 $|A|=-|B|$(行列式),则 $|A+B|=$________.

(二) 选择

1. 设向量空间 $V=\{(x_1,0,\cdots,0,x_n)\mid x_1,x_n\in R\}$,则 V 是________维空间.

(A) n; (B) $n-1$; (C) 2; (D) 1.

2. 设向量空间 $V=\{(x_1,x_2,\cdots,x_n)\mid x_1+x_2+\cdots+x_n=0,x_i\in R\}$,则 V 是________维空间.

(A) n; (B) $n-1$; (C) 2; (D) 1.

3. 已知三维向量组 $\alpha_1,\alpha_2,\alpha_3$ 线性无关,则下列向量组中________不构成 R^3 的一组基.

(A) $\alpha_1+\alpha_2,\alpha_2+\alpha_3,\alpha_3+\alpha_1$; (B) $\alpha_1,\alpha_1+\alpha_2,\alpha_1+\alpha_2+\alpha_3$;

(C) $\alpha_1-\alpha_2,\alpha_2-\alpha_3,\alpha_3-\alpha_1$; (D) $\alpha_1+\alpha_2,2\alpha_2+\alpha_3,3\alpha_3+\alpha_1$.

4. 设 n 元齐次方程组 $AX=\theta,R(A)=r$,其解空间的维数为 s,则________.

(A) $s=r$ (B) $s=n-r$ (C) $s>r$ (D) $s<n$

5. 设 A 为 n 阶实对称阵,P 为 n 阶正交阵,则矩阵 $P^{-1}AP$ 为________.

(A) 实对称阵; (B) 正交阵;

(C) 非奇异阵; (D) 奇异阵.

(三) 计算与证明

1. 设 A 是 $m\times n$ 阶实矩阵,证明:n 维向量的集合.

$$V=\{\alpha\mid A\alpha=\theta,\alpha\in R^n\}$$

对向量的数乘和加法构成向量空间.

2*. 在全体二维实向量集合 V 中定义加法与数乘：

$$(a,b)\oplus(c,d)=(a+c,b+d+ca)$$

$$k\circ(a,b)=\left(ka,kb+\frac{k(k-1)}{2}a^2\right)$$

此时 V 是否构成实数域上的线性空间？为什么？

3. 设 R^4 的两组基为

（Ⅰ）$\alpha_1,\alpha_2,\alpha_3,\alpha_4$；

（Ⅱ）$\beta_1=\alpha_1,\beta_2=\alpha_1+\alpha_2,\beta_3=\alpha_1+\alpha_2+\alpha_3$,

$\beta_4=\alpha_1+\alpha_2+\alpha_3+\alpha_4$.

(1) 求由基（Ⅱ）到基（Ⅰ）的过渡矩阵；

(2) 求在基（Ⅰ）和基（Ⅱ）下有相同坐标的全体向量.

4. 设 α、β 是两个 n 维实向量,证明 $\|\alpha+\beta\|\leqslant\|\alpha\|+\|\beta\|$.

5. 设 α 与 β 是正交向量,证明

(1) $\|\alpha+\beta\|^2=\|\alpha\|^2+\|\beta\|^2$;

(2) $\|\alpha+\beta\|=\|\alpha-\beta\|$.

6. 当 a、b、c 为何值时,矩阵

$$A=\begin{pmatrix}\frac{1}{\sqrt{2}} & a & 0\\ 0 & 0 & 1\\ b & c & 0\end{pmatrix}$$

是正交阵.

7. 设 A 为 n 阶实对称阵,若 $A^2=E$,求证 A 是正交矩阵.

8. 设 A 为 n 阶可逆对称阵,且 $A^{-1}=A$,求证 A、A^{-1} 都是正交矩阵.

9. 设 α 是 n 维非零列向量,E 为 n 阶单位阵,证明

$$A=E-(2/\alpha^T\alpha)\alpha\alpha^T$$

为正交矩阵.

10. 设 $A=E-2\alpha\alpha^T$,其中 $\alpha=(a_1,a_2,\cdots,a_n)^T$,若 $\alpha^T\alpha=1$,计算 A^T,A^2,AA^T, $A\alpha$,并由此证明

(1) A 为对称阵;

(2) A 为正交阵.

5　矩阵的特征值与特征向量

矩阵的特征值和特征向量是矩阵的两个基本概念,对矩阵的描述具有重要作用. 本章将介绍矩阵的特征值、特征向量及相似矩阵的概念与性质,并讨论矩阵的对角化问题.

§5.1　矩阵的特征值与特征向量

§5.1.1　特征值与特征向量的基本概念

定义 5.1　设 $A=(a_{ij})$ 是数域 F 上的 n 阶矩阵,若对于数域 F 中的数 λ,存在非零 n 维列向量 X,使得

$$AX=\lambda X \tag{5.1}$$

则称 λ 为矩阵 A 的特征值,称 X 为矩阵 A 的属于(或对应于)特征值 λ 的特征向量.

对于任意 n 阶矩阵 A,是否一定有特征值与特征向量? 我们看下面的例子.

例如,在实数域上,对于矩阵

$$A=\begin{pmatrix}1 & 1\\ -2 & 4\end{pmatrix}$$

因

$$A\begin{pmatrix}1\\1\end{pmatrix}=\begin{pmatrix}1 & 1\\ -2 & 4\end{pmatrix}\begin{pmatrix}1\\1\end{pmatrix}=\begin{pmatrix}2\\2\end{pmatrix}=2\begin{pmatrix}1\\1\end{pmatrix}$$

故由定义 5.1,$\lambda=2$ 是 A 的特征值,$X=\begin{pmatrix}1\\1\end{pmatrix}$ 是 A 的属于 $\lambda=2$ 的特征向量;

在复数域上,对于矩阵

$$B=\begin{pmatrix}0 & 1\\ -1 & 0\end{pmatrix}$$

有

$$B\begin{pmatrix}1\\i\end{pmatrix}=\begin{pmatrix}0&1\\-1&0\end{pmatrix}\begin{pmatrix}1\\i\end{pmatrix}=\begin{pmatrix}i\\-1\end{pmatrix}=i\begin{pmatrix}1\\i\end{pmatrix}$$

这表明 $\lambda=i$ 是 B 的特征值，$X=\begin{pmatrix}1\\i\end{pmatrix}$ 是 B 的属于 $\lambda=i$ 的特征向量．但假如我们限定在实数域 R 上考虑 B 的特征值问题，则因 $i\,\overline{\in}\,R$，故 i 不是 B 的特征值．事实上在实数域上矩阵 B 没有特征值．

可见一个矩阵是否有特征值与特征向量，与考虑问题的数域有关．我们约定，今后有关特征值与特征向量的讨论均在复数域上进行．

在复数域，一个 n 阶矩阵是否一定有特征值与特征向量？有的话，如何求出其特征值与特征向量？下面就此展开讨论．

将(5.1) 式改写为：

$$(\lambda E-A)X=0 \tag{5.2}$$

这是一个以 $\lambda E-A$ 为系数矩阵的 n 元齐次线性方程组．由定义 5.1 及上述约定，矩阵 A 的特征值 λ 应是使方程组(5.2) 有非零解的适当复数，A 的属于特征值 λ 的特征向量 X 就是方程组(5.2) 的非零解向量；反之，若数 λ 使方程组(5.2) 有非零解，则 λ 就是矩阵 A 的特征值，其所对应的方程组(5.2) 的非零解向量就是矩阵 A 的属于特征值 λ 的特征向量．由于齐次线性方程组(5.2) 有非零解的充要条件是它的系数行列式为零，即

$$|\lambda E-A|=0 \tag{5.3}$$

所以，数 λ 是矩阵 A 的特征值的充要条件是：λ 是方程(5.3) 的根．这样，求矩阵 A 的特征值问题就转化为求方程(5.3) 的根的问题．

令

$$f(\lambda)=|\lambda E-A|=\begin{vmatrix}\lambda-a_{11}&-a_{12}&\cdots&-a_{1n}\\-a_{21}&\lambda-a_{22}&\cdots&-a_{2n}\\\cdots&\cdots&\cdots&\cdots\\-a_{n1}&-a_{n2}&\cdots&\lambda-a_{nn}\end{vmatrix}$$

显然，在其展开式中，有一项是主对角线上元素的连乘积：

$$(\lambda-a_{11})(\lambda-a_{22})\cdots(\lambda-a_{nn}) \tag{5.4}$$

而展开式的其余各项，其因子中至多含有 $n-2$ 个主对角线上的元素，故 λ 的次数最多是 $n-2$ 次．因此 $f(\lambda)$ 的展开式中 λ 的 n 次幂与 $n-1$ 次幂只可能在连乘

积(5.4)中出现．显然,它们是

$$\lambda^n-(a_{11}+a_{22}+\cdots+a_{nn})\lambda^{n-1}$$

又因为,在$f(\lambda)$中令$\lambda=0$,得$f(\lambda)$的常数项为:

$$|-A|=(-1)^n|A|$$

因此

$$\begin{aligned}f(\lambda)&=|\lambda E-A|\\&=\lambda^n-(a_{11}+a_{22}+\cdots+a_{nn})\lambda^{n-1}+\cdots+(-1)^n|A|\end{aligned}\tag{5.5}$$

即$f(\lambda)$是关于λ的n次多项式．

定义 5.2 设$A=(a_{ij})$为n阶矩阵,称矩阵$\lambda E-A$为A的特征矩阵,$\lambda E-A$的行列式$|\lambda E-A|$为A的特征多项式,方程(5.3)即$|\lambda E-A|=0$为A的特征方程．

根据代数学基本定理,在复数域上,A的特征方程(5.3)必有n个根(k重根算k个根),它们便是n阶矩阵A的全部n个特征值(所以特征值又叫特征根)．可见在复数域上,n阶矩阵A必有n个特征值,A的关于某个特征值λ_0的全部特征向量就是齐次线性方程组

$$(\lambda_0E-A)X=0$$

的全部非零解向量．

综上所述,在复数域上确定矩阵A的特征值与特征向量可以按以下步骤进行:

(1) 计算n阶矩阵A的特征多项式$|\lambda E-A|$;

(2) 求出特征方程$|\lambda E-A|=0$的全部根,它们就是矩阵A的全部特征值．

(3) 设$\lambda_1,\lambda_2,\cdots,\lambda_r$是$A$的全部互异特征值．对于每一个$\lambda_i$,解齐次线性方程组$(\lambda_iE-A)X=0$,求出它的一个基础解系,它们就是$A$的属于特征值$\lambda_i$的一组线性无关特征向量,该方程组的全体非零解向量就是A的属于特征值λ_i的全部特征向量．

下面我们导出特征多项式$f(\lambda)$的两个很有用的性质．

设$f(\lambda)$的根为$\lambda_1,\lambda_2,\cdots,\lambda_n$,则有

$$\begin{aligned}f(\lambda)&=(\lambda-\lambda_1)(\lambda-\lambda_2)\cdots(\lambda-\lambda_n)\\&=\lambda^n-(\lambda_1+\lambda_2+\cdots+\lambda_n)\lambda^{n-1}+\cdots+(-1)^n\lambda_1\lambda_2\cdots\lambda_n\end{aligned}$$

与(5.5)式比较,得

1° $\lambda_1+\lambda_2+\cdots+\lambda_n=a_{11}+a_{22}+\cdots+a_{nn}$;

2° $\lambda_1\lambda_2\cdots\lambda_n=|A|$．

通常称 n 阶矩阵 A 的主对角线上 n 个元素的和为 A 的**迹**,记作 $\mathrm{tr}(A)$,由 1° 有 $\mathrm{tr}(A)=\lambda_1+\lambda_2+\cdots\lambda_n$.

例 1 求矩阵 $A=\begin{pmatrix}1&2&2\\2&1&2\\2&2&1\end{pmatrix}$ 的特征值与全部特征向量.

解 A 的特征多项式为

$$|\lambda E-A|=\begin{vmatrix}\lambda-1&-2&-2\\-2&\lambda-1&-2\\-2&-2&\lambda-1\end{vmatrix}=(\lambda-5)(\lambda+1)^2$$

所以 A 的特征值为

$$\lambda_1=5,\quad \lambda_2=\lambda_3=-1$$

对 $\lambda_1=5$,解齐次线性方程组 $(5E-A)X=0$,即

$$\begin{cases}4x_1-2x_2-2x_3=0\\-2x_1+4x_2-2x_3=0\\-2x_1-2x_2+4x_3=0\end{cases}$$

得基础解系

$$X_1=\begin{pmatrix}1\\1\\1\end{pmatrix}$$

X_1 就是 A 的属于 $\lambda_1=5$ 的线性无关特征向量,A 的属于 $\lambda_1=5$ 的全部特征向量为

$$k_1X_1=k_1\begin{pmatrix}1\\1\\1\end{pmatrix},(k_1\neq 0).$$

对 $\lambda_2=\lambda_3=-1$,解齐次线性方程组 $(-E-A)X=0$,即

$$\begin{cases}-2x_1-2x_2-2x_3=0\\-2x_1-2x_2-2x_3=0\\-2x_1-2x_2+2x_3=0\end{cases}$$

得基础解系

$$X_2=\begin{pmatrix}-1\\1\\0\end{pmatrix},\qquad X_3=\begin{pmatrix}-1\\0\\1\end{pmatrix}$$

X_2,X_3 就是 A 的属于 $\lambda_2=\lambda_3=-1$ 的线性无关特征向量, A 的属于 $\lambda_2=\lambda_3=-1$ 的全部特征向量为

$$k_2X_2+k_3X_3=k_2\begin{pmatrix}-1\\1\\0\end{pmatrix}+k_3\begin{pmatrix}-1\\0\\1\end{pmatrix},(k_2,k_3\text{不全为}0).$$

例 2 求 $A=\begin{pmatrix}2&-1&1\\0&3&-1\\2&1&3\end{pmatrix}$ 的特征值与全部特征向量.

解 A 的特征多项式为

$$|\lambda E-A|=\begin{vmatrix}\lambda-2&1&-1\\0&\lambda-3&1\\-2&-1&\lambda-3\end{vmatrix}=(\lambda-4)(\lambda-2)^2$$

所以 A 的特征值为

$$\lambda_1=4,\quad \lambda_2=\lambda_3=2$$

对 $\lambda_1=4$, 解齐次线性方程组 $(4E-A)X=0$, 即

$$\begin{cases}2x_1+x_2-x_3=0\\ \qquad x_2+x_3=0\\ -2x_1-x_2+x_3=0\end{cases}$$

得基础解系

$$X_1=\begin{pmatrix}1\\-1\\1\end{pmatrix}$$

X_1 是 A 的属于 $\lambda_1=4$ 的线性无关特征向量, A 的属于 $\lambda_1=4$ 的全部特征向量为

$$k_1X_1,(k_1\neq 0)$$

对 $\lambda_2=\lambda_3=2$, 解齐次线性方程组 $(2E-A)X=0$, 即

$$\begin{cases}\qquad x_2-x_3=0\\ \quad -x_2+x_3=0\\ -2x_1-x_2-x_3=0\end{cases}$$

得基础解系

$$X_2 = \begin{pmatrix} -1 \\ 1 \\ 1 \end{pmatrix}$$

X_2 是 A 的属于 $\lambda_2 = \lambda_3 = 2$ 的线性无关特征向量,A 的属于 $\lambda_2 = \lambda_3 = 2$ 的全部特征向量为

$$k_2 X_2, (k_2 \neq 0)$$

例 3 若 A 是可逆矩阵,证明

(1) A 没有零特征值;

(2) 若 λ 是 A 的一个特征值,则$\frac{1}{\lambda}$是 A^{-1} 的一个特征值;

(3) 若 λ 是 A 的一个特征值,则$\frac{|A|}{\lambda}$是 A^* 的一个特征值.

证明 (1) 用反证法. 假设 A 有一个特征值 $\lambda_i = 0$,则

$$|A| = \lambda_1 \lambda_2 \cdots \lambda_i \cdots \lambda_n = 0$$

即 A 不可逆,这与已知矛盾,所以 A 没有零特征值.

(2) 因为 λ 是 A 的一个特征值,所以有 $X \neq \theta$,使

$$AX = \lambda X \tag{5.6}$$

用 A^{-1} 左乘(5.6)式两端,得

$$A^{-1}AX = \lambda A^{-1}X \qquad \text{即 } X = \lambda A^{-1}X$$

从而

$$A^{-1}X = \frac{1}{\lambda}X$$

故$\frac{1}{\lambda}$是 A^{-1} 的一个特征值.

(3) 用 A^* 左乘(5.6)式两端,得

$$A^*AX = \lambda A^*X \qquad \text{即 } |A|X = \lambda A^*X$$

故

$$A^*X = \frac{|A|}{\lambda}X$$

因此,$\frac{|A|}{\lambda}$是 A^* 的一个特征值.

从上述证明过程还可看出,A 与 A^{-1}、A^* 有相同的特征向量。

例 4 设矩阵

$$A=\begin{pmatrix}1 & -3 & 3\\ 3 & a & 3\\ 6 & -6 & b\end{pmatrix}$$

有特征值 $\lambda_1=-2,\lambda_2=4$,求 a、b.

解 因 $\lambda_1=-2,\lambda_2=4$ 均为 A 的特征值,故

$$|\lambda_1E-A|=0,\ |\lambda_2E-A|=0$$

即

$$|-2E-A|=\begin{vmatrix}-3 & 3 & -3\\ -3 & -2-a & -3\\ -6 & 6 & -2-b\end{vmatrix}=3(5+a)(4-b)=0$$

$$|4E-A|=\begin{vmatrix}3 & 3 & -3\\ -3 & 4-a & -3\\ -6 & 6 & 4-b\end{vmatrix}=3[-(7-a)(2+b)+72]=0$$

解之得 $a=-5,b=4$

例 5 设向量 $\alpha=(a_1,a_2,\cdots,a_n)^T,\beta=(b_1,b_2,\cdots,b_n)^T$ 都是非零向量,且满足条件 $\alpha^T\beta=0$,记 n 阶矩阵 $A=\alpha\beta^T$. 求

(1) A^2;

(2) 矩阵 A 的特征值和特征向量.

解 (1) 由 $A=\alpha\beta^T$ 和 $\alpha^T\beta=0$,有

$A^2=AA=(\alpha\beta^T)(\alpha\beta^T)=\alpha(\beta^T\alpha)\beta^T=(\beta^T\alpha)(\alpha\beta^T)=0A=O$

(2) 设 λ 为 A 的任一特征值,A 的对应于 λ 的特征向量为 X,则

$$AX=\lambda X,\quad A^2X=\lambda AX=\lambda^2X$$

因 $A^2=O$,故

$$\lambda^2X=\theta$$

又,$X\neq\theta$,所以

$$\lambda^2=0,\text{即 }\lambda=0$$

不妨设 α,β 中分量 $a_1\neq0,b_1\neq0$. 对齐次线性方程组 $(0E-A)X=0$ 的系数矩阵作行初等变换

$$0E-A=-A=\begin{pmatrix}-a_1b_1 & -a_1b_2 & \cdots & -a_1b_n\\ -a_2b_1 & -a_2b_2 & \cdots & -a_2b_n\\ \cdots & \cdots & \cdots & \cdots\\ -a_nb_1 & -a_nb_2 & \cdots & -a_nb_n\end{pmatrix}$$

$$\to\begin{pmatrix} b_1 & b_2 & \cdots & b_n \\ 0 & 0 & \cdots & 0 \\ \cdots & \cdots & \cdots & \cdots \\ 0 & 0 & \cdots & 0 \end{pmatrix}\to\begin{pmatrix} 1 & \frac{b_2}{b_1} & \cdots & \frac{b_n}{b_1} \\ 0 & 0 & \cdots & 0 \\ \cdots & \cdots & \cdots & \cdots \\ 0 & 0 & \cdots & 0 \end{pmatrix}$$

得方程组的基础解系为

$$X_1=\begin{pmatrix} -\frac{b_2}{b_1} \\ 1 \\ 0 \\ \vdots \\ 0 \end{pmatrix},X_2=\begin{pmatrix} -\frac{b_3}{b_1} \\ 0 \\ 1 \\ \vdots \\ 0 \end{pmatrix},\cdots,X_{n-1}=\begin{pmatrix} -\frac{b_n}{b_1} \\ 0 \\ 0 \\ \vdots \\ 1 \end{pmatrix}$$

于是 A 的对应于特征值 $\lambda=0$ 的全部特征向量为

$$k_1X_1+k_2X_2+\cdots+k_{n-1}X_{n-1},(k_1,k_2,\cdots,k_{n-1}\text{ 不全为零}).$$

§5.1.2 特征值与特征向量的性质

定理 5.1 n 阶矩阵 A 与它的转置矩阵 A^T 有相同的特征值.

证明 因 $|\lambda E-A|=|(\lambda E-A)^T|=|\lambda E-A^T|$,即 A 与 A^T 有相同的特征多项式,所以它们有相同的特征值.

【注】 虽然矩阵 A 与它的转置矩阵 A^T 有相同的特征值,但是 A ,A^T 的属于同一特征值的特征向量不一定相同.

定理 5.2 若 $\lambda_1,\lambda_2,\cdots,\lambda_m$ 是矩阵 A 的互异特征值,$X_1,X_2,\cdots,X_m$ 是 A 的分别属于 $\lambda_1,\lambda_2,\cdots,\lambda_m$ 的特征向量,则 $X_1,X_2,\cdots,X_m$ 线性无关.

证明 (对 m 使用数学归纳法)

当 $m=1$ 时,由于单个非零向量线性无关,所以结论成立.

假设结论对 $m-1$ 个互异特征值 $\lambda_1,\lambda_2,\cdots,\lambda_{m-1}$ 的情形成立,即它们所对应的特征向量 $X_1,X_2,\cdots,X_{m-1}$ 线性无关. 现证明 m 个互异特征值 $\lambda_1,\lambda_2,\cdots,\lambda_m$ 各自对应的特征向量 $X_1,X_2,\cdots,X_m$ 也线性无关.

设

$$k_1X_1+k_2X_2+\cdots+k_{m-1}X_{m-1}+k_mX_m=\theta \tag{5.7}$$

用 A 左乘(5.7) 式两端得

$$k_1AX_1+k_2AX_2+\cdots+k_{m-1}AX_{m-1}+k_mAX_m=\theta \tag{5.8}$$

因

$$AX_i = \lambda_i A_i \qquad (i = 1,2,\cdots,m)$$

故

$$k_1\lambda_1X_1 + k_2\lambda_2X_2 + \cdots + k_{m-1}\lambda_{m-1}X_{m-1} + k_m\lambda_mX_m = \theta \qquad (5.9)$$

用 λ_m 乘(5.7) 式两边得

$$k_1\lambda_mX_1 + k_2\lambda_mX_2 + \cdots + k_{m-1}\lambda_mX_{m-1} + k_m\lambda_mX_m = \theta \qquad (5.10)$$

(5.10) 式减去(5.9) 式得

$$k_1(\lambda_m - \lambda_1)X_1 + k_2(\lambda_m - \lambda_2)X_2 + \cdots + k_{m-1}(\lambda_m - \lambda_{m-1})X_{m-1} = \theta$$

由归纳法假设,$X_1,X_2,\cdots,X_{m-1}$ 线性无关,所以

$$k_i(\lambda_m - \lambda_i) = 0 \qquad (i = 1,2,\cdots,m-1)$$

又

$$\lambda_m - \lambda_i \neq 0$$

故只有

$$k_i = 0 \quad (i = 1,2,\cdots,m-1)$$

代入(5.7) 式得

$$k_mX_m = \theta$$

而

$$X_m \neq \theta$$

所以只有 $k_m = 0$,　故 $X_1,X_2,\cdots,X_m$ 线性无关.

定理 5.3　若 $\lambda_1,\lambda_2,\cdots,\lambda_m$ 是矩阵 A 的互异特征值,而 $X_{i1},X_{i2},\cdots,X_{ir_i}(i = 1,2,\cdots,m)$ 是 A 的属于特征值 λ_i 的线性无关特征向量,则向量组

$$X_{11},X_{12},\cdots X_{1r_1},X_{21},X_{22},\cdots,X_{2r_2},\cdots,X_{m1},X_{m2},\cdots,X_{mr_m}$$

线性无关.(证略)

根据定理5.3, 对于一个 n 阶矩阵 A,求它的属于每个特征值的线性无关特征向量,把它们合在一起仍然是线性无关的. 它们就是 A 的线性无关的特征向量.

在例1中,A 有3个线性无关的特征向量,例2中,A 有2个线性无关的特征向量.

A 的线性无关的特征向量的个数与 A 的特征值有什么样的关系呢? 对此,我们有如下定理.

定理 5.4　若 λ_0 是 n 阶矩阵 A 的 k 重特征值,则 A 的属于 λ_0 的线性无关特征向量最多有 k 个.(证略)

例如,例1中 A 的属于2重特征值 -1 的线性无关特征向量的个数刚好为2

个;而例2中A的属于2重特征值2的线性无关特征向量则只有1个;例3则表明每个单根对应的线性无关特征向量刚好是1个. 特别地,我们可以推出1重特征值的线性无关特征向量总是只有1个. 总之,三例中矩阵A的属于某个特征值的线性无关特征向量的个数都不超过该特征值的重数.

习题5.1

1. 设λ是n阶方阵A的一个特征值.

(1) 求kA的特征值(k为任意实数);

(2) 求A^m的特征值(m为正整数);

(3) 设$f(x)=a_m x^m + a_{m-1}x^{m-1} + \cdots + a_1 x + a_0$,求$f(A)$的特征值.

2. 若$A^2=A$,称A为幂等矩阵. 证明幂等矩阵的特征值为0或1.

3. 若正交矩阵有实特征值,证明其特征值为1或-1.

4. 求下列矩阵的特征值与特征向量.

(1) $\begin{pmatrix} 4 & 2 & 1 \\ -2 & 0 & -1 \\ 1 & 1 & 0 \end{pmatrix}$ (2) $\begin{pmatrix} 2 & -2 & 0 \\ -2 & 1 & -2 \\ 0 & -2 & 0 \end{pmatrix}$

(3) $\begin{pmatrix} -2 & 3 & -1 \\ -6 & 7 & -2 \\ -9 & 9 & -2 \end{pmatrix}$ (4) $\begin{pmatrix} a & 0 & 0 \\ 0 & a & 0 \\ 0 & 0 & a \end{pmatrix}$

(5) $\begin{pmatrix} a & 1 & 0 & \cdots & 0 & 0 \\ 0 & a & 1 & \cdots & 0 & 0 \\ \cdots & \cdots & \cdots & \cdots & \cdots & \cdots \\ 0 & 0 & 0 & \cdots & a & 1 \\ 0 & 0 & 0 & \cdots & 0 & a \end{pmatrix}$

5. 设 $A=\begin{pmatrix} 3 & 1 \\ 5 & -1 \end{pmatrix}$,求

(1) A的特征值与特征向量;

(2) $A^{50}\begin{pmatrix} 1 \\ -5 \end{pmatrix}$.

6. 证明一个矩阵A以零为其一个特征值的充要条件是A是一个奇异矩阵.

7. 设三阶方阵 A 的特征值为 $2,-1,0$. 求矩阵 $B=2A^3-5A^2+3E$ 的特征值与 $|B|$.

8. 设 X_1 与 X_2 分别是 A 对应于特征值 λ_1 与 λ_2 的特征向量,且 $\lambda_1\neq\lambda_2$. 证明 X_1+X_2 不可能是 A 的特征向量.

§5.2 相似矩阵与矩阵对角化

§5.2.1 相似矩阵及其性质

定义 5.4 设 A、B 为 n 阶矩阵,若存在非奇异矩阵 P,使得

$$B=P^{-1}AP$$

则称 A 与 B 相似. 记作 $A\backsim B$. P 称为相似变换矩阵.

矩阵的相似关系满足:

1° 反身性:$A\backsim A$.

这是因为 $A=E^{-1}AE$.

2° 对称性:若 $A\backsim B$,则 $B\backsim A$.

事实上,因为 $A\backsim B$,所以存在可逆矩阵 P,使得

$$B=P^{-1}AP$$

于是

$$A=PBP^{-1}=(P^{-1})^{-1}BP^{-1}$$

即

$$B\backsim A.$$

3° 传递性:若 $A\backsim B$,$B\backsim C$,则 $A\backsim C$.

事实上,因为 $A\backsim B$,$B\backsim C$,所以存在可逆矩阵 P_1,P_2,使得

$$B={P_1}^{-1}AP_1,C={P_2}^{-1}BP_2$$

所以

$$C={P_2}^{-1}BP_2={P_2}^{-1}{P_1}^{-1}AP_1P_2=(P_1P_2)^{-1}AP_1P_2$$

从而

$$A\backsim C.$$

相似矩阵还具有以下性质:

(1) 相似矩阵的行列式相等.

(2) 相似矩阵有相同的秩.((1)(2) 请读者自证)

(3) 相似矩阵或者都可逆或者都不可逆. 当它们可逆时,它们的逆矩阵也相似.

证明 设 $A \backsim B$,由性质(1) 有 $|A| = |B|$,所以 $|A|$ 与 $|B|$ 同时不为零或为零,因此 A 与 B 同时可逆或不可逆.

若 A 与 B 均可逆,因 $A \backsim B$,故存在可逆矩阵 P,使得

$$B = P^{-1}AP$$

则有

$$B^{-1} = P^{-1}A^{-1}(P^{-1})^{-1} = P^{-1}A^{-1}P$$

即

$$A^{-1} \backsim B^{-1}$$

(4) 相似矩阵的幂仍相似. 即若 $A \backsim B$,则 $A^k \backsim B^k$,(k 为任意非负整数).

证明 当 $k = 0$ 时,$A^0 = B^0 = E$,所以 $A^0 \backsim B^0$.

当 k 为正整数时,若 $B = P^{-1}AP$,则

$$\begin{aligned} B^k &= (P^{-1}AP)^k = (P^{-1}AP)(P^{-1}AP)\cdots(P^{-1}AP) \\ &= P^{-1}A(PP^{-1})A(PP^{-1})\cdots A(PP^{-1})AP = P^{-1}A^kP \end{aligned}$$

即

$$A^k \backsim B^k$$

(5) 相似矩阵有相同的特征值.

证明 设 $A \backsim B$.(只须证明 A、B 有相同的特征多项式).

$$\begin{aligned} |\lambda E - B| &= |\lambda E - P^{-1}AP| = |P^{-1}(\lambda E)P - P^{-1}AP| \\ &= |P^{-1}(\lambda E - A)P| = |P^{-1}|\cdot|\lambda E - A|\cdot|P| = |\lambda E - A|. \end{aligned}$$

【注】(1) 虽然相似矩阵有相同的特征值,但它们属于同一特征值的特征向量不一定相同(见复习题五第 5 题).

(2) 此命题的逆命题不成立,即特征值相同的矩阵未必相似.

§5.2.2 n 阶矩阵 A 与对角矩阵相似的条件

对 n 阶矩阵 A,任给一个 n 阶非奇异矩阵 P,则 $P^{-1}AP$ 就与 A 相似,所以与 A 相似的矩阵很多. 因为相似矩阵有很多共同性质,所以我们只要从与 A 相似的一类矩阵中找到一个特别简单的矩阵,通过对这个简单矩阵的研究就可知道 A 的不少性质. 我们知道对角矩阵是一种很简单的矩阵. 那么,什么样的 n 阶矩阵才能与对角矩阵相似呢? 下面给出 n 阶矩阵 A 与对角矩阵相似的条件.

定理 5.5 n 阶矩阵 A 与对角矩阵 Λ 相似的充分必要条件是 A 有 n 个线性无关的特征向量.

证明 必要性. 设 $A \backsim \Lambda = \mathrm{diag}(\lambda_1,\lambda_2,\cdots,\lambda_n)$,则存在非奇异矩阵

$$P = (X_1,X_2,\cdots,X_n)$$

(其中 $X_1,X_2,\cdots,X_n$ 为线性无关的非零列向量) 使得

$$P^{-1}AP = \mathrm{diag}(\lambda_1,\lambda_2,\cdots,\lambda_n)$$

用 P 左乘上式两端得

$$AP = P\mathrm{diag}(\lambda_1,\lambda_2,\cdots,\lambda_n)$$

即

$$A(X_1,X_2,\cdots,X_n) = (X_1,X_2,\cdots,X_n)\begin{pmatrix}\lambda_1 & & & \\ & \lambda_2 & & \\ & & \ddots & \\ & & & \lambda_n\end{pmatrix}$$

从而

$$(AX_1,AX_2,\cdots,AX_n) = (\lambda_1X_1,\lambda_2X_2\cdots,\lambda_nX_n)$$

于是有

$$AX_i = \lambda_iX_i(i = 1,2,\cdots,n)$$

所以 $X_1,X_2,\cdots,X_n$ 是 A 的分别对应于特征值 $\lambda_1,\lambda_2,\cdots,\lambda_n$ 的线性无关特征向量.

充分性. 设 $X_1,X_2,\cdots,X_n$ 是 A 的 n 个线性无关特征向量,X_i 对应的特征值为 $\lambda_i(i = 1,2,\cdots,n)$. 记 $P = (X_1,X_2,\cdots,X_n)$,则 P 为非奇异矩阵. 因 $AX_i = \lambda_iX_i(i = 1,2,\cdots,n)$,故

$$\begin{aligned} AP &= (AX_1,AX_2,\cdots,AX_n) = (\lambda_1X_1,\lambda_2X_2,\cdots,\lambda_nX_n) \\ &= (X_1,X_2,\cdots,X_n)\begin{pmatrix}\lambda_1 & & & \\ & \lambda_2 & & \\ & & \ddots & \\ & & & \lambda_n\end{pmatrix} \end{aligned}$$

即

$$AP = P\mathrm{diag}(\lambda_1,\lambda_2,\cdots,\lambda_n)$$

用 P^{-1} 左乘上式两端得

$$P^{-1}AP = \mathrm{diag}(\lambda_1,\lambda_2,\cdots,\lambda_n)$$

所以

$$A \backsim \Lambda = \mathrm{diag}(\lambda_1, \lambda_2, \cdots, \lambda_n)$$

如果A与对角阵相似,则称A可对角化。当n阶矩阵A有n个互异特征值时,由定理 5.2 可知,A必有n个线性无关的特征向量．于是可得定理 5.5 的如下推论.

推论　若n阶矩阵A有n个互异特征值,则A可对角化.

定理 5.5 的证明表明,当A与对角阵相似时,对角阵Λ的主对角元除排列次序外是唯一确定的,它们恰是A的全部特征值;使得$P^{-1}AP = \Lambda$的可逆矩阵P的n个列则是A的n个线性无关特征向量.

例如,§5.1 例 1 中的 3 阶矩阵A有 3 个线性无关的特征向量,故A相似于对角阵

$$\Lambda = \begin{pmatrix} 5 & & \\ & -1 & \\ & & -1 \end{pmatrix}, \quad 相似变换矩阵 P = \begin{pmatrix} 1 & -1 & -1 \\ 1 & 1 & 0 \\ 1 & 0 & 1 \end{pmatrix}$$

§5.1 例 2 中的 3 阶矩阵A只有 2 个线性无关的特征向量,故A不与任何对角阵相似.

【注】　定理 5.5 的证明过程还表明,与矩阵A相似的对角阵一般不唯一(对角阵Λ中主对角元的顺序可以变动),相应地,可逆矩阵P也不唯一.

结合定理 5.5 和定理 5.4 容易理解,n阶矩阵A是否与对角阵相似的关键在于A的k重特征值对应的线性无关特征向量是否恰有k个．对此我们有下面的定理.

定理 5.6　n阶矩阵A可对角化的充要条件是A的每个k重特征值λ恰好对应有k个线性无关的特征向量(即矩阵$\lambda E - A$的秩为$n-k$).

证明　必要性．因n阶矩阵A与对角阵相似,由定理 5.5 知,A恰有n个线性无关的特征向量,又因A的k重特征值对应有且仅有不超过k个的线性无关的特征向量,而复数域F上的n阶矩阵A的所有特征值的重数之和恰为n,所以A的k重特征值恰对应有k个线性无关的特征向量.

充分性．因n阶矩阵A的每个k重特征值恰对应有k个线性无关的特征向量,所以A的所有特征值对应的线性无关的特征向量合起来刚好有n个．由定理 5.5,A与对角阵相似.

例 1 设矩阵

$$A=\begin{pmatrix}4 & 6 & 0\\ -3 & -5 & 0\\ -3 & -6 & 1\end{pmatrix}$$

(1) 判断 A 是否与对角阵相似;若相似,求与 A 相似的对角矩阵 Λ 和相似变换矩阵 P;

(2) 求 A^{100}.

解 (1) 因为

$$|\lambda E-A|=(\lambda+2)(\lambda-1)^2,$$

所以 A 有特征值

$$\lambda_1=-2,\ \lambda_2=\lambda_3=1.$$

对 $\lambda_1=-2$,解方程组

$$(-2E-A)X=0$$

得基础解系

$$X_1=(-1,1,1)^T.$$

对 $\lambda_2=\lambda_3=1$,解方程组

$$(E-A)X=0$$

得基础解系

$$X_2=(-2,1,0)^T,X_3=(0,0,1)^T.$$

显然,A 有 3 个线性无关的特征向量,所以 A 与对角矩阵

$$\Lambda=\begin{pmatrix}-2 & & \\ & 1 & \\ & & 1\end{pmatrix}$$

相似.

以 X_1,X_2,X_3 作为列向量,得相似变换矩阵

$$P=\begin{pmatrix}-1 & -2 & 0\\ 1 & 1 & 0\\ 1 & 0 & 1\end{pmatrix}$$

有

$$P^{-1}AP=\begin{pmatrix}-2 & & \\ & 1 & \\ & & 1\end{pmatrix}$$

(2) 因 $A=P\Lambda P^{-1}$,故

$$A^2=P\begin{pmatrix}-2&&\\&1&\\&&1\end{pmatrix}P^{-1}P\begin{pmatrix}-2&&\\&1&\\&&1\end{pmatrix}P^{-1}=P\begin{pmatrix}-2&&\\&1&\\&&1\end{pmatrix}^2P^{-1}$$

类似可得

$$A^{100}=P\begin{pmatrix}-2&&\\&1&\\&&1\end{pmatrix}^{100}P^{-1}$$

又由

$$P^{-1}=\begin{pmatrix}1&2&0\\-1&-1&0\\-1&-2&1\end{pmatrix}$$

得

$$A^{100}=\begin{pmatrix}-1&-2&0\\1&1&0\\1&0&1\end{pmatrix}\begin{pmatrix}2^{100}&&\\&1&\\&&1\end{pmatrix}\begin{pmatrix}1&2&0\\-1&-1&0\\-1&-2&1\end{pmatrix}$$

$$=\begin{pmatrix}-2^{100}+2&-2^{101}+2&0\\2^{100}-1&2^{101}-1&0\\2^{100}-1&2^{101}-2&1\end{pmatrix}$$

例 2　已知矩阵

$$A=\begin{pmatrix}2&0&0\\0&0&1\\0&1&x\end{pmatrix},B=\begin{pmatrix}2&0&0\\0&y&0\\0&0&-1\end{pmatrix}$$

相似.

(1) 求 x 与 y;

(2) 求可逆矩阵 P 使得 $P^{-1}AP=B$.

解　(1) 因 A 与 B 相似,故 $|\lambda E-A|=|\lambda E-B|$,即

$$\begin{vmatrix}\lambda-2&0&0\\0&\lambda&-1\\0&-1&\lambda-x\end{vmatrix}=\begin{vmatrix}\lambda-2&0&0\\0&\lambda-y&0\\0&0&\lambda+1\end{vmatrix}$$

从而

$$(\lambda-2)(\lambda^2-x\lambda-1)=(\lambda-2)[\lambda^2+(1-y)\lambda-y]$$

比较等式两边 λ 的系数,得

$$x = 0,\ y = 1$$

此时

$$A = \begin{pmatrix} 2 & 0 & 0 \\ 0 & 0 & 1 \\ 0 & 1 & 0 \end{pmatrix},\quad B = \begin{pmatrix} 2 & 0 & 0 \\ 0 & 1 & 0 \\ 0 & 0 & -1 \end{pmatrix}$$

(2) 由 B 知 A 的特征值为 $2,1,-1$,且可求得 A 属于特征值 $2,1,-1$ 的线性无关特征向量分别为

$$X_1 = \begin{pmatrix} 1 \\ 0 \\ 0 \end{pmatrix}\quad X_2 = \begin{pmatrix} 0 \\ 1 \\ 1 \end{pmatrix}\quad X_3 = \begin{pmatrix} 0 \\ 1 \\ -1 \end{pmatrix}$$

以 X_1, X_2, X_3 为列向量得矩阵

$$P = (X_1, X_2, X_3)$$

则 P 可逆,且

$$P^{-1}AP = B$$

例 3　已知 $X = \begin{pmatrix} 0 \\ 1 \\ -1 \end{pmatrix}$ 是矩阵 $A = \begin{pmatrix} 2 & -1 & 2 \\ 5 & a & 3 \\ -1 & b & -2 \end{pmatrix}$ 的一个特征向量.

(1) 求 a,b 及 X 所对应的特征值;

(2) 问 A 能否相似于对角阵?

解　(1) 由 $AX = \lambda X$ 得

$$\begin{pmatrix} 2 & -1 & 2 \\ 5 & a & 3 \\ -1 & b & -2 \end{pmatrix}\begin{pmatrix} 1 \\ 1 \\ -1 \end{pmatrix} = \lambda \begin{pmatrix} 1 \\ 1 \\ -1 \end{pmatrix},\text{即}\quad \begin{cases} 2 - 1 - 2 = \lambda \\ 5 + a - 3 = \lambda \\ -1 + b + 2 = -\lambda \end{cases}$$

解得

$$\lambda = -1, a = -3, b = 0$$

(2) 由

$$|\lambda E - A| = \begin{vmatrix} \lambda - 2 & 1 & -2 \\ -5 & \lambda + 3 & -3 \\ 1 & 0 & \lambda + 2 \end{vmatrix} = (\lambda + 1)^3$$

知 $\lambda = -1$ 是 A 的三重特征值.

由于

$$R(-E-A)=R\begin{pmatrix}-3 & 1 & -2\\ -5 & 2 & -3\\ 1 & 0 & 1\end{pmatrix}=2$$

从而三重特征值 $\lambda=-1$ 对应的线性无关特征向量的个数为 $3-2=1$,故 A 不能对角化.

例 4 设矩阵

$$A=\begin{pmatrix}0 & 0 & 1\\ x & 1 & y\\ 1 & 0 & 0\end{pmatrix}$$

有 3 个线性无关的特征向量,求 x,y 满足的条件.

解 由

$$|\lambda E-A|=\begin{vmatrix}\lambda & 0 & -1\\ -x & \lambda-1 & -y\\ -1 & 0 & \lambda\end{vmatrix}=(\lambda-1)^2(\lambda+1)$$

得 A 的特征值

$$\lambda_1=\lambda_2=1,\ \lambda_3=-1$$

因为 A 有三个线性无关的特征向量,因此 2 重根 $\lambda_1=1$ 对应有两个线性无关的特征向量. 即齐次方程组 $(E-A)X=0$ 的基础解系中所含解向量的个数为 2,于是 $R(E-A)=1$.

又因

$$E-A=\begin{pmatrix}1 & 0 & -1\\ -x & 0 & -y\\ -1 & 0 & 1\end{pmatrix}\rightarrow\begin{pmatrix}1 & 0 & -1\\ 0 & 0 & -(x+y)\\ 0 & 0 & 0\end{pmatrix}$$

故得 $-(x+y)=0$,即 x,y 应满足的条件为 $x+y=0$.

习题 5.2

1. 利用习题 5.1 第 4 题中的计算结果判断各矩阵是否与对角矩阵相似. 如果相似,求出相似变换矩阵与对角矩阵.

2. 已知

$$A=\begin{pmatrix}1 & -1 & 1\\ 2 & 4 & -2\\ -3 & -3 & 5\end{pmatrix}$$

求 A^k(k 为正整数).

3. 设三阶矩阵 A 的特征值为 $\lambda_1=-1,\lambda_2=1,\lambda_3=3$,对应的特征向量依次为

$$X_1=(1,-1,0)^T,X_2=(1,-1,1)^T,X_3=(0,1,-1)^T$$

求矩阵 A.

4. 设矩阵 A 与 B 相似,其中

$$A=\begin{pmatrix}-2 & 0 & 0\\ 2 & x & 2\\ 3 & 1 & 1\end{pmatrix},\quad B=\begin{pmatrix}-1 & 0 & 0\\ 0 & 2 & 0\\ 0 & 0 & y\end{pmatrix}$$

(1) 求 x 和 y;

(2) 求可逆矩阵 P,使得 $P^{-1}AP=B$.

§5.3 实对称矩阵的对角化

虽然并不是所有的 n 阶矩阵都相似于对角阵,但本节将要得出的结论是:实对称矩阵必相似于对角阵,不仅如此,相似变换矩阵还可以是一个正交阵.

§5.3.1 实对称矩阵的特征值与特征向量的性质

下面的定理描述了实对称矩阵的重要性质.

定理 5.7 实对称矩阵的特征值都是实数.

* **证明** 设 A 为实对称矩阵,λ 是它的特征值,

$$X=\begin{pmatrix}x_1\\ x_2\\ \vdots\\ x_n\end{pmatrix}$$

是 A 的对应于 λ 的特征向量.

由 $AX=\lambda X$,两边取共轭得

$$\overline{AX} = \overline{\lambda X}$$

由共轭复数的运算性质知

$$\bar{A}\bar{X}① = \bar{\lambda}\bar{X} \text{ 即 } A\bar{X} = \bar{\lambda}\bar{X}$$

两边取转置,于是

$$\bar{X}^T A = \bar{\lambda}\bar{X}^T$$

用 X 右乘上式两端得

$$\bar{X}^T AX = \bar{\lambda}\bar{X}^T X \text{ 即 } \lambda\bar{X}^T X = \bar{\lambda}\bar{X}^T X$$

于是

$$(\lambda - \bar{\lambda})\bar{X}^T X = 0$$

又因 $X \neq \theta$,故

$$\bar{X}^T X = (\bar{x}_1, \bar{x}_2, \cdots, \bar{x}_n)\begin{pmatrix} x_1 \\ x_2 \\ \vdots \\ x_n \end{pmatrix} = \bar{x}_1 x_1 + \bar{x}_2 x_2 + \cdots + \bar{x}_n x_n \neq 0$$

从而 $\lambda = \bar{\lambda}$,即 λ 是实数.

【注】 任意实 n 阶矩阵的特征值不一定是实数.

定理 5.8 实对称矩阵的不同特征值对应的特征向量是正交的.

证明 设 λ_1, λ_2 是实对称矩阵 A 的两个不同特征值,X_1, X_2 分别是 A 对应于 λ_1, λ_2 的特征向量. 即

$$\lambda_1 X_1 = AX_1, \quad \lambda_2 X_2 = AX_2$$

因

$$(\lambda_1 X_1)^T = (AX_1)^T$$

故

$$\lambda_1 X_1{}^T = X_1{}^T A$$

用 X_2 右乘上式两端得

$$\lambda_1 X_1{}^T X_2 = X_1{}^T AX_2 = X_1{}^T \lambda_2 X_2 = \lambda_2 X_1{}^T X_2$$

即

$$(\lambda_1 - \lambda_2) X_1{}^T X_2 = 0$$

由于 $\lambda_1 \neq \lambda_2$,所以

$$X_1{}^T X_2 = 0$$

① 若 $A_{m\times n} = (a_{ij})_{m\times n}$,定义其共轭矩阵 $\bar{A}_{m\times n} = (\bar{a}_{ij})_{m\times n}$ 其中 $\bar{a}_{ij}$ 是 a_{ij} 的共轭复数.

即 X_1 与 X_2 正交.

定理 5.9 实对称矩阵 A 的属于 k 重特征值 λ_0 的线性无关的特征向量恰有 k 个.(证略)

§5.3.2 n 阶实对称矩阵的对角化

由定理 5.9 我们得出:任意实对称矩阵必与对角阵相似.

将 n 阶实对称阵 A 的每个 k 重特征值 λ 对应的 k 个线性无关的特征向量用施密特方法正交化后,它们仍是 A 的属于特征值 λ 的特征向量,由此可知 n 阶实对称矩阵 A 一定有 n 个正交的特征向量,再将这 n 个正交向量单位化,得到一组标准正交基,用其构成正交矩阵 Q,有

$$Q^{-1}AQ = \Lambda$$

其中 $\Lambda = \operatorname{diag}(\lambda_1,\lambda_2,\cdots,\lambda_n)$, $\lambda_i(i = 1,2,\cdots,n)$ 为 A 的 n 个特征值.

于是我们有:

定理 5.10 对于任意一个 n 阶实对称矩阵 A,都存在一个 n 阶正交矩阵 Q,使 $Q^{-1}AQ$ 为对角阵.

定义 5.5 设 A,B 是两个 n 阶矩阵,若存在正交矩阵 Q,使得

$$Q^{-1}AQ = B$$

则称 A 与 B 正交相似.

于是,定理 5.10 又可叙述为:n 阶实对称矩阵必正交相似于对角阵.

求正交矩阵 Q 的步骤为:

(1) 求出实对称矩阵 A 的特征方程 $|\lambda E - A| = 0$ 的全部特征值,设 $\lambda_1,\lambda_2,\cdots,\lambda_r$ 是 A 的全部互异特征值;

(2) 对每个 λ_i(相同的值只需计算一次),求出齐次线性方程组 $(\lambda_i E - A)X = 0$ 的基础解系,它们就是 A 的属于 λ_i 的线性无关特征向量;

(3) 将每个重特征值 λ_i 对应的线性无关的特征向量用施密特方法正交化,再单位化使之成为一组标准正交向量组(它们仍然是 A 的属于 λ_i 的特征向量),对于单根 λ_i,则只须将其所对应的线性无关特征向量单位化即可;

(4) 用 A 的所有属于不同特征值的已标准正交化的特征向量作为矩阵的列向量构成正交矩阵 Q.

例1 设

$$A=\begin{pmatrix}\frac{3}{2} & -\frac{1}{2} & 0\\ -\frac{1}{2} & \frac{3}{2} & 0\\ 0 & 0 & 3\end{pmatrix}$$

求变换矩阵 Q 使 A 正交相似于对角阵.

解

$$|\lambda E-A|=\begin{vmatrix}\lambda-\frac{3}{2} & \frac{1}{2} & 0\\ \frac{1}{2} & \lambda-\frac{3}{2} & 0\\ 0 & 0 & \lambda-3\end{vmatrix}=(\lambda-1)(\lambda-2)(\lambda-3)=0$$

因此A的特征值为1,2,3. 由于这是三个不同的特征值,A肯定有三个两两正交的特征向量. 故只需求出这三个特征向量并把它们标准化即可.

对 $\lambda=1,2,3$,分别求解对应的齐次线性方程组可得相应的线性无关特征向量为

$$X_1=\begin{pmatrix}1\\1\\0\end{pmatrix},\ X_2=\begin{pmatrix}-1\\1\\0\end{pmatrix},\ X_3=\begin{pmatrix}0\\0\\1\end{pmatrix}$$

将它们单位化,得

$$X_1^*=\begin{pmatrix}\frac{1}{\sqrt{2}}\\ \frac{1}{\sqrt{2}}\\ 0\end{pmatrix},\ X_2^*=\begin{pmatrix}-\frac{1}{\sqrt{2}}\\ \frac{1}{\sqrt{2}}\\ 0\end{pmatrix},\ X_3^*=\begin{pmatrix}0\\0\\1\end{pmatrix}$$

因此变换阵 Q 为

$$Q=(X_1^*,X_2^*,X_3^*)=\begin{pmatrix}\frac{1}{\sqrt{2}} & -\frac{1}{\sqrt{2}} & 0\\ \frac{1}{\sqrt{2}} & \frac{1}{\sqrt{2}} & 0\\ 0 & 0 & 1\end{pmatrix}$$

有

$$Q^{-1}AQ = Q^TAQ$$

$$= \begin{pmatrix} \frac{1}{\sqrt{2}} & \frac{1}{\sqrt{2}} & 0 \\ -\frac{1}{\sqrt{2}} & \frac{1}{\sqrt{2}} & 0 \\ 0 & 0 & 1 \end{pmatrix} \begin{pmatrix} \frac{3}{2} & -\frac{1}{2} & 0 \\ -\frac{1}{2} & \frac{3}{2} & 0 \\ 0 & 0 & 3 \end{pmatrix} \begin{pmatrix} \frac{1}{\sqrt{2}} & -\frac{1}{\sqrt{2}} & 0 \\ \frac{1}{\sqrt{2}} & \frac{1}{\sqrt{2}} & 0 \\ 0 & 0 & 1 \end{pmatrix}$$

$$= \begin{pmatrix} 1 & 0 & 0 \\ 0 & 2 & 0 \\ 0 & 0 & 3 \end{pmatrix}$$

例 2　设

$$A = \begin{pmatrix} 4 & 2 & 2 \\ 2 & 4 & 2 \\ 2 & 2 & 4 \end{pmatrix}$$

求变换矩阵 Q 使 A 正交相似于对角阵.

解

$$|\lambda E - A| = \begin{vmatrix} \lambda - 4 & -2 & -2 \\ -2 & \lambda - 4 & -2 \\ -2 & -2 & \lambda - 4 \end{vmatrix} = (\lambda - 2)^2(\lambda - 8) = 0$$

得 A 的特征值为 2,2,8.

对 $\lambda = 8$,解齐次线性方程组 $(8E - A)X = 0$,得 A 的属于特征值 8 的线性无关特征向量为

$$X_1 = \begin{pmatrix} 1 \\ 1 \\ 1 \end{pmatrix}$$

将 X_1 单位化得

$$X_1^* = \begin{pmatrix} \frac{1}{\sqrt{3}} \\ \frac{1}{\sqrt{3}} \\ \frac{1}{\sqrt{3}} \end{pmatrix}$$

对 $\lambda = 2$,解齐次线性方程组 $(2E - A)X = 0$,得 A 的属于特征值 2 的线性无关

特征向量

$$X_2=\begin{pmatrix}-1\\1\\0\end{pmatrix},\quad X_3=\begin{pmatrix}-1\\0\\1\end{pmatrix}$$

用施密特方法正交化并单位化得两个长度为 1 且相互正交的向量

$$X_2^*=\begin{pmatrix}-\frac{1}{\sqrt{2}}\\\frac{1}{\sqrt{2}}\\0\end{pmatrix},\quad X_3^*=\begin{pmatrix}-\frac{1}{\sqrt{6}}\\-\frac{1}{\sqrt{6}}\\\frac{2}{\sqrt{6}}\end{pmatrix}$$

于是得正交矩阵

$$Q=(X_1^*,X_2^*,X_3^*)=\begin{pmatrix}\frac{1}{\sqrt{3}}&-\frac{1}{\sqrt{2}}&-\frac{1}{\sqrt{6}}\\\frac{1}{\sqrt{3}}&\frac{1}{\sqrt{2}}&-\frac{1}{\sqrt{6}}\\\frac{1}{\sqrt{3}}&0&\frac{2}{\sqrt{6}}\end{pmatrix}$$

有

$$Q^{-1}AQ=Q^TAQ=\begin{pmatrix}8&0&0\\0&2&0\\0&0&2\end{pmatrix}$$

例 3　设 3 阶实对称方阵 A 的特征值为 1,2,3,$X_1=(-1,-1,1)^T$,$X_2=(1,2,-1)^T$ 分别为 A 的属于特征值 1,2 的特征向量．求:(1) A 的属于特征值 3 的特征向量;(2) 方阵 A.

解　(1) 设 A 的属于特征值 3 的特征向量为 $X_3=(x_1,x_2,x_3)^T$,因实对称阵的属于不同特征值的特征向量相互正交,即 ${X_1}^TX_3=0$,${X_2}^TX_3=0$,故有

$$X_1^TX_3=(-1,-1,1)\begin{pmatrix}x_1\\x_2\\x_3\end{pmatrix}=-x_1-x_2+x_3=0$$

$$X_2^T X_3 = (1, -2, -1)\begin{pmatrix} x_1 \\ x_2 \\ x_3 \end{pmatrix} = x_1 - 2x_2 - x_3 = 0$$

即

$$\begin{cases} -x_1 - x_2 + x_3 = 0 \\ x_1 - 2x_2 - x_3 = 0 \end{cases}$$

解之得

$$\begin{cases} x_1 = x_3 \\ x_2 = 0 \end{cases}$$

取 $x_3 = 1$,得 $X_3 = (1,0,1)^T$.

(2) 令

$$P = (X_1, X_2, X_3) = \begin{pmatrix} -1 & 1 & 1 \\ -1 & -2 & 0 \\ 1 & -1 & 1 \end{pmatrix}$$

计算得

$$P^{-1} = \frac{1}{6}\begin{pmatrix} -2 & -2 & 2 \\ 1 & -2 & -1 \\ 3 & 0 & 3 \end{pmatrix}$$

由

$$P^{-1}AP = \Lambda = \begin{pmatrix} 1 & 0 & 0 \\ 0 & 2 & 0 \\ 0 & 0 & 3 \end{pmatrix}$$

得

$$A = P\Lambda P^{-1} = \begin{pmatrix} -1 & 1 & 1 \\ -1 & -2 & 0 \\ 1 & -1 & 1 \end{pmatrix}\begin{pmatrix} 1 & 0 & 0 \\ 0 & 2 & 0 \\ 0 & 0 & 3 \end{pmatrix} \cdot \frac{1}{6}\begin{pmatrix} -2 & -2 & 2 \\ 1 & -2 & -1 \\ 3 & 0 & 3 \end{pmatrix}$$

$$= \frac{1}{6}\begin{pmatrix} 13 & -2 & 5 \\ -2 & 10 & 2 \\ 5 & 2 & 13 \end{pmatrix}$$

于是,A 的属于 3 的全部特征向量为

$$X_3 = k\begin{pmatrix}1\\0\\1\end{pmatrix},(k \neq 0)$$

例 4 判断 n 阶矩阵 A、B 是否相似,其中

$$A = \begin{pmatrix}1 & 1 & \cdots & 1\\1 & 1 & \cdots & 1\\\cdots & \cdots & \cdots & \cdots\\1 & 1 & \cdots & 1\end{pmatrix},B = \begin{pmatrix}n & 0 & \cdots & 0\\1 & 0 & \cdots & 0\\\cdots & \cdots & \cdots & \cdots\\1 & 0 & \cdots & 0\end{pmatrix}$$

解 由

$$|\lambda E - A| = \begin{vmatrix}\lambda - 1 & -1 & \cdots & -1\\-1 & \lambda - 1 & \cdots & -1\\\cdots & \cdots & \cdots & \cdots\\-1 & -1 & \cdots & \lambda - 1\end{vmatrix} = 0$$

即

$$(\lambda - n)\lambda^{n-1} = 0$$

得 A 的特征值为

$$\lambda_1 = n,\lambda_2 = \lambda_3 = \cdots = \lambda_n = 0$$

因 A 是实对称矩阵,故存在可逆矩阵 P_1,使得

$$P_1^{-1}AP_1 = \Lambda = \begin{pmatrix}n & 0 & \cdots & 0\\0 & 0 & \cdots & 0\\\cdots & \cdots & \cdots & \cdots\\0 & 0 & \cdots & 0\end{pmatrix}$$

又

$$|\lambda E - B| = (\lambda - n)\lambda^{n-1}$$

可见 B 与 A 有相同的特征值.

对于 B 的 $n-1$ 重特征根 $\lambda = 0$,因为 $R(0E - B) = R(-B) = 1$ 所以对应有 $n-1$ 个线性无关的特征向量,因而存在可逆矩阵 P_2,使得

$$P_2^{-1}BP_2 = \Lambda$$

从而

$$P_1^{-1}AP_1 = P_2^{-1}BP_2$$

即

$$B = (P_1 P_2^{-1})^{-1} A (P_1 P_2^{-1})$$

故 A 与 B 相似.

习题 5.3

1. 求变换矩阵 Q,使 A 正交相似于对角阵.

(1) $A = \begin{pmatrix} 1 & 2 & 3 \\ 2 & 1 & 3 \\ 3 & 3 & 6 \end{pmatrix}$ (2) $A = \begin{pmatrix} 1 & 1 & 1 \\ 1 & 1 & 1 \\ 1 & 1 & 1 \end{pmatrix}$

(3) $A = \begin{pmatrix} 0 & 1 & 1 & -1 \\ 1 & 0 & -1 & 1 \\ 1 & -1 & 0 & 1 \\ -1 & 1 & 1 & 0 \end{pmatrix}$

2. 设三阶实对称矩阵 A 的特征值为 $\lambda_1 = -1, \lambda_2 = \lambda_3 = 1$,其属于 λ_1 的特征向量为 $X_1 = (0,1,1)^T$,求 A 的属于特征值 $\lambda_2 = \lambda_3 = 1$ 的特征向量及矩阵 A.

3. 已知 $\lambda_1 = 6, \lambda_2 = \lambda_3 = 3$ 是实对称矩阵 A 的三个特征值,A 的属于 $\lambda_2 = \lambda_3 = 3$ 的线性无关特征向量为 $X_2 = (-1,0,1)^T, X_3 = (1,-2,1)^T$,求 A 的属于 $\lambda_1 = 6$ 的特征向量及矩阵 A.

复习题五

(一) 填空

1. 已知 12 是矩阵

$$A = \begin{pmatrix} 7 & 4 & -1 \\ 4 & 7 & -1 \\ -4 & a & 4 \end{pmatrix}$$

的一个特征值,则 $a =$ ________.

2. 设 A 为 3 阶方阵,其特征值为 3、-1、2,则 $|A| =$ ________;A^{-1} 的特征值为________;$2A^2 - 3A + E$ 的特征值为________.

3. 设 3 阶方阵 A 的特征值为 1、-1、2,$B = A^3 - 5A^2$,则 $|B^*| =$ ________.

4. 若 3 阶方阵 A 与 B 相似，A 的特征值为 $\frac{1}{2}$、$\frac{1}{3}$、$\frac{1}{4}$，则行列式 $\left|\begin{pmatrix} B^{-1}-E & E \\ O & A^{-1} \end{pmatrix}\right| =$ ________.

5. A、B 均为 3 阶方阵，A 的特征值为 1、2、3，$|B| = -1$，则 $|A^*B + B| =$ ________.

6. 设 A 为 3 阶方阵，且 $|A + 2E| = |A + E| = |A - 3E| = 0$，则 $|A^* + 5E| =$ ________.

7. 设 A 为 n 阶方阵，其秩满足 $R(E + A) + R(A - E) = n$，且 $A \neq E$，则 A 必有特征值________.

8. 设

$$A = \begin{pmatrix} 1 & b & 1 \\ b & a & 1 \\ 1 & 1 & 1 \end{pmatrix}, B = \begin{pmatrix} 0 & 0 & 0 \\ 0 & 1 & 0 \\ 0 & 0 & 4 \end{pmatrix}$$

有相同的特征值，则 $a =$ ________，$b =$ ________.

9. 已知矩阵

$$A = \begin{pmatrix} 3 & 2 & -1 \\ t & -2 & 2 \\ 3 & s & -1 \end{pmatrix}$$

的一个特征向量为 $X = (1, -2, 3)^T$，则 $s =$ ________，$t =$ ________.

10. 设

$$A = \begin{pmatrix} 0 & -1 & 0 \\ 1 & 0 & 0 \\ 0 & 0 & -1 \end{pmatrix}$$

B 与 A 相似，则 $B^{2004} - 2A^2 =$ ________.

（二）选择

1. 设非奇异矩阵 A 的一个特征值 $\lambda = 2$，则矩阵 $\left(\frac{1}{3}A^2\right)^{-1}$ 的一个特征值为________.

（A）$\frac{4}{3}$；　（B）$\frac{3}{4}$；　（C）$\frac{1}{2}$；　（D）$\frac{1}{4}$.

2. 设 λ_1、λ_2 是矩阵 A 的两个不相同的特征值，ξ、η 是 A 的分别属于 λ_1、λ_2 的

特征向量,则________.

(A) 对任意 $k_1 \neq 0$、$k_2 \neq 0$,$k_1\xi + k_2\eta$ 都是 A 的特征向量;

(B) 存在常数 $k_1 \neq 0$、$k_2 \neq 0$,使 $k_1\xi + k_2\eta$ 都是 A 的特征向量;

(C) 当 $k_1 \neq 0$、$k_2 \neq 0$ 时,$k_1\xi + k_2\eta$ 不可能是 A 的特征向量;

(D) 存在唯一的一组常数 $k_1 \neq 0$、$k_2 \neq 0$,使 $k_1\xi + k_2\eta$ 是 A 的特征向量.

3. 设 A 为 n 阶方阵,则下列结论不成立的是________.

(A) 若 A 可逆,则矩阵 A 的属于特征值 λ 的特征向量也是矩阵 A^{-1} 的属于特征值 $\frac{1}{\lambda}$ 的特征向量;

(B) 若矩阵 A 存在属于特征值 λ 的 n 个线性无关的特征向量,则 $A = \lambda E$;

(C) 矩阵 A 的属于特征值 λ 的全部特征向量为齐次线性方程组 $(\lambda E - A)X = 0$ 的全部解向量;

(D) A 与 A^T 有相同的特征值.

4. 若可逆矩阵 A 的特征值为 λ,A 的属于特征值 λ 的特征向量为 X,则下列结论错误的是________.

(A) X 也是方阵 A^T 的属于特征值 λ 的特征向量

(B) X 也是方阵 $3A$ 的属于特征值 3λ 的特征向量

(C) X 也是方阵 A^2 的属于特征值 λ^2 的特征向量

(D) X 也是方阵 A^* 的属于特征值 $\frac{|A|}{\lambda}$ 的特征向量

5. 下列结论中正确的是________.

(A) 若 X_1, X_2 是方程组 $(\lambda E - A)X = 0$ 的一个基础解系,则 $k_1X_1 + k_2X_2$ 是 A 的属于 λ 的全部特征向量,其中 k_1、k_2 是全不为零的常数;

(B) 若 A、B 有相同的特征值,则 A 与 B 相似;

(C) 若 $|A| = 0$,则 A 至少有一个特征值为零;

(D) 若 λ 同是方阵 A 与 B 的特征值,则 λ 也是 $A + B$ 的特征值.

6. 若 A 与 B 相似,则________.

(A) $\lambda E - A = \lambda E - B$; (B) $|\lambda E - A| = |\lambda E - B|$;

(C) $A = B$; (D) $A^* = B^*$.

7. 设 A 与 B 相似,则________.

(A) A 与 B 有相同的逆矩阵;

(B) A 与 B 有相同的特征值和特征向量;

(C) A 与 B 都相似于同一个对角阵；

(D) 对任意常数 t，$tE-A$ 与 $tE-B$ 相似．

8. 设 A 为 3 阶方阵，A 的 3 个特征值分别为 1、-1、2，对应的特征向量分别为 α_1、α_2、α_3，令 $P=(\alpha_1\quad\alpha_2\quad\alpha_3)$，则 $P^{-1}A^*P=$ ________．

(A) $\begin{pmatrix}1&&\\&-1&\\&&2\end{pmatrix}$；　(B) $\begin{pmatrix}-2&&\\&2&\\&&-1\end{pmatrix}$；

(C) $\begin{pmatrix}2&&\\&-2&\\&&1\end{pmatrix}$；　(D) $\begin{pmatrix}2&&\\&-1&\\&&1\end{pmatrix}$．

9. 下列矩阵相似于对角阵的是________．

(A) $\begin{pmatrix}1&1\\0&1\end{pmatrix}$；　(B) $\begin{pmatrix}3&1\\-1&1\end{pmatrix}$；

(C) $\begin{pmatrix}1&-2\\-2&0\end{pmatrix}$；　(D) $\begin{pmatrix}2&-1&2\\5&-3&3\\-1&0&-2\end{pmatrix}$．

10. 与矩阵 $\begin{pmatrix}1&0\\0&-1\end{pmatrix}$ 正交相似的矩阵是________．

(A) $\begin{pmatrix}0&1\\1&0\end{pmatrix}$；　(B) $\begin{pmatrix}1&-1\\0&0\end{pmatrix}$；

(C) $\begin{pmatrix}1&1\\1&-1\end{pmatrix}$；　(D) $\begin{pmatrix}0&1\\-1&0\end{pmatrix}$．

(三) 计算与证明

1. 设矩阵

$$A=\begin{pmatrix}3&2&-2\\-k&-1&k\\4&2&-3\end{pmatrix}$$

问当 k 为何值时，存在可逆矩阵 P，使得 $P^{-1}AP$ 为对角阵？求出 P 和相应的对角阵.

2. 设三阶矩阵 A 满足 $AX_i=iX_i(i=1,2,3)$，其中列向量

$$X_1=(1,2,2)^T,X_2=(2,-2,1)^T,X_3=(-2,-1,2)^T$$

求矩阵 A.

3. 已知向量 $X=(1,k,1)^T$ 是矩阵

$$A=\begin{pmatrix}2&1&1\\1&2&1\\1&1&2\end{pmatrix}$$

的逆矩阵 A^{-1} 的特征向量,求 k 的值.

4. 已知 n 阶可逆方阵 A 的每行元素之和为常数 a. 证明:$a\neq 0$ 且 a^{-1} 是 A^{-1} 的一个特征值,$e=(1,1,\cdots,1)^T$ 是 A^{-1} 的属于 a^{-1} 的特征向量.

5. 设 $B=P^{-1}AP$,X 是矩阵 A 对应于特征值 λ 的特征向量,证明:$P^{-1}X$ 是 B 的对应于特征值 λ 的特征向量.

6. 设

$$A=\begin{pmatrix}2&0&0\\0&0&1\\0&1&0\end{pmatrix},B=\begin{pmatrix}1&0&0\\0&-1&0\\0&-6&2\end{pmatrix}$$

试判断 A、B 是否相似,若相似,求出可逆矩阵 P,使得 $B=P^{-1}AP$.

7. 已知三阶矩阵 A 的特征值为 1、-1,2,矩阵 $B=A^3-5A^2$.

(1) 求 B 的特征值并判断 B 是否与对角阵相似,若相似,求出此对角阵;

(2) 计算行列式 $|B|$ 与 $|A-5E|$.

8. 设 A 为 n 阶方阵,其 n 个特征值为 $2,4,\cdots,2n$,求 $|A-3E|$.

9. 设三阶矩阵 A 的特征值分别为 $\lambda_1=1,\lambda_2=2,\lambda_3=3$,对应的特征向量依次为

$$X_1=(1,1,1)^T,X_2=(1,2,4)^T,X_3=(1,3,9)^T$$

又向量 $\beta=(1,1,3)^T$.

(1) 将 β 用 X_1,X_2,X_3 线性表示;

(2) 求 $A^n\beta$(n 为自然数).

10. 若矩阵 A 与 B 相似,证明

(1) A^T 与 B^T 相似;

(2) kA 与 kB 相似(k 为任意实数);

(3) $A-2E$ 与 $B-2E$ 相似;

(4) 当 A 与 B 均可逆时,A^{-1} 与 B^{-1} 相似.

11. 设 A 与 B 相似,$f(x)=a_0x^n+a_1x^{n-1}+\cdots+a_{n-1}x+a_n(a_0\neq 0)$,证明 $f(A)$ 与 $f(B)$ 相似.

12. 若矩阵 A 可逆,证明 AB 与 BA 相似.

13. 若 A 与 B 相似,C 与 D 相似,证明$\begin{pmatrix} A & 0 \\ 0 & C \end{pmatrix}$与$\begin{pmatrix} B & 0 \\ 0 & D \end{pmatrix}$相似.

14. 设 A、B 都是实对称矩阵,试证:存在正交矩阵 Q,使$Q^{-1}AQ = B$ 的充要条件是 A 与 B 的特征多项式相等.

15*. 设 A、B 均为 n 阶方阵,A 有 n 个互异的特征值且 $AB = BA$,证明 B 相似于对角矩阵.

16*. 设 A 是 3 阶方阵,A 有 3 个不同的特征值 λ_1、λ_2、λ_3,对应的特征向量依次为 α_1、α_2、α_3,令 $\beta = \alpha_1 + \alpha_2 + \alpha_3$,证明:$\beta, A\beta, A^2\beta$ 线性无关.

17*. 若 A 与 B 相似且 A 可逆,证明:A^* 与 B^* 相似.

18*. 某实验性生产线每年一月份进行熟练工与非熟练工的人数统计,然后将$\dfrac{1}{6}$熟练工支援其他生产部门,其缺额由招收新的非熟练工补齐. 新、老非熟练工经过培训及实践至年终考核有$\dfrac{2}{5}$成为熟练工. 设第 n 年一月份统计的熟练工和非熟练工所占百分比分别为 x_n 和 y_n,记成向量$\begin{pmatrix} x_n \\ y_n \end{pmatrix}$.

(1) 求$\begin{pmatrix} x_{n+1} \\ y_{n+1} \end{pmatrix}$与$\begin{pmatrix} x_n \\ y_n \end{pmatrix}$的关系式并写成矩阵形式:$\begin{pmatrix} x_{n+1} \\ y_{n+1} \end{pmatrix} = A\begin{pmatrix} x_n \\ y_n \end{pmatrix}$;

(2) 验证 $\eta_1 = \begin{pmatrix} 4 \\ 1 \end{pmatrix}$、$\eta_2 = \begin{pmatrix} -1 \\ 1 \end{pmatrix}$ 是 A 的两个线性无关特征向量,并求出相应的特征值;

(3) 当$\begin{pmatrix} x_1 \\ y_1 \end{pmatrix} = \begin{pmatrix} \dfrac{1}{2} \\ \dfrac{1}{2} \end{pmatrix}$时,求$\begin{pmatrix} x_{n+1} \\ y_{n+1} \end{pmatrix}$.

6 二次型

本章讨论在数学、物理、工程技术及经济管理中都有重要应用的二次型的初步理论.

§6.1 二次型

§6.1.1 二次型的基本概念

定义 6.1 系数在数域 F 中的含有 n 个变量 $x_1,x_2,\cdots,x_n$ 的二次齐次多项式

$$\begin{aligned}f(x_1,x_2,\cdots,x_n) = a_{11}x_1^2 + 2a_{12}x_1x_2 + \cdots + 2a_{1n}x_1x_n \\ + a_{22}x_2^2 + \cdots + 2a_{2n}x_2x_n \\ + \cdots\cdots\cdots\cdots\cdots \\ + a_{nn}x_n^2\end{aligned} \tag{6.1}$$

称为数域 F 上的二次型,简称二次型.实数域上的二次型简称实二次型,复数域上的二次型简称复二次型.

若令 $a_{ij} = a_{ji}$,由于

$$x_ix_j = x_jx_i,\ 2a_{ij}x_ix_j = a_{ij}x_ix_j + a_{ji}x_jx_i,$$

所以(6.1) 式可写成

$$\begin{aligned}f(x_1,x_2,\cdots,x_n) &= a_{11}x_1^2 + a_{12}x_1x_2 + \cdots + a_{1n}x_1x_n \\ &+ a_{21}x_2x_1 + a_{22}x_2^2 + \cdots + a_{2n}x_2x_n \\ &+ \cdots\cdots\cdots\cdots\cdots\cdots\cdots\cdots\cdots\cdots\cdots \\ &+ a_{n1}x_nx_1 + a_{n2}x_nx_2 + \cdots a_{nn}x_n^2 \\ &= \sum_{i=1}^{n}\sum_{j=1}^{n} a_{ij}x_ix_j\end{aligned} \tag{6.2}$$

将(6.2) 式的系数排成的 $n \times n$ 矩阵

$$A=\begin{pmatrix} a_{11} & a_{12} & \cdots & a_{1n} \\ a_{21} & a_{22} & \cdots & a_{2n} \\ \cdots & \cdots & \cdots & \cdots \\ a_{n1} & a_{n2} & \cdots & a_{nn} \end{pmatrix}$$

称为二次型(6.1) 的矩阵.

由于 $a_{ij}=a_{ji},(i,j=1,2,\cdots,n)$,所以二次型的矩阵都是对称矩阵. 再令

$$X=\begin{pmatrix} x_1 \\ x_2 \\ \vdots \\ x_n \end{pmatrix}$$

则二次型(6.1) 又可以表示为矩阵乘积的形式

$$f(x_1,x_2,\cdots,x_n)=X^TAX \tag{6.3}$$

显然,二次型和它的矩阵相互唯一确定,因而二次型的某些性质往往被其矩阵所决定. 例如,通常将二次型的矩阵的秩称为**二次型的秩**. 以下我们将看到,对二次型的讨论常可以转化为对其矩阵的讨论.

例 1 将二次型

$$f(x_1,x_2,x_3,x_4)=3x_1^2+2x_1x_2-8x_1x_4+x_2{}^2-4x_2x_3+2x_2x_4+2x_3{}^2 \\ -2x_3x_4-x_4{}^2$$

写成矩阵形式.

解 二次型 f 的矩阵

$$A=\begin{pmatrix} 3 & 1 & 0 & -4 \\ 1 & 1 & -2 & 1 \\ 0 & -2 & 2 & -1 \\ -4 & 1 & -1 & -1 \end{pmatrix}$$

再令

$$X=\begin{pmatrix} x_1 \\ x_2 \\ x_3 \\ x_4 \end{pmatrix}$$

得

$$f(x_1,x_2,x_3,x_4)=(x_1\quad x_2\quad x_3\quad x_4)\begin{pmatrix}3&1&0&-4\\1&1&-2&1\\0&-2&2&-1\\-4&1&-1&-1\end{pmatrix}\begin{pmatrix}x_1\\x_2\\x_3\\x_4\end{pmatrix}$$

例 2 将二次型

$$f(x_1,x_2,\cdots,x_n)=a_{11}x_1^2+a_{22}x_2^2+\cdots+a_{nn}x_n^2$$

写成矩阵形式.

解 二次型 $f(x_1,x_2,\cdots,x_n)$ 中只含有平方项,它的矩阵是

$$A=\begin{pmatrix}a_{11}&0&\cdots&0\\0&a_{22}&\cdots&0\\\cdots&\cdots&\cdots&\cdots\\0&0&\cdots&a_{nn}\end{pmatrix}$$

因而

$$f(x_1,x_2,\cdots,x_n)=(x_1\quad x_2\quad\cdots\quad x_n)\begin{pmatrix}a_{11}&0&\cdots&0\\0&a_{22}&\cdots&0\\\cdots&\cdots&\cdots&\cdots\\0&0&\cdots&a_{nn}\end{pmatrix}\begin{pmatrix}x_1\\x_2\\\vdots\\x_4\end{pmatrix}$$

显然,只含有平方项的二次型的矩阵是对角矩阵,而其矩阵为对角阵的二次型则只含有平方项.

例 3 对二次型

$$f(x_1,x_2,x_3)=x_1^2-x_2^2-2x_3^2+2x_1x_2-4x_2x_3$$

作变换

$$\begin{cases}x_1=y_1-y_2+y_3\\x_2=\qquad y_2-y_3\\x_3=\qquad\qquad y_3\end{cases}$$

求经过变换后的 f.

解 将变换式代入原二次型,经计算整理后得

$$f=y_1^2-2y_2^2+0\cdot y_3^2=y_1^2-2y_2^2$$

它仍为二次型,且只含有平方项,系数矩阵是

$$\begin{pmatrix} 1 & 0 & 0 \\ 0 & -2 & 0 \\ 0 & 0 & 0 \end{pmatrix}$$

§6.1.2　线性变换

定义 6.2　称两组变量 $x_1, x_2, \cdots, x_n$ 与 $y_1, y_2, \cdots, y_n$ 的如下关系式

$$\begin{cases} x_1 = c_{11}y_1 + c_{12}y_2 + \cdots + c_{1n}y_n \\ x_2 = c_{21}y_1 + c_{22}y_2 + \cdots + c_{2n}y_n \\ \quad\cdots \qquad \cdots \qquad \cdots \\ x_n = c_{n1}y_1 + c_{n2}y_2 + \cdots + c_{nn}y_n \end{cases} \tag{6.4}$$

为由 $x_1, x_2, \cdots, x_n$ 到 $y_1, y_2, \cdots, y_n$ 的一个线性变换.

令

$$C = (c_{ij}) = \begin{pmatrix} c_{11} & c_{12} & \cdots & c_{1n} \\ c_{21} & c_{22} & \cdots & c_{2n} \\ \cdots & \cdots & \cdots & \cdots \\ c_{n1} & c_{n2} & \cdots & c_{nn} \end{pmatrix}, Y = \begin{pmatrix} y_1 \\ y_2 \\ \vdots \\ y_n \end{pmatrix}$$

则(6.4)式又可写为

$$X = CY \tag{6.5}$$

其中 C 称为线性变换的系数矩阵.

若 C 非奇异,则(6.5)式称为非奇异线性变换,并称

$$Y = C^{-1}X \tag{6.6}$$

为 $X = CY$ 的逆变换.

若线性变换的系数矩阵为正交矩阵,则称此线性变换为正交变换. 显然,正交变换必为非奇异线性变换.

§6.1.3　矩阵合同

不难看出,将线性变换(6.4)代入(6.1)所得到的关于 $y_1, y_2, \cdots, y_n$ 的多项式仍然是二次齐次的. 即线性变换把二次型变成二次型. 特别地,二次型经非奇异线性变换 $X = CY$ 后亦为二次型,而逆变换 $Y = C^{-1}X$ 又将所得的二次型还原. 但经非奇异线性变换后的二次型的矩阵与原二次型的矩阵之间有什么关系呢? 下面对此进行探讨.

将非奇异线性变换(6.5) 代入二次型(6.3) 得

$$f = X^T AX = (CY)^T A(CY) = Y^T(C^T AC)Y$$

显然有$(C^T AC)^T = C^T A^T (C^T)^T = C^T AC$ 即 $C^T AC$ 为对称矩阵,因此 $C^T AC$ 是二次型(6.3) 经非奇异线性变换(6.5) 后所得到的新二次型的矩阵．若以B表示新二次型的矩阵,则有

$$B = C^T AC \tag{6.7}$$

这就是前后两个二次型的矩阵的关系．与之相应,我们引入矩阵合同的概念．

定义 6.3　设 A、B 为 n 阶矩阵,若存在非奇异矩阵 C,使得

$$B = C^T AC$$

则称 A 与 B 是合同的(或 A 合同于 B).

可见二次型作非奇异线性变换后,前后两个二次型的矩阵是合同的．与等价、相似一样,合同也是矩阵之间的一种关系．容易证明合同关系满足:

1° 反身性: n 阶矩阵 A 与 A 合同;

2° 对称性: 若 A 与 B 合同,则 B 与 A 合同;

3° 传递性: 若 A 与 B 合同,B 与 C 合同,则 A 与 C 合同.

合同矩阵还具有如下性质:

定理 6.1　若 A 与 B 合同,则 $R(A) = R(B)$.

证明　因 $B = C^T AC$,故

$$R(B) \leqslant R(A)$$

又因 C 为非奇异矩阵,有

$$A = (C^T)^{-1} BC^{-1}$$

从而

$$R(A) \leqslant R(B)$$

于是

$$R(A) = R(B)$$

定理 6.1 表明,非奇异线性变换 $X = CY$ 将原二次型 $f = X^T AX$ 化为新二次型 $Y^T BY$ 后,其秩不变．二次型的这一性质使我们可以利用新二次型来研究原二次型.

习题 6.1

1. 写出下列二次型的矩阵

(1) $f(x_1,x_2,x_3)=-4x_1x_2+2x_1x_3+2x_2x_3$;

(2) $f(x_1,x_2,x_3,x_4)=x_1^2+3x_2^2-x_3^2+2x_1x_2+2x_1x_3-3x_2x_3$;

(3) $f(x_1,x_2,x_3)=X^T\begin{pmatrix}1&3&5\\2&4&6\\7&8&5\end{pmatrix}X$;

(4) $f(x_1,x_2,\cdots,x_n)=\sum\limits_{1\leqslant i<j\leqslant n}2x_ix_j$.

2. 求下列矩阵所对应的二次型

(1) $\begin{pmatrix}2&-1&3\\-1&0&4\\3&4&-1\end{pmatrix}$　　(2) $\begin{pmatrix}1&0&0\\0&-3&0\\0&0&5\end{pmatrix}$

3. 已知二次型 $f(x_1,x_2,x_3)=5x_1^2+5x_2^2+cx_3^2-2x_1x_2+6x_1x_3-6x_2x_3$ 的秩为 2,求参数 c.

4. 设

$$A=\begin{pmatrix}a_1&0&0\\0&a_2&0\\0&0&a_3\end{pmatrix},\quad B=\begin{pmatrix}a_2&0&0\\0&a_3&0\\0&0&a_1\end{pmatrix}$$

证明矩阵 A 与 B 合同,并求 C,使得 $B=C^TAC$.

§6.2　标准形

§6.2.1　标准形

定义 6.4　二次型 $f(x_1,x_2,\cdots,x_n)$ 经非奇异线性变换所得的只含有平方项的二次型称为原二次型 $f(x_1,x_2,\cdots,x_n)$ 的标准形.

例如,§6.1 例 3 中,线性变换矩阵

$$C=\begin{pmatrix}1 & -1 & 1\\ 0 & 1 & -1\\ 0 & 0 & 1\end{pmatrix}$$

由于$|C|\neq 0$,因此相应的变换$X=CY$为一非奇异线性变换,它将原二次型化为

$$f=y_1^2-2y_2^2$$

这就是原二次型通过非奇异线性变换$X=CY$得到的标准形. 标准形的矩阵为

$$\begin{pmatrix}1 & & \\ & -2 & \\ & & 0\end{pmatrix}$$

它是原二次型矩阵的合同矩阵,其秩为2,从而标准形的秩为2,所以原二次型$f(x_1,x_2,x_3)$的秩也为2.

那么对于任意二次型是否一定能找到适当的非奇异线性变换使其化为标准形呢? 对此我们不加证明地给出下面的定理.

定理 6.2　数域F上的任意一个二次型都可以经过非奇异线性变换化为标准形.

用矩阵的语言,定理6.2可以叙述为:数域F上的任意一个对称矩阵A都合同于某个对角矩阵. 即可以找到一个非奇异矩阵C,使得C^TAC成为对角矩阵.

§6.2.2　化二次型为标准形

怎样才能找到适当的非奇异线性变换将已知的二次型化为标准形呢? 本节介绍两种方法.

1. 正交变换法

正交变换法是实二次型化标准形的方法。如前所述,二次型化为标准形的问题,实质上就是对称矩阵合同于对角阵的问题. 对实二次型$f=X^TAX$,因矩阵A是实对称矩阵,故由定理5.10,A必与对角阵正交相似,亦即存在正交矩阵Q,使得

$$Q^{-1}AQ=\Lambda=\mathrm{diag}(\lambda_1,\lambda_2,\cdots,\lambda_n)$$

其中$\lambda_1,\lambda_2,\cdots,\lambda_n$为$A$的特征值.

因为对正交矩阵Q,有$Q^{-1}=Q^T$,所以

$$Q^TAQ=\Lambda$$

即实对称阵必与对角阵Λ合同. 于是对实二次型,我们利用正交矩阵Q作正交变换$X=QY$,则实二次型

$$f = X^T A X = (QY)^T A (QY) = Y^T Q^T A Q Y = Y^T \Lambda Y$$
$$= \lambda_1 y_1^2 + \lambda_2 y_2^2 + \cdots + \lambda_n y_n^2$$

即正交变换 $X = QY$ 将实二次型化为标准形．于是，我们有如下的定理．

定理6.3 任意一个实二次型都可经过正交变换化为标准形，且标准形中平方项的系数就是原实二次型矩阵 A 的全部特征值．

将实二次型化为标准形的正交变换法的步骤是：

(1) 求出实二次型 f 的系数矩阵 A 的全部特征值 $\lambda_1, \lambda_2, \cdots, \lambda_n$；

(2) 求出使 A 对角化的正交变换矩阵 Q，得正交变换 $X = QY$；

(3) 写出 f 的标准形

$$f = \lambda_1 y_1^2 + \lambda_2 y_2^2 + \cdots + \lambda_n y_n^2 \text{ 或 } f = Y^T \Lambda Y,$$

其中

$$\Lambda = \mathrm{diag}(\lambda_1, \lambda_2, \cdots, \lambda_n)$$

【注】 实二次型 f 经正交变换所化成的标准形中系数非零的平方项的个数，恰为 A 的非零特征值的个数，从而亦为 A 的秩．

例1 化实二次型

$$f(x_1, x_2, x_3) = x_1^2 + 2x_2^2 + x_3^2 + 2x_1x_2 + 2x_2x_3$$

为标准形，并求出相应的正交变换．

解 f 的系数矩阵

$$A = \begin{pmatrix} 1 & 1 & 0 \\ 1 & 2 & 1 \\ 0 & 1 & 1 \end{pmatrix}$$

其特征方程为

$$|\lambda E - A| = \begin{vmatrix} \lambda - 1 & -1 & 0 \\ -1 & \lambda - 2 & -1 \\ 0 & -1 & \lambda - 1 \end{vmatrix} = (\lambda - 1)(\lambda - 3)\lambda = 0$$

解之得 A 的三个特征根

$$\lambda_1 = 1,\ \lambda_2 = 3,\ \lambda_3 = 0.$$

对 $\lambda_1 = 1$，由齐次线性方程组 $(E - A)X = 0$ 解得基础解系

$$X_1 = \begin{pmatrix} 1 \\ 0 \\ -1 \end{pmatrix}$$

对 $\lambda_2 = 3$，由齐次线性方程组 $(3E - A)X = 0$ 解得基础解系

$$X_2=\begin{pmatrix}1\\2\\1\end{pmatrix}$$

对 $\lambda_3=0$,由齐次线性方程组 $(0E-A)X=0$　解得基础解系

$$X_3=\begin{pmatrix}1\\-1\\1\end{pmatrix}$$

由于 A 的特征根互不相同,因此它们各自对应的特征向量两两正交. 将 X_1, X_2, X_3 单位化,即得正交矩阵

$$Q=\begin{pmatrix}\frac{1}{\sqrt{2}} & \frac{1}{\sqrt{6}} & \frac{1}{\sqrt{3}}\\ 0 & \frac{2}{\sqrt{6}} & -\frac{1}{\sqrt{3}}\\ -\frac{1}{\sqrt{2}} & \frac{1}{\sqrt{6}} & \frac{1}{\sqrt{3}}\end{pmatrix}$$

于是原实二次型 f 通过正交变换 $X=QY$ 化成标准形

$$f=y_1^2+3y_2^2$$

例 2　化实二次型

$$f(x_1,x_2,x_3,x_4)=2x_1x_2+2x_1x_3+2x_1x_4+2x_2x_3+2x_2x_4+2x_3x_4$$

为标准形,并求出相应的正交变换.

解　f 的系数矩阵

$$A=\begin{pmatrix}0&1&1&1\\1&0&1&1\\1&1&0&1\\1&1&1&0\end{pmatrix}$$

其特征方程为

$$|\lambda E-A|=\begin{vmatrix}\lambda&-1&-1&-1\\-1&\lambda&-1&-1\\-1&-1&\lambda&-1\\-1&-1&-1&\lambda\end{vmatrix}=(\lambda-3)(\lambda+1)^3=0$$

解之得 A 的特征根

$$\lambda_1=3,\ \lambda_2=\lambda_3=\lambda_4=-1$$

当 $\lambda_1 = 3$ 时,由齐次线性方程组 $(3E - A)X = 0$ 解得基础解系

$$X_1 = \begin{pmatrix} 1 \\ 1 \\ 1 \\ 1 \end{pmatrix}$$

对三重根 $\lambda_2 = \lambda_3 = \lambda_4 = -1$,由齐次线性方程组 $(-E - A)X = 0$ 解得基础解系

$$X_2 = \begin{pmatrix} -1 \\ 1 \\ 0 \\ 0 \end{pmatrix}, X_3 = \begin{pmatrix} -1 \\ 0 \\ 1 \\ 0 \end{pmatrix}, X_4 = \begin{pmatrix} -1 \\ 0 \\ 0 \\ 1 \end{pmatrix}$$

将它们正交化得

$$X_2^* = \begin{pmatrix} -1 \\ 1 \\ 0 \\ 0 \end{pmatrix}, X_3^* = \begin{pmatrix} -\frac{1}{2} \\ -\frac{1}{2} \\ 1 \\ 0 \end{pmatrix}, X_4^* = \begin{pmatrix} -\frac{1}{3} \\ -\frac{1}{3} \\ -\frac{1}{3} \\ 1 \end{pmatrix}$$

因它们与 X_1 对应于不同的特征根,所以 X_1, X_2^*, X_3^*, X_4^* 两两正交. 再将 X_1, X_2^*, X_3^*, X_4^* 单位化,构成正交矩阵

$$Q = \begin{pmatrix} \frac{1}{2} & -\frac{1}{\sqrt{2}} & -\frac{1}{\sqrt{6}} & -\frac{1}{\sqrt{12}} \\ \frac{1}{2} & \frac{1}{\sqrt{2}} & -\frac{1}{\sqrt{6}} & -\frac{1}{\sqrt{12}} \\ \frac{1}{2} & 0 & \frac{2}{\sqrt{6}} & -\frac{1}{\sqrt{12}} \\ \frac{1}{2} & 0 & 0 & \frac{3}{\sqrt{12}} \end{pmatrix}$$

Q 即是使得 A 合同于对角矩阵 $\Lambda = \mathrm{diag}(3, -1, -1, -1)$ 的正交矩阵,$X = QY$ 就是所求的正交变换,在此变换下原二次型 f 化成标准形

$$f = 3y_1^2 - y_2^2 - y_3^2 - y_4^2$$

例 3　设实二次型

$$f(x_1,x_2,x_3)=x_1^2+x_2^2+x_3^2+2ax_1x_2+2bx_2x_3+2x_1x_3$$

经正交变换 $X=QY$ 化成标准形

$$f=y_2^2+2y_3^2$$

其中

$$X=(x_1,x_2,x_3)^T,Y=(y_1,y_2,y_3)^T$$

求 a、b.

解　变换前后实二次型的矩阵分别为

$$A=\begin{pmatrix}1&a&1\\a&1&b\\1&b&1\end{pmatrix},\quad B=\begin{pmatrix}0&0&0\\0&1&0\\0&0&2\end{pmatrix}$$

因 $B=Q^TAQ=Q^{-1}AQ$,即 A 与 B 相似,故有

$$|\lambda E-A|=|\lambda E-B|$$

从而

$$\begin{vmatrix}\lambda-1&-a&-1\\-a&\lambda-1&-b\\-1&-b&\lambda-1\end{vmatrix}=\begin{vmatrix}\lambda&0&0\\0&\lambda-1&0\\0&0&\lambda-2\end{vmatrix}$$

即

$$\lambda^3-3\lambda^2+(2-a^2-b^2)\lambda+(a-b)^2=\lambda^3-3\lambda^2+2\lambda$$

比较两边 λ 的同次项系数可得

$$2-a^2-b^2=2,\quad a-b=0$$

所以

$$a=b=0$$

2. 配方法

以下介绍适用于任意二次型的化标准形的方法,称之为拉格朗日顺序配方法. 在变量不太多时,此法简便易行. 下面通过例题说明这种方法.

例 4　化二次型

$$f(x_1,x_2,x_3)=x_1^2+2x_2^2+2x_1x_2+2x_1x_3+6x_2x_3$$

为标准形,并求出所用的非奇异线性变换.

解　如果二次型含有某一变量的平方,就先集中含该变量的各项进行配方. 本例中,我们先集中含 x_1 的各项(当然也可以先集中含 x_2 的各项)配方,再集中含 x_2 的各项配方,如此继续下去,直到配成平方和为止.

$$
\begin{aligned}
f &= x_1^2 + 2(x_2 + x_3)x_1 + 2x_2^2 + 6x_2x_3 \\
&= [x_1^2 + 2(x_2 + x_3)x_1 + (x_2 + x_3)^2] - (x_2 + x_3)^2 + 2x_2^2 + 6x_2x_3 \\
&= (x_1 + x_2 + x_3)^2 + x_2^2 + 4x_2x_3 - x_3^2 \\
&= (x_1 + x_2 + x_3)^2 + (x_2^2 + 4x_2x_3 + 4x_3^2) - 4x_3^2 - x_3^2 \\
&= (x_1 + x_2 + x_3)^2 + (x_2 + 2x_3)^2 - 5x_3^2
\end{aligned}
$$

令

$$
\begin{cases} y_1 = x_1 + x_2 + x_3 \\ y_2 = \quad\ x_2 + 2x_3 \\ y_3 = \qquad\quad x_3 \end{cases}，\quad 即 \quad \begin{cases} x_1 = y_1 - y_2 + y_3 \\ x_2 = \quad\ y_2 - 2y_3 \\ x_3 = \qquad\quad y_3 \end{cases}
$$

则此变换将原二次型化为标准形

$$
f = y_1^2 + y_2^2 - 5y_3^2
$$

其中变换矩阵为

$$
C = \begin{pmatrix} 1 & -1 & 1 \\ 0 & 1 & -2 \\ 0 & 0 & 1 \end{pmatrix}
$$

显然 C 是非奇异的，从而所用线性变换是非奇异的.

例 5 化二次型

$$
f = 2x_1x_2 + 2x_1x_3 - 6x_2x_3
$$

为标准形，并求出所用的非奇异线性变换.

解 f 中没有平方项，为出现平方项，先作非奇异线性变换

$$
\begin{cases} x_1 = y_1 + y_2 \\ x_2 = y_1 - y_2 \\ x_3 = \qquad\ y_3 \end{cases}
$$

得

$$
f = 2y_1^2 - 2y_2^2 - 4y_1y_3 + 8y_2y_3
$$

再配方

$$
\begin{aligned}
f &= 2[(y_1^2 - 2y_1y_3 + y_3^2) - y_2^2 + 4y_2y_3 - y_3^2] \\
&= 2[(y_1 - y_3)^2 - (y_2^2 - 4y_2y_3 + 4y_3^2) + 3y_3^2] \\
&= 2[(y_1 - y_3)^2 - (y_2 - 2y_3)^2 + 3y_3^2]
\end{aligned}
$$

再作第二次非奇异线性变换

$$\begin{cases} z_1 = y_1 - y_3 \\ z_2 = y_2 - 2y_3 \\ z_3 = y_3 \end{cases}$$

即

$$\begin{cases} y_1 = z_1 + z_3 \\ y_2 = z_2 + 2z_3 \\ y_3 = z_3 \end{cases}$$

为得到由 x_1,x_2,x_3 到 z_1,z_2,z_3 的非奇异线性变换，只须将后一个变换代入前一个变换．经整理得

$$\begin{cases} x_1 = z_1 + z_2 + 3z_3 \\ x_2 = z_1 - z_2 - z_3 \\ x_3 = z_3 \end{cases}$$

此即所求之非奇异线性变换．在此变换下，原二次型 f 化为标准形

$$f = 2z_1^2 - 2z_2^2 + 6z_3^2$$

一般地，若由 X 到 Y 的非奇异线性变换为 $X = C_1Y$，由 Y 到 Z 的非奇异线性变换为 $Y = C_2Z$，则由 X 到 Z 的非奇异线性变换为 $X = CZ$，其中变换矩阵 $C = C_1C_2$．例如，例 3 中我们有

$$C = C_1C_2 = \begin{pmatrix} 1 & 1 & 0 \\ 1 & -1 & 0 \\ 0 & 0 & 1 \end{pmatrix}\begin{pmatrix} 1 & 0 & 1 \\ 0 & 1 & 2 \\ 0 & 0 & 1 \end{pmatrix} = \begin{pmatrix} 1 & 1 & 3 \\ 1 & -1 & -1 \\ 0 & 0 & 1 \end{pmatrix}$$

$$(|C| = -2 \neq 0)$$

本题若采用正交变换法，由

$$A = \begin{pmatrix} 0 & 1 & 1 \\ 1 & 0 & -3 \\ 1 & -3 & 0 \end{pmatrix}$$

$$|\lambda E - A| = \begin{vmatrix} \lambda & -1 & -1 \\ -1 & \lambda & 3 \\ -1 & 3 & \lambda \end{vmatrix} = (\lambda - 3)(\lambda^2 + 3\lambda - 2)$$

得 A 的特征值为

$$\lambda_1 = 3, \lambda_2 = -\frac{3}{2} + \frac{\sqrt{17}}{2}, \lambda_3 = -\frac{3}{2} - \frac{\sqrt{17}}{2}$$

原二次型在正交变换下化为标准形

$$f = 3z_1^2 + \left(-\frac{3}{2} + \frac{\sqrt{17}}{2}\right)z_2^2 - \left(\frac{3}{2} + \frac{\sqrt{17}}{2}\right)z_3^2$$

由此可见：

(1) 用配方法所得的标准形与用正交变换法所得的标准形不一定相同，所以二次型的标准形不唯一．下面的定理将告诉我们，实二次型的标准形中正项的个数和负项的个数是唯一确定的．

(2) 用配方法所得的标准形的系数不一定是原二次型矩阵的特征值．

§6.2.3 实二次型的规范形

由前面的讨论我们知道，任一实二次型 $f(x_1, x_2, \cdots, x_n)$ 都可经过非奇异线性变换化为标准形，标准形不唯一．化为标准形后，可再将标准形中的变量按系数为正、为负、为零重排顺序，得二次型标准形为：

$$d_1y_1^2 + \cdots + d_py_p^2 - d_{p+1}y_{p+1}^2 - \cdots - d_ry_r^2 \tag{6.8}$$

其中 $d_i > 0, (i = 1, \cdots, r)$，$r$ 是 $f(x_1, x_2, \cdots, x_n)$ 的系数矩阵的秩．因为在实数域中，正实数总可以开平方，所以再作一非奇异线性变换

$$\begin{cases} y_1 = \dfrac{1}{\sqrt{d_1}}z_1 \\ \cdots\cdots\cdots \\ y_r = \dfrac{1}{\sqrt{d_r}}z_r \\ y_{r+1} = z_{r+1} \\ \cdots\cdots\cdots \\ y_n = z_n \end{cases} \tag{6.9}$$

(6.8) 就变成

$$f = z_1^2 + \cdots + z_p^2 - z_{p+1}^2 - \cdots - z_r^2 \tag{6.10}$$

定义 6.5 实二次型 f 的形如(6.10) 的标准形称为 f 的规范形．

显然，规范形完全被 r, p 这两个数所决定．对此我们有下面的重要定理．

定理 6.4(惯性定理) 任意一个实二次型都可经适当的非奇异线性变换变成规范形，且其规范形是唯一的．

定理的前一半在上面已经证明，唯一性的证明略.

定义 6.6 在实二次型$f(x_1,x_2,\cdots,x_n)$的规范形中，正平方项的个数p称为$f(x_1,x_2,\cdots,x_n)$的正惯性指数；负平方项的个数$r-p$称为$f(x_1,x_2,\cdots,x_n)$的负惯性指数；它们的差$p-(r-p)$称为$f(x_1,x_2,\cdots,x_n)$的符号差.

应该指出，虽然实二次型的标准形不是唯一的，但是由上面化成规范形的过程可以看出，标准形中系数为正的平方项的个数与规范形中正平方项的个数是一致的. 因此，惯性定理也可以叙述为：实二次型的标准形中系数为正的平方项的个数是唯一确定的，它等于正惯性指数，而系数为负的平方项的个数就等于负惯性指数.

习题 6.2

1. 用配方法化下列二次型为标准形，并求出所用的非奇异线性变换.

(1) $f(x_1,x_2,x_3)=x_1^2+2x_2^2+2x_1x_2-2x_1x_3$；

(2) $f(x_1,x_2,x_3)=x_1^2-3x_2^2-2x_1x_2+2x_1x_3-6x_2x_3$；

(3) $f(x_1,x_2,x_3,x_4)=x_1x_2+x_1x_3+x_1x_4+x_2x_3+x_2x_4+x_3x_4$；

(4) $f(x_1,x_2,\cdots,x_{2n})=x_1x_{2n}+x_2x_{2n-1}+\cdots+x_nx_{n+1}$.

2. 在二次型$f(x_1,x_2,x_3)=(x_1-x_2)^2+(x_2-x_3)^2+(x_3-x_1)^2$中，令

$$\begin{cases} y_1=x_1-x_2 \\ y_2=x_2-x_3 \\ y_3=x_3-x_1 \end{cases}$$

得

$$f=y_1^2+y_2^2+y_3^2$$

可否由此认为上式即为原二次型f的标准形且原二次型的秩为3？为什么？若结论是否定的，请给出化f为标准形的正确方法并确定f的秩.

3. 用正交变换法化下列二次型为标准形，并求出所用的正交变换.

(1) $f(x_1,x_2,x_3)=2x_1^2+5x_2^2+5x_3^2+4x_1x_2-4x_1x_3-8x_2x_3$；

(2) $f(x_1,x_2,x_3,x_4)=x_1^2+x_2^2+x_3^2+x_4^2+2x_1x_2-2x_1x_4-2x_2x_3+2x_3x_4$；

(3) $f(x_1,x_2,x_3)=5x_1^2+5x_2^2+3x_3^2-2x_1x_2+6x_1x_3-6x_2x_3$.

4. 如果两个实对称矩阵具有相同的特征多项式，证明它们一定是合同的.

5. 已知实二次型$f(x_1,x_2,x_3)=2x_1^2+3x_2^2+3x_3^2+2ax_2x_3\,(a>0)$通过正交变

换化成标准形$f = y_1^2 + 2y_2^2 + 5y_3^2$,求参数 a 及所用的正交变换矩阵.

6. 将1、3题中化成的二次型的标准形进一步化成规范形,并指出各二次型的正、负惯性指数与符号差.

§6.3 正定二次型

§6.3.1 正定二次型

在实二次型中,正定二次型占有特殊的地位,下面给出它的定义以及判别方法.

定义 6.7 设$f(x_1,x_2,\cdots,x_n)$为一个实二次型,若对任意一组不全为零的实数 $c_1,c_2,\cdots,c_n$ 都有

$$f(c_1,c_2,\cdots,c_n) > 0 \tag{6.11}$$

则称$f(x_1,x_2,\cdots,x_n)$为正定二次型. 正定二次型所对应的矩阵称为正定矩阵.

若将(6.11)式中的大于号" > "分别改作" < "、" ≥ "和" ≤ ",则相应的实二次型依次称为**负定的**、**半正定的**和**半负定的**;若某些不全为零的实数 $c_1,c_2,\cdots,c_n$ 使得(6.11)式成立,而另外一些不全为零的实数 $b_1,b_2,\cdots,b_n$ 使得$f(b_1,b_2,\cdots,b_n) < 0$,则称实二次型$f$为**不定的**.

负定二次型的矩阵称为负定矩阵. 显然,若f是正定二次型,则$-f$必为负定二次型.

容易看出,三元实二次型$f = x_1^2 + 3x_2^2 + 2x_3^2$是正定二次型,三元实二次型$f = x_1^2 + 3x_2^2 + 0x_3^2$是半正定二次型,而实二次型$f = x_1^2 + x_2^2 - x_3^2$是不定的.

上述三例实二次型之所以如此容易被看出其类型,显然是由于其本身就是标准形. 那么我们能否通过非奇异实线性变换将一个任意的实二次型化为标准形来判断其正定性呢?

设正定二次型

$$f(x_1,x_2,\cdots,x_n) \tag{6.12}$$

经过非奇异实线性变换

$$X = CY \tag{6.13}$$

变成实二次型

$$g(y_1,y_2,\cdots,y_n) \tag{6.14}$$

令 $y_1 = k_1,y_2 = k_2,\cdots,y_n = k_n$(其中 $k_1,k_2,\cdots,k_n$ 为任意一组不全为零的实

数). 代入(6.13)的右端,即得 $x_1,x_2,\cdots,x_n$ 对应的一组值,譬如说,是 $c_1,c_2,\cdots,c_n$,即

$$\begin{pmatrix} c_1 \\ c_2 \\ \vdots \\ c_n \end{pmatrix} = C\begin{pmatrix} k_1 \\ k_2 \\ \vdots \\ k_n \end{pmatrix}$$

因 C 可逆,故又有

$$\begin{pmatrix} k_1 \\ k_2 \\ \vdots \\ k_n \end{pmatrix} = C^{-1}\begin{pmatrix} c_1 \\ c_2 \\ \vdots \\ c_n \end{pmatrix}$$

所以当 $k_1,k_2,\cdots,k_n$ 是一组不全为零的实数时,$c_1,c_2,\cdots,c_n$ 也是一组不全为零的实数. 于是

$$g(k_1,k_2,\cdots,k_n) = f(c_1,c_2,\cdots,c_n) > 0$$

这表明实二次型 $g(k_1,k_2,\cdots,k_n)$ 亦是正定的.

定理 6.5　设正定二次型 $f = X^TAX$ 经非奇异实线性变换 $X = CY$ 变成实二次型 $f = Y^TBY$,则 Y^TBY 必为正定二次型.

因为实二次型(6.14)也可以经非奇异实线性变换 $Y = C^{-1}X$ 变到实二次型(6.12),所以同理,当(6.14)正定时(6.12)也正定. 可见非奇异实线性变换保持实二次型的正定性不变.

综上所述,一个实二次型的正定性可由其标准形或规范形是否正定来确定.

定理 6.6　设 $f = X^TAX$ 为 n 元实二次型,其中 A 为此二次型的矩阵,则下面 5 个条件等价:

(1) f 为正定二次型;

(2) A 的特征值全为正;

(3) f 的正惯性指数为 n;

(4) A 合同于单位阵 E;

(5) 存在 n 阶非奇异矩阵 C,使得 $A = C^TC$.

证明　以下采用循环证法.

(1) $\Rightarrow$ (2)

设 A 的特征值为 λ_i,A 的属于 λ_i 的特征向量为 $X_i(i = 1,2,\cdots,n)$. 因 A 为实

对称矩阵,故诸 λ_i 均为实数,诸 X_i 均为实向量.

由 f 的正定性,并注意到 $X_i \neq \theta$,有

$$X_i^T A X_i = \lambda_i X_i^T X_i > 0$$

因 $X_i^T X_i > 0$ 故得

$$\lambda_i > 0 \quad (i = 1, 2, \cdots, n)$$

(2) ⇒ (3)

由定理 6.3,存在正交交换 $X = QY$ 将二次型 $f = X^T AX$ 化为标准型

$$f = \lambda_1 y_1^2 + \lambda_2 y_2^2 + \cdots + \lambda_n y_n^2$$

其中 $\lambda_i (i = 1, 2, \cdots, n)$ 为 A 的特征值.

由(2),诸 $\lambda_i > 0$,故二次型 f 的正惯性指数为 n.

(3) ⇒ (4)

当(3) 成立时,二次型 $f = X^T AX$ 的规范形为

$$f = y_1^2 + y_2^2 + \cdots + y_n^2 = Y^T EY$$

由变换前后两个二次型的系数矩阵的关系知 A 合同于 E.

(4) ⇒ (5)

由(4),即存在 n 阶非奇异矩阵 P 使得 $P^T AP = E$,于是

$$A = (P^T)^{-1} P^{-1} = (P^{-1})^T P^{-1}$$

令 $C = P^{-1}$,则 C 非奇异,且有 $A = C^T C$.

(5) ⇒ (1)

由 $A = C^T C$(C 非奇异),对任意 $X \neq \theta$,有 $CX \neq \theta$,从而

$$f = X^T AX = X^T (C^T C) X = (CX)^T CX > 0$$

故 $f = X^T AX$ 为正定二次型.

例 1 判定实二次型

$$f(x_1, x_2, x_3) = 3x_1^2 - 4x_1 x_2 + 3x_2^2 + x_3^2$$

的正定性.

解 f 的二次型矩阵为 $A = \begin{pmatrix} 3 & -2 & 0 \\ -2 & 3 & 0 \\ 0 & 0 & 1 \end{pmatrix}$,$A$ 的特征多项式为

$$|\lambda E - A| = \begin{vmatrix} \lambda - 3 & 2 & 0 \\ 2 & \lambda - 3 & 0 \\ 0 & 0 & \lambda - 1 \end{vmatrix} = (\lambda - 1)^2 (\lambda - 5)$$

从而 A 的特征值为 1,1,5,全为正.由定理 6.6,f 为正定的.

下面介绍直接从实二次型 f 的系数矩阵 A 的某些性质来判定其正定性的方法. 为此先引入下面的定义.

定义 6.8　设 n 阶矩阵

$$A=\begin{pmatrix} a_{11} & a_{12} & \cdots & a_{1n} \\ a_{21} & a_{22} & \cdots & a_{2n} \\ \cdots & \cdots & \cdots & \cdots \\ a_{n1} & a_{n2} & \cdots & a_{nn} \end{pmatrix}$$

称 A 的子式

$$P_i=\begin{vmatrix} a_{11} & a_{12} & \cdots & a_{1i} \\ a_{21} & a_{22} & \cdots & a_{2i} \\ \cdots & \cdots & \cdots & \cdots \\ a_{i1} & a_{i2} & \cdots & a_{ii} \end{vmatrix}\quad (i=1,2,\cdots,n)$$

为矩阵 A 的 i 阶顺序主子式.

例如 $P_1=a_{11}, P_2=\begin{vmatrix} a_{11} & a_{12} \\ a_{21} & a_{22} \end{vmatrix}$ 和 $P_n=|A|$ 就分别是 A 的 1 阶、2 阶和 n 阶顺序主子式.

定理 6.7　实二次型 $f(x_1,x_2,\cdots,x_n)=X^TAX$ 为正定二次型的充分必要条件是 A 的各阶顺序主子式全都大于零;实二次型 $f=X^TAX$ 为负定二次型的充分必要条件是 A 的全部奇数阶顺序主子式都小于零,且全部偶数阶顺序主子式都大于零.(证明从略)

例 2　判定实二次型

$$f(x_1,x_2,x_3)=5x_1^2+x_2^2+5x_3^2+4x_1x_2-8x_1x_3-4x_2x_3$$

是否正定.

解　f 的矩阵

$$A=\begin{pmatrix} 5 & 2 & -4 \\ 2 & 1 & -2 \\ -4 & -2 & 5 \end{pmatrix}$$

其顺序主子式

$$P_1=5>0,\qquad P_2=\begin{vmatrix} 5 & 2 \\ 2 & 1 \end{vmatrix}=1>0$$

$$P_3=\begin{vmatrix}5&2&-4\\2&1&-2\\-4&-2&5\end{vmatrix}=1>0$$

所以f是正定的.

例 3　判定实对称矩阵

$$A=\begin{pmatrix}-2&1&1\\1&-2&0\\1&0&-1\end{pmatrix}$$

是否为负定矩阵.

解　A的顺序主子式

$$P_1=-2<0,\qquad P_2=\begin{vmatrix}-2&1\\1&-2\end{vmatrix}=3>0$$

$$P_3=\begin{vmatrix}-2&1&1\\1&-2&0\\1&0&-1\end{vmatrix}=-1<0$$

所以实对称矩阵A是负定矩阵.

必须指出的是,只有实对称矩阵才有正定与负定之说. 故判定矩阵是否正定时,所讨论的矩阵须是实对称矩阵.

例 4　设实二次型

$$f(x_1,x_2,x_3)=x_1^2+4x_2^2+4x_3^2+2\lambda x_1x_2-2x_1x_3+4x_2x_3$$

试判定当λ取何值时f为正定二次型.

解　f的系数矩阵

$$A=\begin{pmatrix}1&\lambda&-1\\\lambda&4&2\\-1&2&4\end{pmatrix}$$

A的各阶顺序主子式为

$$P_1=1,\qquad P_2=\begin{vmatrix}1&\lambda\\\lambda&4\end{vmatrix}=4-\lambda^2$$

$$P_3=\begin{vmatrix}1&\lambda&-1\\\lambda&4&2\\-1&2&4\end{vmatrix}=-4(\lambda-1)(\lambda+2)$$

令

$$\begin{cases}4-\lambda^2>0\\-4(\lambda-1)(\lambda+2)>0\end{cases}$$

解之得

$$-2<\lambda<1$$

故当 $-2<\lambda<1$ 时,f 为正定二次型.

例 5 设 A 为 n 阶实对称矩阵且 $A^3-3A^2+5A-3E=O$,证明 A 是正定矩阵.

证明 设 λ 是 A 的任一特征值,X 为 A 属于 λ 的特征向量,则

$$\lambda^3-3\lambda^2+5\lambda-3$$

是矩阵

$$A^3-3A^2+5A-3E \tag{6.15}$$

的特征值,X 为矩阵(6.15) 的属于 $\lambda^3-3\lambda^2+5\lambda-3$ 的特征向量. 从而有

$$(A^3-3A^2+5A-3E)X=(\lambda^3-3\lambda^2+5\lambda-3)X$$

再由题设

$$A^3-3A^2+5A-3E=O$$

得

$$(\lambda^3-3\lambda^2+5\lambda-3)X=\theta$$

而 $X\neq\theta$,故

$$\lambda^3-3\lambda^2+5\lambda-3=0$$

解之得

$$\lambda=1 \text{ 或 } \lambda=1\pm\sqrt{2}i$$

因为 A 为实对称矩阵,所以特征值一定是实数,故只有特征值 $\lambda=1$,即 A 的全部特征值为正,所以 A 是正定矩阵.

§6.3.2 正定矩阵的性质

正定矩阵具有如下性质:

1° 若 A 为正定矩阵,则 $|A|>0$.

2° 若 A 为正定矩阵,则 A^{-1}、A^*、A^k(k 为正整数) 亦为正定矩阵.

3° 若 A 与 B 均为 n 阶正定矩阵,则 $A+B$ 亦为正定矩阵.

4° 若 $A=(a_{ij})$ 为 n 阶正定矩阵,则 $a_{ii}>0(i=1,2,\cdots,n)$.

证明 (性质 1°、2°、3° 请读者自证,下证性质 4°)

因 $A=(a_{ij})$ 为 n 阶正定矩阵,故 $f=X^TAX$ 为正定二次型,从而对

$$\varepsilon_i=(0,\cdots,1,\cdots,0)^T \qquad (i=1,2,\cdots,n)$$

有

$$f = \varepsilon_i^T A \varepsilon_i = a_{ii} > 0 \quad (i = 1,2,\cdots,n)$$

即 A 的主对角线上元素

$$a_{ii} > 0 \quad (i = 1,2,\cdots,n)$$

习题 6.3

1. 判定下列实二次型的正定性.

(1) $f(x_1,x_2,x_3) = -2x_1^2 - 6x_2^2 - 4x_3^2 + 2x_1x_2 + 2x_1x_3$;

(2) $f(x_1,x_2,x_3) = 5x_1^2 + 6x_2^2 + 4x_3^2 - 4x_1x_2 - 4x_2x_3$;

(3) $\sum_{i=1}^{n} x_i^2 + \sum_{1 \leqslant i < j \leqslant n} x_i x_j$.

2. 试讨论当 t 为何值时,下列实二次型是正定的.

(1) $f(x_1,x_2,x_3) = x_1^2 + x_2^2 + 5x_3^2 + 2tx_1x_2 - 2x_1x_3 + 4x_2x_3$;

(2) $f(x_1,x_2,x_3) = x_1^2 + 4x_2^2 + x_3^2 + 2tx_1x_2 + 10x_1x_3 + 6x_2x_3$.

3. 证明正定矩阵的性质 1°、2°、3°.

复习题六

(一) 填空

1. 二次型 $f(x_1,x_2,x_3) = 2x_1^2 - x_1x_2 + x_2^2$ 的矩阵为________.

2. 实对称矩阵 A 的秩等于 r,它的正惯性指数为 m,则它的符号差为________.

3. n 元实二次型 f 的系数矩阵 A 的负特征值共有 u 个(重根按重数计算),零特征值是 v 重根,则 A 的正惯性指数是________.

4. 设二次型 $f(x_1,x_2,x_3) = 2x_1^2 + x_2^2 + x_3^2 + 2x_1x_2 + tx_2x_3$ 是正定的,则 t 的取值为________.

5. 当 k ________时,实二次型 $f(x_1,x_2,x_3) = (k+1)x_1^2 + (k-1)x_2^2 + (k-2)x_3^2$ 必是正定二次型.

6. 二次型 $f(x_1,x_2,x_3) = (x_1+x_2)^2 + (x_2-x_3)^2 + (x_3+x_1)^2$ 的秩为________.

7. 已知实二次型$f(x_1,x_2,x_3)=x_1^2+x_2^2+2tx_1x_2+3x_3^2$通过正交变换化为标准形$f(x_1,x_2,x_3)=-2y_1^2+3y_2^2+4y_3^2$,则$t=$________.

（二）选择

1. 用正交变换法化二次型为标准形时,如果只求出系数矩阵的全部特征根,则________.

(A) 标准形的形式和所用正交变换都无法确定;

(B) 标准形的形式和所用正交变换都能确定;

(C) 标准形的形式可以确定,但所用正交变换无法确定;

(D) 标准形的形式无法确定,但所用正交变换可以确定.

2. 如果秩为r的n元实二次型f是半正定的,则它的负惯性指数是________.

(A)0;　　(B)r;　　(C)n;　　(D)$n-r$.

3. 设

$$A=\begin{pmatrix}-1 & 0 & 0\\ 0 & \frac{1}{3} & 0\\ 0 & 0 & -2\end{pmatrix}$$

则下列矩阵中与A合同的矩阵是________.

(A)$\begin{pmatrix}-1 & 0 & 0\\ 0 & 1 & 0\\ 0 & 0 & 1\end{pmatrix}$;　　(B)$\begin{pmatrix}1 & 0 & 0\\ 0 & -2 & 0\\ 0 & 0 & 1\end{pmatrix}$;

(C)$\begin{pmatrix}2 & 0 & 0\\ 0 & -1 & 0\\ 0 & 0 & -5\end{pmatrix}$;　　(D)$\begin{pmatrix}2 & 0 & 0\\ 0 & 1 & 0\\ 0 & 0 & 3\end{pmatrix}$.

4. 若A是负定矩阵,则________.

(A)$|A|<0$;　　(B)$|A|=0$;　　(C)$|A|>0$;

(D)$|A|$可能大于零,也可能小于零,这与A的阶数有关.

5. 设A、B都是正定阵,则________.

(A)AB、$A+B$一定都是正定阵;

(B)AB是正定阵,$A+B$不是正定阵;

(C)AB不一定是正定阵,$A+B$是正定阵;

(D)AB、$A+B$都不是正定阵.

6. A 是 n 阶实对称矩阵,则 A 为正定的充要条件是________.

(A) $|A| > 0$;

(B) 存在 n 阶可逆矩阵 C 使 $A = C^T C$;

(C) 对元素全不为零的实 n 维列向量 X,总有 $X^T AX > 0$;

(D) 存在实 n 维列向量 $X \neq \theta$,使 $X^T AX > 0$.

7. 下列条件下不能保证 n 阶实对称矩阵 A 为正定的是________.

(A) A^{-1} 正定;

(B) 二次型 $f = X^T AX$ 的负惯性指数为 0;

(C) 二次型 $f = X^T AX$ 的正惯性指数为 n;

(D) A 合同于单位矩阵.

8. 设 A 是正定矩阵,则下列结论错误的是________.

(A) $|A| > 0$; (B) A 非奇异; (C) A 的元素全是正数;

(D) A 的主对角线上的元素全是正数.

9. 下列矩阵合同于单位矩阵的是________.

(A) $\begin{pmatrix} 1 & 1 & 1 \\ 1 & 1 & 1 \\ 1 & 1 & 1 \end{pmatrix}$; (B) $\begin{pmatrix} 1 & 0 & 1 \\ 0 & 1 & 0 \\ 1 & 0 & 1 \end{pmatrix}$;

(C) $\begin{pmatrix} 1 & 2 & 1 \\ 2 & 7 & 1 \\ 1 & 1 & 8 \end{pmatrix}$; (D) $\begin{pmatrix} 2 & -1 & 2 \\ -1 & 3 & -\frac{3}{2} \\ 2 & -\frac{3}{2} & -4 \end{pmatrix}$.

(三) 计算与证明

1. 化下列二次型为规范形,并求出正、负惯性指数及符号差.

(1) $f(x_1, x_2, x_3) = x_1^2 + 3x_3^2 + 2x_1x_2 + 4x_1x_3 + 2x_2x_3$;

(2) $f(x_1, x_2, x_3) = x_1x_2 + x_1x_3 + x_2x_3$.

2. 判定实二次型

$$f(x_1, x_2, \cdots, x_n) = \sum_{i=1}^{n} x_i^2 + \sum_{i=1}^{n-1} x_i x_{i+1}$$

是否正定.

3. 已知实二次型

$$f(x_1,x_2,x_3)=tx_1^2+tx_2^2+tx_3^2+2x_1x_2+2x_1x_3-2x_2x_3$$

问：(1)t 为何值时,二次型 f 是正定的?

(2)t 为何值时,二次型 f 是负定的?

4. 设 A 是 n 阶正定矩阵,E 是 n 阶单位矩阵. 证明 $|A+E|>1$.

5. 设 A 为 $m\times n$ 实矩阵,E 为 n 阶单位矩阵,$B=\lambda E+A^TA$. 证明:当 $\lambda>0$ 时,B 为正定矩阵.

6. 设 A 为 n 阶实对称矩阵且满足 $A^3+A^2+A=3E$. 证明 A 是正定矩阵.

7. 设 A 是实对称矩阵. 证明:当实数 t 充分大时,$tE+A$ 是正定矩阵.

8. 设 $f(x_1,x_2,\cdots,x_n)=X^TAX$ 是实二次型,若有实 n 维列向量 X_1,X_2 使

$$X_1^TAX_1>0,\qquad X_2^TAX_2<0$$

证明:必存在实 n 维列向量 $X_0\neq\theta$,使

$$X_0{}^TAX_0=0$$

9. 试证:若 A 是负定矩阵,则 $a_{ii}<0(i=1,2,\cdots,n)$.

10. 试证:若 A 是实 n 阶方阵,则 A^TA 是半正定矩阵.

11. 设 $f=X^TAX$ 为 n 元实二次型,λ 与 μ 分别为其矩阵 A 的最大特征值与最小特征值,证明对任一实 n 维列向量 X,总有

$$\mu X^TX\leqslant X^TAX\leqslant\lambda X^TX$$

12*. 设 A 为 3 阶实对称矩阵,且满足 $A^2+2A=O$,已知 A 的秩 $R(A)=2$.

(1) 求 A 的全部特征值;

(2) 当 k 为何值时,矩阵 $A+kE$ 为正定矩阵.

13*. 设 A 是 n 阶正定矩阵,$\alpha_1,\alpha_2,\cdots,\alpha_n$ 是非零的 n 维列向量,且 $\alpha_i^TA\alpha_j=0\quad(i\neq j;i,j=1,2,\cdots,n)$,证明 $\alpha_1,\alpha_2,\cdots,\alpha_n$ 线性无关.

14*. 设 $A=(a_{ij})_{n\times n}$ 为 n 阶实对称矩阵,$R(A)=n$,A_{ij} 是元素 a_{ij} 的代数余子式,二次型 $f(x_1,x_2,\cdots,x_n)=\sum\limits_{i=1}^{n}\sum\limits_{j=1}^{n}\frac{A_{ij}}{|A|}x_ix_j$.

(1) 记 $X=(x_1,x_2,\cdots,x_n)^T$,将 $f(x_1,x_2,\cdots,x_n)$ 写成矩阵形式,并证明二次型 $f(x_1,x_2,\cdots,x_n)$ 的矩阵为 A^{-1};

(2) 二次型 $g(x_1,x_2,\cdots,x_n)=X^TAX$ 与 $f(x_1,x_2,\cdots,x_n)$ 的规范形是否相同?

7　若干经济数学模型

本章介绍几个常用的经济数学模型,借以说明线性代数工具的巨大实用价值. 期望它们能引起读者的兴趣,进而尝试运用它们去解决某些实际问题,并作更深入的探索.

§7.1　投入产出数学模型

本节介绍投入产出综合平衡数学模型. 这是一种用来全面分析某个经济系统内各部门的消耗(即投入)及产品的生产(即产出)之间的数量依存关系的数学模型. 这一模型系1973年诺贝尔经济学奖获得者列昂捷夫(W. Leontief)于二十世纪三十年代创立,并于五六十年代开始风行于世界. 迄今投入产出技术已成为世界各国、各地区,乃至各企业研究经济、规划经济的常规手段.

投入产出模型主要通过投入产出表及平衡方程组来描述. 投入产出表依其适用范围可分为世界型、国家型、地区型及企业型等,依其经济分析的时期可有静态型与动态型的区别,依其计量单位的不同又有实物型与价值型的分类. 下面仅介绍适用于国家(或地区)的静态价值型投入产出表.

§7.1.1　投入产出表

一个国家(或地区)的经济系统由各个不同的生产部门组成,每个部门的生产须消耗其他部门的产品,同时又以自己的产品提供给其他部门作为生产资料或提供给社会作非生产性消费,其间的物质流动可通过下面的投入产出表完全展现出来(见表7.1):

表 7.1　　　　价值型投入产出表

产出 投入			中间产品				最终产品				总产品
			1	2	…	n	消费	积累	其他	合计	
生产资料补偿价值	生产部门	1	x_{11}	x_{12}	…	x_{1n}				y_1	x_1
		2	x_{21}	x_{22}	…	x_{2n}				y_2	x_2
		⋮	⋮	⋮	…	⋮				⋮	⋮
		n	x_{n1}	x_{n2}	…	x_{nn}				y_n	x_n
	固定资产折旧		d_1	d_2	…	d_n					
新创造价值	劳动报酬		v_1	v_2	…	v_n					
	纯收入		m_1	m_2	…	m_n					
	合　计		z_1	z_2	…	z_n					
总产值			x_1	x_2	…	x_n					

【注】

(1) 表中诸产品的数量均是其货币价值量. 诸变量的定义如下:

x_i—— 第 i 部门的总产品量;

y_i—— 第 i 部门的最终产品量;

x_{ij}—— 第 i 部门提供给第 j 部门的产品量,即第 j 部门消耗第 i 部门的产品量;

d_j、v_j、m_j—— 分别表示第 j 部门的固定资产折旧、劳动报酬、纯收入;

z_j—— 第 j 部门新创造价值:　　$z_j = v_j + m_j$.

(2) 表中以双线分隔开的四个部分依次称为第 Ⅰ、Ⅱ、Ⅲ、Ⅳ 象限. 其中第 Ⅰ 象限反映了各部门的技术经济联系;第 Ⅱ 象限反映了各部门可供社会最终消费和使用的产品量;第 Ⅲ 象限反映了各部门的固定资产折旧和新创造价值,体现了国民收入的初次分配以及必要劳动与剩余劳动的比例;第 Ⅳ 象限用于体现国民收入的再分配,因其复杂性而常被略去.

§7.1.2　平衡方程组

1. 分配平衡方程组

投入产出表 7.1 的第 Ⅰ、Ⅱ 象限中的行反映了各部门产品的去向即分配情况:一部分作为中间产品提供给其他部门作原材料,另一部分作为最终产品提供

给社会(包括消费、积累、出口等). 即有

总产品 = 中间产品 + 最终产品

用公式可表示为

$$\begin{cases} x_1 = x_{11} + x_{12} + \cdots + x_{1n} + y_1 \\ x_2 = x_{21} + x_{22} + \cdots + x_{2n} + y_2 \\ \cdots\cdots\cdots\cdots\cdots\cdots\cdots\cdots\cdots\cdots \\ x_n = x_{n1} + x_{n2} + \cdots + x_{nn} + y_n \end{cases}$$

即

$$x_i = \sum_{j=1}^{n} x_{ij} + y_i \qquad (i = 1,2,\cdots,n) \tag{7.1}$$

通常称(7.1)为分配平衡方程组.

2. 生产平衡方程组

投入产出表7.1的第Ⅰ、Ⅲ象限中的列反映了各部门产品的价值形成过程. 即有

总产值 = 生产资料转移价值 + 新创造价值

用公式可表示为

$$\begin{cases} x_1 = x_{11} + x_{21} + \cdots + x_{n1} + d_1 + z_1 \\ x_2 = x_{12} + x_{22} + \cdots + x_{n2} + d_2 + z_2 \\ \cdots\cdots\cdots\cdots\cdots\cdots\cdots\cdots\cdots\cdots \\ x_n = x_{1n} + x_{2n} + \cdots + x_{nn} + d_n + z_n \end{cases}$$

即

$$x_j = \sum_{i=1}^{n} x_{ij} + d_j + z_j \qquad (j = 1,2,\cdots,n) \tag{7.2}$$

§7.1.3 直接消耗系数

为了反映部门之间在生产与技术上的相互依存关系,下面引入直接消耗系数.

定义7.1 第j部门生产单位产品所直接消耗第i部门的产品数量称为第j部门对第i部门的直接消耗系数. 记为

$$a_{ij} = \frac{x_{ij}}{x_j} \qquad (i,j = 1,2,\cdots,n) \tag{7.3}$$

并称矩阵

$$A=\begin{pmatrix} a_{11} & a_{12} & \cdots & a_{1n} \\ a_{21} & a_{22} & \cdots & a_{2n} \\ \cdots & \cdots & \cdots & \cdots \\ a_{n1} & a_{n2} & \cdots & a_{nn} \end{pmatrix}$$

为直接消耗系数矩阵．

一般而言，直接消耗系数与报告期的生产技术水平有关，具有一定的稳定性．但在生产技术水平有较大变化时它亦会发生相应的变动．

由(7.3)我们有

$$x_{ij}=a_{ij}x_j \quad (i,j=1,2,\cdots,n) \tag{7.4}$$

将其代入分配平衡方程组(7.1)得

$$\begin{cases} x_1=a_{11}x_1+a_{12}x_2+\cdots+a_{1n}x_n+y_1 \\ x_2=a_{21}x_1+a_{22}x_2+\cdots+a_{2n}x_n+y_2 \\ \cdots\cdots\cdots\cdots\cdots\cdots\cdots\cdots\cdots\cdots \\ x_n=a_{n1}x_1+a_{n2}x_2+\cdots+a_{nn}x_n+y_n \end{cases} \tag{7.5}$$

若记

$$X=\begin{pmatrix} x_1 \\ x_2 \\ \vdots \\ x_n \end{pmatrix}, Y=\begin{pmatrix} y_1 \\ y_2 \\ \vdots \\ y_n \end{pmatrix}$$

则方程组(7.5)可写成矩阵形式

$$X=AX+Y \tag{7.6}$$

从而有

$$Y=(E-A)X \tag{7.7}$$

其中 E 为 n 阶单位阵．

公式(7.7)揭示了最终产品 Y 与总产品 X 之间的数量依存关系．由于直接消耗系数 A 在一定时期内具有稳定性，所以常可以利用上一报告期的直接消耗系数来估计本报告期的直接消耗系数．在 A 已知的条件下，显然，最终产品 Y 可由总产品 X 唯一确定；反之，总产品 X 亦可由最终产品 Y 唯一确定：

$$X=(E-A)^{-1}Y$$

【注】　可以证明，矩阵 $E-A$ 可逆．

将(7.4)代入生产平衡方程组(7.2),得

$$x_j = \sum_{i=1}^{n} a_{ij}x_j + d_j + z_j \qquad (j = 1,2,\cdots,n) \tag{7.8}$$

或

$$(1 - \sum_{i=1}^{n} a_{ij})x_j = d_j + z_j \qquad (j = 1,2,\cdots,n) \tag{7.9}$$

利用方程组(7.9),在已知各部门的折旧的前提下(各部门的折旧可利用折旧系数算得),各部门的总产值与新创造价值可以互相唯一确定.

若记

$$X = \begin{pmatrix} x_1 \\ x_2 \\ \vdots \\ x_n \end{pmatrix}, Z = \begin{pmatrix} z_1 \\ z_2 \\ \vdots \\ z_n \end{pmatrix}, D = \begin{pmatrix} d_1 \\ d_2 \\ \vdots \\ d_n \end{pmatrix}, C = \begin{pmatrix} \sum\limits_{i=1}^{n} a_{i1} & 0 & \cdots & 0 \\ 0 & \sum\limits_{i=1}^{n} a_{i2} & \cdots & 0 \\ \cdots & \cdots & \cdots & \cdots \\ 0 & 0 & \cdots & \sum\limits_{i=1}^{n} a_{in} \end{pmatrix}$$

则方程组(7.8)有如下的矩阵形式

$$X = CX + D + Z \tag{7.10}$$

§7.1.4　完全消耗系数

直接消耗系数 a_{ij} 反映了第 j 部门对第 i 部门产品的直接消耗量. 但是第 j 部门还有可能通过第 k 部门的产品(第 k 部门要消耗第 i 部门的产品)而间接消耗第 i 部门的产品. 例如汽车生产部门除了直接消耗钢铁之外还会通过使用机床而间接消耗钢铁,所以有必要引进刻划部门之间的完全联系的量——完全消耗系数.

定义 7.2　称第 j 部门生产单位产品对第 i 部门产品的完全消耗量为第 j 部门对第 i 部门的完全消耗系数. 记为

$$b_{ij}(i,j = 1,2,\cdots,n)$$

并称

$$B = \begin{pmatrix} b_{11} & b_{12} & \cdots & b_{1n} \\ b_{21} & b_{22} & \cdots & b_{2n} \\ \cdots & \cdots & \cdots & \cdots \\ b_{n1} & b_{n2} & \cdots & b_{nn} \end{pmatrix}$$

为完全消耗系数矩阵.

显然，b_{ij} 应包括两部分：

（1）对第 i 部门的直接消耗量 a_{ij}；

（2）通过第 k 部门而间接消耗第 i 部门的量 $b_{ik}a_{kj}(k=1,2,\cdots,n)$

于是，有

$$b_{ij} = a_{ij} + \sum_{k=1}^{n} b_{ik}a_{kj} \quad (i、j=1,2,\cdots,n) \tag{7.11}$$

写成矩阵形式，就是

$$B = A + BA \tag{7.12}$$

于是

$$B = A(E-A)^{-1}$$

又因

$$A = E - (E-A)$$

所以

$$B = (E-A)^{-1} - E \tag{7.13}$$

（7.13）表明，完全消耗系数可由直接消耗系数求得.

完全消耗系数是一个国家的经济结构分析及经济预测的重要参数，完全消耗系数的求得是投入产出模型的最显著的特点.

§7.2　线性规划数学模型

线性规划是运筹学的重要分支，是一种优化数学模型. 它是解决生产计划、合理下料、人力安排、运输问题、布局问题等资源合理配置问题的强有力的数学工具.

例 1　（生产计划问题）某化工厂要用 d_1 吨甲原料和 d_2 吨乙原料生产 Ⅰ、Ⅱ、Ⅲ 三种产品. 已知每生产 1 吨产品 Ⅰ 需消耗甲、乙原料的数量分别为 a_1 和 b_1 吨，每生产 1 吨产品 Ⅱ 需消耗甲、乙原料的数量分别为 a_2 和 b_2 吨，每生产 1 吨产品Ⅲ需消耗甲、乙原料的数量分别为 a_3 和 b_3 吨. 若工厂每生产1吨 Ⅰ、Ⅱ、Ⅲ 产品分别可获利 c_1、c_2、c_3 元. 问应如何安排生产才能使工厂获利最大?

解 设工厂生产 Ⅰ、Ⅱ、Ⅲ 三种产品的数量分别为 x_1、x_2、x_3 吨,总利润为 f 元. 则此问题就是求目标函数

$$f = c_1x_1 + c_2x_2 + c_3x_3$$

满足约束条件

$$\begin{cases} a_1x_1 + a_2x_2 + a_3x_3 \leqslant d_1 \\ b_1x_1 + b_2x_2 + b_3x_3 \leqslant d_2 \\ x_1、x_2、x_3 \geqslant 0 \end{cases}$$

的条件极(大)值问题.

例2 (运输问题)某公司有 m 个油田 A_1、A_2、…、A_m 及 n 个炼油厂 B_1、B_2、…、B_n. 已知油田 A_i 的原油产量为 a_i 吨($i=1,2,\cdots,m$),炼油厂 B_j 的最大炼油能力为 b_j 吨($j=1,2,\cdots,n$). 而每吨原油由油田 A_i 运到炼油厂 B_j 的运价为 c_{ij} 元. 问公司应如何组织运输才能使总运费最小?

解 设 x_{ij} 为由油田 A_i 运往炼油厂 B_j 的原油数量,f 为总运费. 则此问题就是求目标函数

$$f = \sum_{i=1}^{m} \sum_{j=1}^{n} c_{ij}x_{ij}$$

满足约束条件

$$\begin{cases} \sum_{j=1}^{n} x_{ij} = a_i & (i = 1,2,\cdots,m) \\ \sum_{i=1}^{m} x_{ij} \leqslant b_j & (j = 1,2,\cdots,n) \\ x_{ij} \geqslant 0 \end{cases}$$

的条件极(小)值问题.

通常称如例1、例2这样的,目标函数为线性函数,约束条件为线性等式或不等式的条件极值问题为一个线性规划问题,简记为LP(Linear Programming).

§7.2.1 *LP* 的标准形式

LP 的一般形式为

$$\max(\text{或}\min)f = \sum_{i=1}^{n} c_i x_i \tag{7.14}$$

$$\text{s. t.}\begin{cases}\sum_{j=1}^{n} a_{ij}x_j \leqslant \text{或}(=,\ \geqslant) b_i & (i=1,2,\cdots,m)\\ x_j \geqslant 0 & (j=1,2,\cdots,n)\end{cases}$$

(7.14) 中 max(或 min) 表示求目标函数的最大(最小) 值,s. t. 是 subject to(遵从) 的缩写.

为了便于讨论,通常将形式各异的 LP 问题化为下面的标准形式

$$\max f = \sum_{i=1}^{n} c_i x_i$$

(LP)

$$\text{s. t.}\begin{cases}\sum_{j=1}^{n} a_{ij}x_j = b_i & (i=1,2,\cdots,m)\\ x_j \geqslant 0 & (j=1,2,\cdots,n)\end{cases}$$

若令

$$A=\begin{pmatrix}a_{11} & a_{12} & \cdots & a_{1n}\\ a_{21} & a_{22} & \cdots & a_{2n}\\ \cdots & \cdots & \cdots & \cdots\\ a_{m1} & a_{m2} & \cdots & a_{mn}\end{pmatrix}, b=\begin{pmatrix}b_1\\ b_2\\ \vdots\\ b_m\end{pmatrix}, c=\begin{pmatrix}c_1\\ c_2\\ \vdots\\ c_n\end{pmatrix}, x=\begin{pmatrix}x_1\\ x_2\\ \vdots\\ x_n\end{pmatrix}$$

则标准形式(LP) 又可表示成如下的矩阵形式

$$\max f = c^T x \tag{7.15}$$

(LP)

$$\text{s. t.}\begin{cases}Ax = b\\ x \geqslant 0\end{cases} \tag{7.16}$$

§7.2.2 LP 的解

定义 7.3 称满足约束条件(7.16) 的 $x \in R^n$ 为(LP) 的可行解,并称(LP) 全部可行解的集合 $S = \{x \mid Ax = b, x \geqslant 0\}$ 为(LP) 的可行域.

对任意 LP 而言,显然只有当其可行域中有不止一个可行解时,讨论其最优解才有意义. 故可设 $R(A) = m < n$. 若记

$$A = (\alpha_1, \alpha_2, \cdots, \alpha_n)$$

其中 $\alpha_j (j = 1,2,\cdots,n)$ 为矩阵 A 的列向量,则矩阵 A 中至少有一个非奇异的 m 阶子矩阵

$$B = (\alpha_{i_1} \quad \alpha_{i_2} \quad \cdots \quad \alpha_{i_m}) \qquad (i_1 < i_2 < \cdots < i_m)$$

定义 7.4 (LP) 中矩阵 A 的任意一个非奇异的 m 阶子矩阵 $B=(\alpha_{i_1},\alpha_{i_2},\cdots,\alpha_{i_m})$ 称为(LP) 的一个基,其所对应的变量 $x_{i_1},x_{i_2},\cdots,x_{i_m}$ 称为基 B 的基变量,其余的变量称为非基变量.

不失一般性,可设

$$B=(\alpha_1,\alpha_2,\cdots,\alpha_m)$$

为(LP) 的一个基,并记

$$N=(\alpha_{m+1},\alpha_{m+2},\cdots,\alpha_n),x_B=(x_1,x_2,\cdots,x_m)^T$$

$$x_N=(x_{m+1},x_{m+2},\cdots,x_n)^T$$

则(LP) 的约束条件 $Ax=b$ 便成为

$$(B\quad N)\begin{pmatrix}x_B\\x_N\end{pmatrix}=b$$

即

$$Bx_B+Nx_N=b \tag{7.17}$$

相应地,若记

$$c_B=(c_1,c_2,\cdots,c_m)^T,c_N=(c_{m+1},c_{m+2},\cdots,c_n)^T$$

则(LP) 的目标函数又可表示为

$$f=c^Tx=(c_B^T\quad c_N^T)\begin{pmatrix}x_B\\x_N\end{pmatrix}=c_B^Tx_B+c_N^Tx_N \tag{7.18}$$

由(7.17),若令 $x_N=\theta$,则有 $x_B=B^{-1}b$.

定义 7.5 设 B 为(LP) 的一个基,称 $x_B=B^{-1}b,x_N=\theta$ 为(LP) 的对应于基 B 的基本解.

一般,因 $x_B=B^{-1}b$ 不一定满足(LP) 的非负约束,故(LP) 的基本解不一定是可行解. 只有当 $x_B=B^{-1}b\geqslant 0$ 时(LP) 的基本解同时又是可行解,此时称 $x_B=B^{-1}b,x_N=\theta$ 为(LP) 的**基本可行解**,并称 B 为(LP) 的**可行基**. 若(LP) 的基本可行解是(LP) 的最优解,则称此基本可行解为(LP) 的**基最优解**,并称相应的基 B 为(LP) 的**最优基**.

那么(LP) 的基本可行解何时是(LP) 的最优解呢?

由(7.17) 可解得

$$x_B=B^{-1}b-B^{-1}Nx_N,$$

将其代入(7.18) 得

$$f=c_B^TB^{-1}b-(c_B^TB^{-1}N-c_N^T)x_N \tag{7.19}$$

显然,若 $c_B^T B^{-1} N - c_N^T \geqslant 0$,则对任意非负的 x_N,有

$$f \leqslant c_B^T B^{-1} b$$

这表明,此时(LP)的目标函数 f 有最大值,且在 $x_N = \theta$ 时达到其最大值,此时的 $x_B = B^{-1} b$.

于是我们得到下面的判定定理.

定理 7.1 若(LP)的基 B 满足

$$B^{-1} b \geqslant 0 \quad 且 \quad c_B^T B^{-1} N - c_N^T \geqslant 0$$

则基 B 就是(LP)的最优基,B 所对应的基本可行解

$$x_B = B^{-1} b, x_N = \theta$$

就是(LP)的基最优解.

关于(LP)的解,我们不加证明地给出如下的**线性规划基本定理**.

定理 7.2

(1) 若(LP)的可行域非空,则(LP)必有基本可行解;

(2) 若(LP)有最优解,则必有基最优解.

由于(LP)至多只有 C_n^m 个基,所以基本可行解的个数是有限的. 于是,由(LP)的某个基本可行解开始,利用定理 7.1 对其是否是最优解进行判断:是,则已求得最优解;不是,则设法找出另一个基本可行解再行判断. 如此反复进行,经有限的步骤最终必能对(LP)是否有最优解做出判定,且在(LP)有最优解时求出其最优解.(LP)的**单纯形法**正是根据这一思路形成的(LP)的有效计算方法. 囿于本章的编写目的,此处不作介绍,有兴趣的读者可以参考有关书籍.

§7.3 层次分析数学模型

层次分析(The Analytic Hierarchy Process,简称 AHP)是由美国运筹学家,匹兹堡大学 T. L. Saaty 教授于二十世纪七十年代初创立的一种决策分析数学模型. 它适用于现实中大量存在的无结构决策问题,并以能将定性问题定量化为其显著特点. 由于其实用性,AHP 已被广泛应用于包括社会经济系统决策、工程建设决策在内的大量决策问题之中. 概略地讲,AHP 是通过建立决策问题的递阶层次结构,构造递阶层次结构中每层元素对于上层元素重要性程度的比较判断矩阵,利用判断矩阵计算每层元素对于其上层支配元素的权重,最后进行层次总排序,从而最终得出决策问题的备选方案的优劣排序以供决策者进行决策的.

下面分步予以介绍.

§7.3.1 建立决策问题的递阶层次结构

什么是决策问题的递阶层次结构？我们先看一个大学毕业生选择工作单位的实例.

通过四处邮寄求职信,某甲受到若干个单位的垂青. 经初步筛选,他准备在其中的3个单位中确定1个前往应聘.哪个单位才是最理想的呢？显然,这与“理想”的具体标准有关. 假如某甲择业的主要着眼点是:第一,是否有利于个人发展;第二,工作地点的优劣;第三,收入的多少(当然,上述三点在某甲心目中又有轻重之分). 此外,就每一点而言,例如第一点,又可进一步细分. 对此某甲又将其细分成:(1) 专业是否对口;(2) 有无出国机会;(3) 有无进修机会;(4) 是否有利于个人能力的培养. 可见,为了比较出三个候选单位的优劣,某甲首先应将其择业的标准确定下来并加以细化,以便逐条比较各方案的优劣. 经过一番思考,某甲将自己的想法梳理成下面的决策思维框图(见图 7.1):

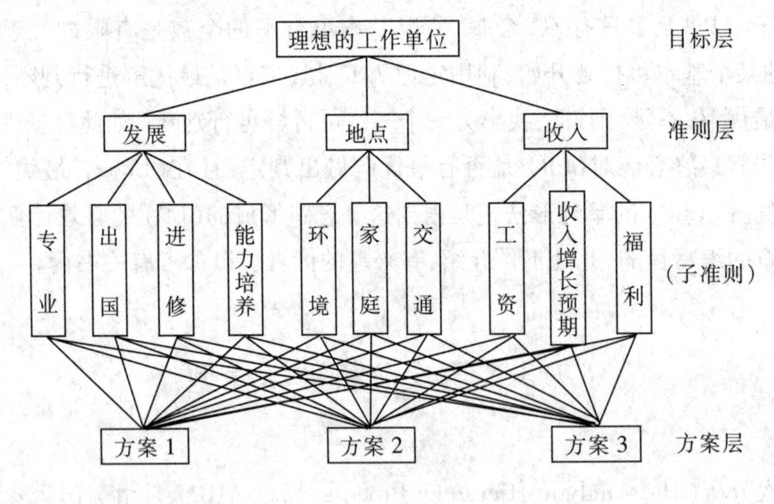

图 7.1

AHP 将如图 7.1 这样的能够完全体现决策者思维模式的框图称为一个递阶层次结构. 一个决策问题的递阶层次结构的建立是运用 AHP 进行决策的关键步骤. 它反映了决策者(或决策分析者) 的偏好,它的确立在很大程度上决定了最终的决策结果. 很多无结构决策问题在采用 AHP 进行决策时确立了自己的结构,故有的学者将其称为概念生成形决策.

图 7.2 给出了一个典型的递阶层次结构.

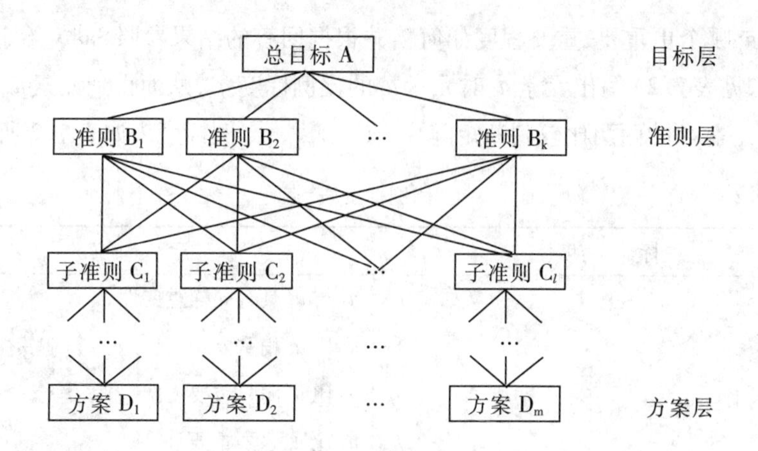

图 7.2 递阶层结构示意图

怎样建立一个决策问题的递阶层次结构呢？首先要确定决策目标．上述大学毕业生择业决策问题的决策目标是“理想的工作单位”．AHP 中称之为**目标层**．其次是建立判断目标是否实现的标准，或对目标进行细化．上例目标层下面的两层即刻画了理想工作单位的详细标准，形成递阶层次结构的第二、第三层．如果需要，还可以建立更多的层次．AHP 将这些层次统称为**准则层**．最后，全部备选方案形成层次结构的最底层，AHP 中称之为**方案层**．上述总目标、准则、子准则和方案在递阶层次结构中统称**元素**．

关于递阶层次结构我们再作如下几点说明：

(1) 整个递阶层次结构至少由目标层、准则层和方案层三个层次构成，其中准则层又可细分为若干层次；

(2) 目标层只有 1 个元素，并支配第二层的所有元素（层次结构中以元素间的连线表示这种支配与被支配关系）；

(3) 每层中的元素至少受其上层 1 个元素的支配，且至少支配下一层 1 个元素（至多支配下一层 9 个元素），同层元素不存在支配关系．

§7.3.2 构造两两比较判断矩阵

一个决策问题的递阶层次结构建立之后，接下来就是要构造每层元素对于上层支配元素的重要性的两两比较判断矩阵，以便从判断矩阵导出这些元素从上层支配元素分配到的权重．

设某层元素 C 直接支配其下层元素 $u_1,u_2,\cdots,u_n$．为了构造出元素 $u_1,u_2,\cdots,u_n$ 对于元素 C 的两两比较判断矩阵须由决策者反复回答“相对于元素 C，元素 u_i

与元素 u_j 哪个更重要,重要程度如何”,并根据回答的结果参照 Saaty 给定的比例标度表(见表 7.2) 写出元素 u_i 对元素 u_j 的比例标度 a_{ij},从而得到元素 $u_1, u_2, \cdots, u_n$ 对于元素 C 的两两比较判断矩阵 $A=(a_{ij})_{n\times n}$. 比例标度表如表 7.2 所示。

表 7.2 **比例标度表**

标　　度	意　　义
1	u_i 与 u_j 具有同样重要性
3	u_i 比 u_j 稍重要
5	u_i 比 u_j 明显重要
7	u_i 比 u_j 强烈重要
9	u_i 比 u_j 极端重要
2,4,6,8	表示上述相邻判断的中间值
$1, \frac{1}{2}, \frac{1}{3}, \cdots, \frac{1}{9}$	若 u_i 与 u_j 重要性之比为 a_{ij},则 u_j 与 u_i 之比为 $a_{ji}=1/a_{ij}$

表 7.2 中所采用的比例标度(用 1—9 九个自然数及其倒数) 是 Saaty 经过精心研究(包括心理学试验) 后建议采用的.

显然,判断矩阵中的元素应具有如下性质:

$$1^\circ \quad a_{ij}>0; \qquad 2^\circ \quad a_{ij}=\frac{1}{a_{ji}}; \qquad 3^\circ \quad a_{ii}=1.$$

要求判断矩阵具有性质 2° 是由于,当决策者已经得出元素 u_i 对于元素 u_j 的比例标度为 a_{ij} 时,将元素 u_j 对于元素 u_i 的比例标度取作 $\frac{1}{a_{ij}}$ 应是合理的.

通常称具有这些性质的 n 阶矩阵为**正互反矩阵**. 由于判断矩阵的上述性质,在实际构造一个 n 阶判断矩阵时,决策者须作 $C_n^2=\frac{n(n-1)}{2}$ 次比较判断.

定义 7.6 设 $A=(a_{ij})$ 为 n 阶判断矩阵. 若对于任意的 i、j、$k\in\{1,2,\cdots,n\}$ 都成立

$$a_{ik}\cdot a_{kj}=a_{ij} \tag{7.20}$$

则称 A 为一致性判断矩阵.

定义 7.6 体现了人的判断的传递性及一致性. 但是,由于事物的复杂性和人的认识的多样性以及 AHP 对比例标度的特殊规定,在实际构造判断矩阵时一般难以使所有的元素都具有这种传递性,所以 AHP 并不刻意要求这种传递性. 另

一方面,AHP 也不允许判断矩阵中出现严重的矛盾判断. 例如,$a_{12}=5, a_{23}=5$, $a_{13}=\frac{1}{5}$ 就是一组明显的矛盾判断. 因为当元素 u_1 比元素 u_2 明显重要,而元素 u_2 又比元素 u_3 明显重要时,元素 u_3 却又比元素 u_1 明显重要,这显然是违背常理的判断. 关于判断的一致性问题,下面还要专门讨论.

§7.3.3 由判断矩阵计算元素对于上层支配元素的权重

设元素 $u_1, u_2, \cdots, u_n$ 对于元素 C 的两两比较判断矩阵为

$$A=(a_{ij})_{n\times n}=(\alpha_1, \alpha_2, \cdots, \alpha_n)$$

其中 α_j 为 A 的第 j 列. 元素 $u_1, u_2, \cdots, u_n$ 对于元素 C 的权重分别为 $w_1, w_2, \cdots, w_n\left(\sum_{i=1}^{n} w_i=1\right)$. 称向量

$$\omega=(w_1, w_2, \cdots, w_n)^T$$

为元素 $u_1, u_2, \cdots, u_n$ 对于元素 C 的**权重向量**或**排序向量**. 向量 ω 反映了元素 $u_1, u_2, \cdots, u_n$ 对于元素 C 的重要程度. 下面介绍由判断矩阵 A 计算排序向量 ω 的方法.

1. 和法. 计算步骤如下:

(1) 将 A 的列向量进行**归一化**,即用该列向量全部分量之和去除每一个分量,即

$$\alpha_j \to \frac{1}{\sum_{i=1}^{n} a_{ij}} \alpha_j \stackrel{\Delta}{=} \beta_j \qquad (j=1,2,\cdots,n)$$

(2) 计算上述归一化后的各列的算术平均,所得向量即为排序向量 ω,即

$$\omega=\frac{1}{n}\sum_{j=1}^{n}\beta_j$$

综合(1)、(2),排序向量 ω 的第 i 个分量为

$$w_i=\frac{1}{n}\sum_{j=1}^{n}\frac{a_{ij}}{\sum_{k=1}^{n} a_{kj}} \qquad (i=1,2,\cdots,n)$$

2. 最小夹角法. 计算步骤如下:

(1) 将 A 的列向量单位化,设这一变化将 A 化为 $B=(b_{ij})_{n\times n}$;

(2) 计算

$$w_i = \frac{\sum_{j=1}^{n} b_{ij}}{\sum_{i=1}^{n}\sum_{j=1}^{n} b_{ij}} \qquad (i = 1,2,\cdots,n)$$

此即排序向量 ω 的第 i 个分量.

3. 特征向量法. 计算步骤如下:

(1) 计算 A 的(模) 最大特征根 λ_{max};

(2) 求出 A 的对应于 λ_{max} 的正特征向量(即分量全部大于零的特征向量) 并将其归一化,所得向量即为排序向量 ω.

【注】 1° 由正矩阵的 Perron 定理可知判断矩阵 A 存在唯一的(模) 最大特征根 λ_{max},且对应有正特征向量;

2° 上述计算可由专门的计算软件完成.

权重向量的上述计算虽然原理不同算法各异,但对于具有满意一致性(下面即将论及) 的判断矩阵会得到大体相同的结果.

§7.3.4 判断矩阵的一致性检验

如前所述,在用 AHP 进行决策分析时所构造出来的判断矩阵一般难以满足(7.20) 的一致性要求. 虽然 AHP 并不要求判断矩阵具有完全的一致性,但存在大量矛盾判断从而偏离一致性要求过大的判断矩阵也是难以作为决策依据的. 因此有必要对判断矩阵进行一致性检验.

一致性检验可使我们在判断矩阵的取舍上有所依据. 具体步骤如下:

(1) 计算判断矩阵 A 的一致性指标 $C.I.$

$$C.I. = \frac{\lambda_{max} - n}{n - 1}$$

(2) 查找相应的平均随机一致性指标 $R.I.$ (见表 7.3)

(3) 计算一致性比例 $C.R.$

$$C.R. = \frac{C.I.}{R.I.}$$

表 7.3　　　　平均随机一致性指标

矩阵阶数	2	3	4	5	6	7	8	9
R. I.	0	0.52	0.89	1.12	1.26	1.36	1.41	1.46

当判断矩阵 A 的 $C.R. < 0.1$ 时即可认为 A 具有满意的一致性,是可以接受的,否则认为 A 不具有满意的一致性,应予放弃或对其作适当修正.

【注】　在对判断矩阵 A 作一致性检验时要用到 A 的最大特征根 λ_{max},其近似算法由下式给出

$$\lambda_{max}=\frac{1}{n}\sum_{i=1}^{n}\frac{1}{w_i}\sum_{j=1}^{n}a_{ij}w_j$$

其中 w_i 为排序向量 ω 的第 i 个分量.

§7.3.5　计算各层元素对总目标的合成权重

由上述计算步骤的第三步我们得到的仅是各层元素对于上层支配元素的权重,而利用 AHP 进行决策分析最终是要得到方案层中每个备选方案对于总目标的权重,以便决定出方案的优劣排序.因此必须将第三步得到的权重向量进行合成.这一过程称作层次总排序.

设第 $k-1$ 层的 n_{k-1} 个元素对总目标的排序向量为

$$\omega^{(k-1)}=(w_1^{(k-1)},w_2^{(k-1)},\cdots,w_{n_{k-1}}^{(k-1)})^T$$

第 k 层第 i 个元素对于第 $k-1$ 层第 j 个元素的排序权值为 $p_{ij}^{(k)}$(若无连线则权值为0).并记

$$P^{(k)}=\begin{pmatrix} p_{11}^{(k)} & p_{12}^{(k)} & \cdots & p_{1n_{k-1}}^{(k)} \\ p_{21}^{(k)} & p_{22}^{(k)} & \cdots & p_{2n_{k-1}}^{(k)} \\ \cdots & \cdots & \cdots & \cdots \\ p_{n_k1}^{(k)} & p_{n_k2}^{(k)} & \cdots & p_{n_kn_{k-1}}^{(k)} \end{pmatrix}$$

则第 k 层的 n_k 个元素对总目标的排序向量

$$\omega^{(k)}=(w_1^{(k)},w_2^{(k)},\cdots,w_{n_k}^{(k)})^T$$

有如下的递推公式

$$\omega^{(k)}=P^{(k)}\omega^{(k-1)}\qquad (k=3,4,\cdots,n)$$

于是

$$\omega^{(k)}=P^{(k)}P^{(k-1)}\omega^{(k-2)}=\cdots=P^{(k)}P^{(k-1)}\cdots P^{(3)}\omega^{(2)}$$

此即合成权重计算公式.

经过自上而下的层次总排序计算,最终可以得到最底层(即方案层)中每个元素对于总目标的排序向量.该向量中各分量的大小即完全决定了它所对应的方案的优劣排序.

参考答案

习题 1.1

1. (1) 奇；　(2) 奇；

(3) $\tau=\frac{k(k-1)}{2}$. 当 $k=4i(i=1,2,3,\cdots)$ 或 $k=4i+1(i=0,1,2,\cdots)$ 时为偶排列；当 $k=4i+2$ 或 $k=4i+3$ 时为奇排列 $(i=0,1,2,\cdots)$

2. (1) $i=2,j=6$；　(2) $i=4,j=2$.

3. (1) $\cos2\alpha$；　(2) 0；

(3) $x^3+3x-10$；　(4) x^2+2x+3；

(5) 120；　(6) $(-1)^{\frac{(n-2)(n-1)}{2}}n!$；

(7) $(-1)^{\frac{n(n-1)}{2}}a_{1,n}a_{2,(n-1)}\cdots a_{(n-1),2}a_{n,1}$；

(8) 0.

习题 1.2

1. (1) -21；　(2) 0；

(3) -160；　(4) 4192；

(5) $(a-b)(c-d)(a+b-c)$；

(6) 0；　(7) $b^2(b^2-4a^2)$；

(8) $(\sum_{i=1}^{n}a_i-b)(-b)^{n-1}$

2. (1) $x_1=-10,x_2=x_3=x_4=0$；

(2) $x_1=0,x_2=1,\cdots,x_{n-1}=n-2$

3. (1) 证略；　　(2) 证略.

4. (1) $(-1)^{n-1}(n-1)$；　　(2) $-2(n-2)!\ (n \geqslant 2)$；

(3) $(-1)^{\frac{n(n+1)}{2}}(n+1)^{n-1}$；

(4) $n!\ x^{n-1}\left(x + a\sum_{k=1}^{n}\frac{1}{k}\right)$.

5. 证略.

习题 1.3

1. (1) 4；　(2) -76；　(3) -21；　(4) -80；

(5) $uvxyz$；　(6) $(a-1)(a-3)^2(a-5)$

2. (1) $x^n + (-1)^{n+1}y^n$；

(2) $a_0x^{n-1} + a_1x^{n-2} + \cdots + a_{n-1}$；

(3) $n+1$.

3. $f(x) = 26x^3 - x^2 - 22x - 72$

习题 1.4

1. (1) $x_1 = 1, x_2 = 2, x_3 = 1, x_4 = -1$；

(2) $x_1 = 1, x_2 = 2, x_3 = -1, x_4 = -2$

2. 当 $\lambda \neq -2$ 且 $\lambda \neq 1$ 时有唯一解：

$$x_1 = \frac{-(1+\lambda)}{\lambda+2}, x_2 = \frac{1}{\lambda+2}, x_3 = \frac{(1+\lambda)^2}{\lambda+2}$$

3. (1) $a \neq 2$ 且 $a \neq -1$；　　(2) $a \neq -3$ 且 $a \neq 3$

复习题一

(一) 填空

1. $(-1)^{n-1}(n-1)$.　2. $24a$.　3. 0

4. $-6,14,-9$.　　5. -2、1、4.　　6. $\lambda=1$ 且 $\lambda\neq-3$.

（二）选择

1.（D）.　　2.（B）.　　3.（D）.

4.（B）.　　5.（D）.　　6.（D）.

（三）计算与证明

1. 1;　$-a_{11}-a_{22}-a_{33}-a_{44}$;　$\begin{vmatrix} a_{11} & \cdots & a_{14} \\ \cdots & \cdots & \cdots \\ a_{41} & \cdots & a_{41} \end{vmatrix}$;

2. 32.

3.（1）$1-a+a^2-a^3+a^4-a^5$;　（2）$\frac{1}{35}$;

（3）$(a+b+c)(a+b-c)(a-b+c)(a-b-c)$;

4. 证略.

5.（1）$(1-x)^n+(-1)^{n+1}x^n$;　（2）$\frac{1}{n!}[1+\frac{n(n+1)}{2}x]$;

（3）若有某个 $y_i=0$,则 $D=-y_1\cdots y_{i-1}y_{i+1}\cdots y_{n-1}$;

若对任意 i 都有 $y_i\neq0$,则 $D=y_1y_2\cdots y_{n-1}(x-\sum_{i=1}^{n-1}\frac{1}{y_i})$.

（4）$1+\sum_{k=1}^{n}(-1)^k\prod_{i=1}^{k}a_i$;

（5）$(-1)^{\frac{n(n-1)}{2}}\frac{n+1}{2}n^{n-1}$;　（6）$(n+1)a^n$.

6. $(a+1)^2\neq4b$.

7. 当 a,b,c 互不相等时有唯一解　$x=a,y=b,z=c$.

习题 2.1

1. $a=2,b=c=d=0$

2.（1）$\begin{pmatrix} -5 & -2 & -3 \\ 6 & -4 & 5 \end{pmatrix}$;　（2）$\begin{pmatrix} -2 & 2 & 3 \\ 1 & 4 & 2 \end{pmatrix}$.

3.（1）$\begin{pmatrix} 2 & 2 & 0 \\ -3 & -1 & 3 \end{pmatrix}$;　（2）$-10$;

(3)$\begin{pmatrix} -4 & 6 & 2 \\ 2 & -3 & -1 \\ 6 & -9 & -3 \end{pmatrix}$;　　(4)$\begin{pmatrix} 0 \\ -2 \\ -2 \end{pmatrix}$;

(5)$\begin{pmatrix} -2 & -5 & -2 \\ 0 & 0 & 6 \\ 0 & 0 & 3 \end{pmatrix}$;

(6)$x^2 + y^2 + z^2 + 2axy + 2bxz + 2cyz$.

4. $\begin{pmatrix} a & b & c \\ 0 & a & b \\ 0 & 0 & a \end{pmatrix}$　(a、b、c 为任意常数)

5. 证略.

6. 证略.

7. 证略.

8. (1)$\begin{pmatrix} 3 & -2 \\ 4 & 8 \end{pmatrix}$;　　(2)$\begin{pmatrix} 1 & n \\ 0 & 1 \end{pmatrix}$

9. $\begin{pmatrix} 1 & 6 \\ -3 & 4 \end{pmatrix}$

10. (1)$\begin{pmatrix} -3 & 3 & 0 \\ -2 & 0 & -2 \\ -4 & -3 & -3 \end{pmatrix}$;　　(2)$\begin{pmatrix} 2 & 1 & 0 \\ -4 & 10 & -4 \\ -4 & -1 & 3 \end{pmatrix}$

11. (1)$\begin{pmatrix} -3 & 10 \\ 0 & -3 \end{pmatrix}$,$\begin{pmatrix} -3 & 0 \\ 0 & -3 \end{pmatrix}$;　　(2)$\begin{pmatrix} 2 & 0 \\ 5 & 2 \end{pmatrix}$

(3)$\begin{pmatrix} 0 & 0 \\ -10 & 0 \end{pmatrix}$

12. 证略.

13. 证略.

14. (1)、(2) 证略;

(3) 当 k 为奇数时 A^k 为反对称矩阵;当 k 为偶数时 A^k 为对称矩阵.

习题 2.2

1. (1) $\begin{pmatrix} 1 & -2 \\ 1 & -\frac{3}{2} \end{pmatrix}$；　(2) $\begin{pmatrix} \frac{1+x}{x} & -1 \\ -1 & 1 \end{pmatrix} (x \neq 0)$；

(3) $\begin{pmatrix} \frac{1}{3} & -\frac{1}{3} & \frac{1}{3} \\ 0 & 1 & 2 \\ 0 & 0 & -1 \end{pmatrix}$；　(4) $\frac{1}{7}\begin{pmatrix} 6 & -3 & -4 \\ 2 & -1 & 1 \\ -3 & 5 & 2 \end{pmatrix}$

2. (1) -3^4；　(2) -2^6；　(3) $-\frac{1}{2}$.

3. 证略.

4. 证略.

5. 证略.

6. (1) $\begin{pmatrix} 3 & -1 & 3 \\ 4 & -4 & 5 \\ -\frac{3}{2} & \frac{3}{2} & -2 \end{pmatrix}$；　(2) $\frac{1}{3}\begin{pmatrix} -6 & 6 & 3 \\ -8 & 15 & -2 \\ -10 & 9 & 5 \end{pmatrix}$；

(3) $\begin{pmatrix} 1 & 1 \\ \frac{1}{4} & 0 \end{pmatrix}$

7. $x = 3, y = 4, z = -\frac{3}{2}$

8. (1) 误；　(2) 误；　(3) 误；　(4) 正；
(5) 误；　(6) 正；　(7) 正；　(8) 误.

习题 2.3

1. $\begin{pmatrix} 1 & 0 & 3 \\ -1 & 2 & 0 \\ -2 & 4 & 1 \\ -1 & 1 & 5 \end{pmatrix}$

2. $A^T = \begin{pmatrix} A_1^T \\ A_2^T \\ \cdots \\ A_n^T \end{pmatrix}$

3. (1) $\begin{pmatrix} O & B^{-1} \\ A^{-1} & O \end{pmatrix}$；　(2) $\begin{pmatrix} A^{-1} & -A^{-1}CB^{-1} \\ O & B^{-1} \end{pmatrix}$

4. (1) $\begin{pmatrix} \frac{1}{3} & 0 & 0 & 0 \\ 0 & 1 & -2 & 7 \\ 0 & 0 & 1 & -2 \\ 0 & 0 & 0 & 1 \end{pmatrix}$；　(2) $\begin{pmatrix} 2 & 1 & 0 & 0 \\ 3 & 2 & 0 & 0 \\ 1 & 1 & 3 & 4 \\ 2 & -1 & 2 & 3 \end{pmatrix}$；

(3) $\begin{pmatrix} 0 & 0 & 0 & \cdots & 0 & \frac{1}{a_n} \\ \frac{1}{a_1} & 0 & 0 & \cdots & 0 & 0 \\ 0 & \frac{1}{a_2} & 0 & \cdots & 0 & 0 \\ \cdots & \cdots & \cdots & \cdots & \cdots & \cdots \\ 0 & 0 & 0 & \cdots & 0 & 0 \\ 0 & 0 & 0 & \cdots & \frac{1}{a_{n-1}} & 0 \end{pmatrix}$

5. $\begin{pmatrix} 1 & 0 & 0 & 0 \\ n\lambda & 1 & 0 & 0 \\ 0 & 0 & 1 & n\lambda \\ 0 & 0 & 0 & 1 \end{pmatrix}$，$\begin{pmatrix} 1 & 0 & 0 & 0 \\ -\lambda & 1 & 0 & 0 \\ 0 & 0 & 1 & -\lambda \\ 0 & 0 & 0 & 1 \end{pmatrix}$.

习题 2.4

1. (1) $\begin{pmatrix} 1 & 0 & 0 & 0 & \frac{1}{3} \\ 0 & 0 & 1 & 0 & \frac{2}{3} \\ 0 & 0 & 0 & 1 & \frac{1}{3} \\ 0 & 0 & 0 & 0 & 0 \end{pmatrix}$; (2) $\begin{pmatrix} 1 & 0 & 3 & 0 & 0 \\ 0 & 1 & -2 & 0 & 0 \\ 0 & 0 & 0 & 1 & 0 \\ 0 & 0 & 0 & 0 & 1 \\ 0 & 0 & 0 & 0 & 0 \end{pmatrix}$

2. (1) $\begin{pmatrix} 1 & 0 & 0 \\ 0 & 1 & 0 \\ 0 & 0 & 1 \end{pmatrix}$, $R(A)=3$;

(2) $\begin{pmatrix} 1 & 0 & 0 & 0 & 0 \\ 0 & 1 & 0 & 0 & 0 \\ 0 & 0 & 0 & 0 & 0 \\ 0 & 0 & 0 & 0 & 0 \end{pmatrix}$, $R(A)=2$

3. 用 $P_{12}(k)$ 左乘 A 相当于将 A 的第 2 行的 k 倍加到第 1 行;用 $P_{12}(k)$ 右乘 A 相当于将 A 的第 1 列的 k 倍加到第 2 列.

4. 标准形为$\begin{pmatrix} 1 & 0 \\ 0 & 1 \end{pmatrix}$;初等矩阵为$\begin{pmatrix} 1 & 1 \\ 0 & 1 \end{pmatrix}$, $\begin{pmatrix} 1 & 0 \\ -3 & 1 \end{pmatrix}$, $\begin{pmatrix} 1 & 0 \\ 0 & -\frac{1}{11} \end{pmatrix}$, $\begin{pmatrix} 1 & -5 \\ 0 & 1 \end{pmatrix}$.

(注:答案不唯一.)

5. (1) $\frac{1}{6}\begin{pmatrix} 5 & 1 & 1 \\ 13 & 5 & -1 \\ -1 & 1 & 1 \end{pmatrix}$; (2) $\begin{pmatrix} \frac{1}{5} & 0 & 0 \\ \frac{3}{5} & 1 & -1 \\ -\frac{8}{5} & -2 & 3 \end{pmatrix}$

6. (1) $\begin{pmatrix} 0 & 2 \\ 1 & 5 \\ -1 & 1 \end{pmatrix}$; (2) $\begin{pmatrix} -1 & -\frac{2}{3} & \frac{2}{3} \\ 1 & 1 & 1 \end{pmatrix}$

复习题二

（一）填空

1. $\begin{pmatrix}2&0&1\\0&3&0\\1&0&2\end{pmatrix}$.

2. $(-1)^{n-1}6^{n-1}$.

3. $\begin{pmatrix}0&0&1\\0&1&0\\-2&0&0\end{pmatrix}$.

4. $\frac{1}{2}A+E$

5. $\frac{1}{5^{2n-1}}$.

6. 1.

7. $\begin{pmatrix}1&0&0&0\\-1&2&0&0\\0&-2&3&0\\0&0&-3&4\end{pmatrix}$.

（二）选择

1.（D）. 2.（C）. 3.（D）.

4.（D）. 5.（C）. 6.（D）.

7.（D）. 8.（C）. 9.（C）.

（三）计算与证明

1.（1）$\begin{pmatrix}\cos n\theta & -\sin n\theta\\ -\sin n\theta & \cos n\theta\end{pmatrix}$；

（2）$\begin{cases}2^nE & n\text{ 为偶数}\\ 2^{n-1}A & n\text{ 为奇数}\end{cases}$ （A 为原矩阵）.

2. 证略.

3. $\begin{pmatrix}1&\frac{1}{2}&0\\-\frac{1}{2}&1&0\\0&0&2\end{pmatrix}$

4. $\begin{pmatrix}0&\frac{1}{2}\\-1&-1\end{pmatrix}$

5. 证略.

6. $\begin{pmatrix} 5 & -2 & -1 \\ -2 & 2 & 0 \\ -1 & 0 & 1 \end{pmatrix}$

7. (1) $\begin{pmatrix} A & \alpha \\ O & |A|(b-\alpha^T A^{-1}\alpha) \end{pmatrix}$；　(2) 证略.

8. $k=-3$

9. 证略.

10. 证略.

11. 证略.

12. 证略.

13. (1) $XYZ=\begin{pmatrix} A & O \\ O & D-CA^{-1}B \end{pmatrix}$；　(2) 用(1)小题的结论.

14. 用13题的结论.

15. $\begin{pmatrix} \frac{1}{3} & 0 & 0 \\ 0 & \frac{3}{14} & \frac{1}{14} \\ 0 & \frac{1}{14} & \frac{5}{14} \end{pmatrix}$

16. $\begin{pmatrix} 2 & 0 & 0 \\ 0 & -4 & 0 \\ 0 & 0 & 2 \end{pmatrix}$

17*. 证略.

18*. 证略.

19*. 证略.

20*. 证略.

习题 3.1

1. (1) $x_1=2, x_2=1, x_3=1$；

(2) $R(A)=2<3=R(\bar{A})$ 无解；

(3) $R(A)=R(\bar{A})=3<4, x_1=-8, x_2=-3+k, x_3=6-2k$,

$x_4 = k$（k 为任意常数）；

（4）$x_1 = -2 + k_1 + k_2 + 5k_3, x_2 = 3 - 2k_1 - 2k_2 - 6k_3, x_3 = k_1,$

$x_4 = k_2, x_5 = k_3$

$R(A) = R(\bar{A}) = 2 < 5$（$k_1$、$k_2$、$k_3$ 为任意常数）；

（5）$R(A) = R(\bar{A}) = 4 < 5, x_1 = -\frac{1}{2}k, x_2 = -1 - \frac{1}{2}k, x_3 = 0,$

$x_4 = -1 - \frac{1}{2}k, x_5 = k$（$k$ 为任意常数）；

（6）$R(A) = R(\bar{A}) = 3 < 4, x_1 = \frac{1}{6} + \frac{5}{6}k, x_2 = \frac{1}{6} - \frac{7}{6}k,$

$x_3 = \frac{1}{6} + \frac{5}{6}k, x_4 = k$（$k$ 为任意常数）.

2. （1）$a \neq 1$ 且 $a \neq 10$ 时有唯一解；

（2）$a = 10, R(A) \neq R(\bar{A})$ 时无解；

（3）$a = 1, R(A) = R(\bar{A}) = 1 < 3 = n$ 时有无穷解：

$x_1 = 1 - 2k_1 + 2k_2, x_2 = k_1, x_3 = k_2$（$k_1$、$k_2$ 为任意常数）.

习题 3.2

1.（1）$(-2,0,0,0)$；　　（2）$(3,-11,0,3)$

2. $(3,-1,4)$

3. $\left(\frac{3}{2},\frac{3}{10},\frac{9}{5},\frac{12}{5}\right)$

习题 3.3

1. （1）$\beta = \frac{5}{4}\alpha_1 + \frac{1}{4}\alpha_2 - \frac{1}{4}\alpha_3 - \frac{1}{4}\alpha_4$；

（2）$\beta = 1\alpha_1 + 0\alpha_2 - 1\alpha_3 + 0\alpha_4$

2. （1）线性相关；（2）线性相关；（3）线性无关；（4）线性相关；

（5）线性无关.

3. (1) $k=\frac{2}{3}$ 时线性相关;$k\neq\frac{2}{3}$ 时线性无关.

(2) $17a-4b-72=0$ 时线性相关;$17a-4b-72\neq 0$ 时线性无关.

(3) $a=2$ 时线性相关;$a\neq 2$ 时线性无关.

(4) $a=5$ 且 $b=12$ 时线性相关;其余线性无关.

4. (1) 不一定;(2) 不一定;(3) 不一定.

5. 不是,如 $\alpha_1=\begin{pmatrix}1\\0\\0\end{pmatrix}$,$\alpha_2=\begin{pmatrix}0\\1\\1\end{pmatrix}$,$\alpha_3=\begin{pmatrix}0\\2\\2\end{pmatrix}$ 线性相关,但 α_1 不能由 α_2,α_3 线性表示.

6. 是.

7. 不一定.

8. (1) 线性相关;(2) 线性相关;(3) 线性相关;(4) 线性相关.

习题 3.4

1. 证略.

2. 证略.

3. (1) 极大无关组为 $\alpha_1,\alpha_2,\alpha_3$;　$\alpha_4=2\alpha_1-\alpha_2-2\alpha_3$

(2) 极大无关组为 α_1,α_2;　$\alpha_3=\alpha_1+\alpha_2$

(3) 极大无关组为 α_1,α_2;　$\alpha_3=-\alpha_1+2\alpha_2,\alpha_4=-2\alpha_1+3\alpha_2$

(4) 极大无关组为 $\alpha_1,\alpha_2,\alpha_4,\alpha_5$;$\alpha_3=-\alpha_1$

4. (1) $\alpha_1,\alpha_2,\alpha_3$;　$R(\alpha_1,\alpha_2,\alpha_3,\alpha_4)=3$;

(2) $\alpha_1,\alpha_2,\alpha_5$;　$R(\alpha_1,\alpha_2,\alpha_3,\alpha_4,\alpha_5)=3$;

(3) $\alpha_1,\alpha_2,\alpha_4$;　$R(\alpha_1,\alpha_2,\alpha_3,\alpha_4)=3$;

(4);$\alpha_1,\alpha_2,\alpha_3,\alpha_4$;　$R(\alpha_1,\alpha_2,\alpha_3,\alpha_4,\alpha_5)=4$

5. $a=1$ 时,$R(\alpha_1,\alpha_2,\alpha_3)=2$;　α_1,α_2;

$a\neq 1$ 时,$R(\alpha_1,\alpha_2,\alpha_3)=3$

6. 证略.

7. 证略.

8. 证略.

9. 证略.

习题 3.5

1. 是解向量； $\alpha_1,\alpha_2,\alpha_4$ 构成一个基础解系.

2. (1) $\eta_1=(0,-1,0,1)^T,\eta_2=\left(-\frac{1}{2},\frac{3}{2},1,0\right)^T$；

$X^*=k_1\eta_1+k_2\eta_2$(k_1,k_2 为任意常数).

(2) $\eta_1=(0,1,1,0,0)^T,\eta_2=(0,1,0,1,0)^T$,

$\eta_3=\left(\frac{1}{3},-\frac{5}{3},0,0,1\right)^T$；

$X^*=k_1\eta_1+k_2\eta_2+k_3\eta_3$($k_1,k_2,k_3$ 为任意常数).

(3) $\eta_1=(-1,1,1,0,0)^T,\eta_2=(2,2,0,1,1)^T$；

$X^*=k_1\eta_1+k_2\eta_2$(k_1,k_2 为任意常数).

3. $c=1$；$\eta_1=(1,-1,1,0)^T,\eta_2=(0,-1,0,1)^T$；

$X^*=k_1\eta_1+k_2\eta_2$(k_1,k_2 为任意常数).

4. $\eta=(1,1,\cdots,1)^T$；$X^*=k\eta$(k 为任意常数).

5. 证略.

习题 3.6

1. (1) $R(A)=3<4=R(\bar{A})$ 无解；

(2) $\gamma_0=(3,-8,0,6)^T,\eta=(-1,2,1,0)^T$；

$X^*=\gamma_0+k\eta(k\in R)$

(3) $\eta_1=\begin{pmatrix}1\\-2\\1\\0\\0\end{pmatrix},\eta_2=\begin{pmatrix}1\\-2\\0\\1\\0\end{pmatrix},\eta_3=\begin{pmatrix}5\\-6\\0\\0\\1\end{pmatrix},\gamma_0=\begin{pmatrix}-3\\2\\0\\0\\0\end{pmatrix}$；

$X^*=\gamma_0+k_1\eta_1+k_2\eta_2+k_3\eta_3$($k_1,k_2,k_3$ 为任意常数).

2. $a\neq 0$ 且 $b\neq 1$ 时有唯一解；

$a=0$ 时 $R(A)=2<3=R(\bar{A})$ 无解；

$a\neq 0$ 且 $b=1$ 时，

（Ⅰ）$a\neq\frac{1}{2}$ 无解；

（Ⅱ）$a=\frac{1}{2},\eta=(-1,0,1)$，$\gamma_0=(2,2,0)^T$；

$X^*=\gamma_0+k\eta$（k 为任意常数）.

3.（1）$a\neq 0$ 且 $a\neq -3$ 时有唯一解，β 可由 $\alpha_1,\alpha_2,\alpha_3$ 唯一线性表示；

（2）$a=0$ 时 $R(A)=1=R(\bar{A})<3$ 有无穷多解，β 可由 $\alpha_1,\alpha_2,\alpha_3$ 线性表示，且表示式不唯一；

（3）$a=-3$ 时 $R(A)=2<3=R(\bar{A})$ 无解，β 不能由 $\alpha_1,\alpha_2,\alpha_3$ 线性表示.

4. $X^*=\begin{pmatrix}-1\\ \frac{3}{2}\\ \frac{1}{2}\end{pmatrix}+k\begin{pmatrix}-5\\ 4\\ -1\end{pmatrix}$（$k$ 为任意常数）.

5. 证略.

6. 证略.

复习题三

（一）填空

1. $abc\neq 0$.　　2. $\begin{pmatrix}1\\2\\3\\4\end{pmatrix}+c\begin{pmatrix}2\\3\\4\\5\end{pmatrix}$.　　3. $b-a$.

4. $-2,0$.　　5. 1.　　6. 0.

7. -3.

（二）选择

1.（D）.　　2.（C）.　　3.（B）.

4.（C）.　　5.（A）.　　6.（C）.

7.（D）.

（三）计算与证明

1. $m \neq 0$ 且 $m \neq \pm 2$ 时线性无关；$m = 0$ 或 $m = \pm 2$ 时线性相关．

2. 提示：证明 $\alpha_1, \alpha_2, \alpha_3, \alpha_5 - \alpha_4$ 与向量组（Ⅲ）等价．

3. 提示：考虑线性方程组 $k_1x_1 + k_2x_2 + \cdots + k_mx_m = 0 (m \geqslant 2)$ 必有非零解．

4. 提示：用线性相关与无关定义证明．

5. 证略．

6. 提示：用定义证明．

7. $kl \neq 1$ 时线性无关；$kl = 1$ 时线性相关．

8. $\beta_1, \beta_2, \beta_3, \beta_4$ 线性相关．

9.（1）当 $a = -4$ 且 $3b - c \neq 1$ 时 β 不可由 $\alpha_1, \alpha_2, \alpha_3$ 线性表出；

（2）当 $a \neq -4$ 时可由 $\alpha_1, \alpha_2, \alpha_3$ 唯一线性表出；

（3）当 $a = -4$ 且 $3b - c = 1$ 时 β 可由 $\alpha_1, \alpha_2, \alpha_3$ 线性表出，且表示不唯一：

$$\beta = k\alpha_1 + [(-b-1) - 2k]\alpha_2 + (1+2b)\alpha_3 \qquad (k \in R)$$

10.（1）当 $a = -1$ 且 $b \neq 0$ 时，$R(A) = 2 \neq 3 = R(\bar{A})$，方程组无解，$\beta$ 不能由 $\alpha_1, \alpha_2, \alpha_3, \alpha_4$ 线性表出；

（2）当 $a \neq 1$ 时，$R(A) = R(\bar{A}) = 4$，方程组 $AX = \beta$ 有唯一解

$$\beta = -\frac{2b}{a+1}\alpha_1 + \frac{a+b+1}{a+1}\alpha_2 + \frac{b}{a+1}\alpha_3 + 0\alpha_4;$$

（3）当 $a = -1$ 且 $b = 0$ 时，$R(A) = R(\bar{A}) = 2 < 4$

$$\beta = (-2k_1 + k_2)\alpha_1 + (1 + k_1 - 2k_2)\alpha_2 + k_1\alpha_3 + k_2\alpha_4$$

（其中 k_1, k_2 为任意常数）．

11. 证略．

12. 证略．

13. 证略．

14. 提示：C 的列向量可由 A、B 的列向量的极大无关组线性表示．

15. 提示：证明 $R(A) = R(\bar{A})$

16. 提示：用 14 题结论．

17. $X^* = \begin{pmatrix} 1 \\ 2 \\ 3 \\ 4 \end{pmatrix} + k\begin{pmatrix} 2 \\ 3 \\ 4 \\ 5 \end{pmatrix} \qquad (k \in R)$

18. $t \neq -2$ 时无解；$t = -2$ 且 $p \neq -8$ 时

$$X^* = \begin{pmatrix} -1 \\ 1 \\ 0 \\ 0 \end{pmatrix} + k\begin{pmatrix} -1 \\ -2 \\ 0 \\ 1 \end{pmatrix} \quad (k \in R)$$

$t = -2$ 且 $p = -8$ 时

$$X^* = \begin{pmatrix} -1 \\ 1 \\ 0 \\ 0 \end{pmatrix} + k_1\begin{pmatrix} 4 \\ -2 \\ 1 \\ 0 \end{pmatrix} + k_2\begin{pmatrix} -1 \\ -2 \\ 0 \\ 1 \end{pmatrix} \quad (k_1, k_2 \in R)$$

19. (1) $X^* = \begin{pmatrix} -2 \\ -4 \\ -5 \\ 0 \end{pmatrix} + k\begin{pmatrix} 1 \\ 1 \\ 2 \\ 1 \end{pmatrix} \quad (k \in R)$；

(2) 当 $m = 2, n = 4, s = -5, t = 6$ 时方程组(Ⅰ)与(Ⅱ)同解.

20. (1) $a \neq b \neq c$ 时仅有零解；

(2) a、b、c 至少有两个相等时有非零解：

$a = b \neq c$ 时 $X = k(-1,1,0)^T \quad (k \in R)$；

$a = c \neq b$ 时 $X = k(-1,0,1)^T \quad (k \in R)$；

$a \neq b = c$ 时 $X = k(0,-1,1)^T \quad (k \in R)$；

$a = b = c$ 时 $X = k_1(-1,1,0)^T + k_2(-1,0,1)^T \quad (k_1, k_2 \in R)$.

21. $X^* = \begin{pmatrix} 0 \\ 1 \\ 0 \end{pmatrix} + k\begin{pmatrix} -3 \\ 1 \\ 2 \end{pmatrix} \quad (k \in R)$

22. (1) $X^* = k_1\begin{pmatrix} 5 \\ -3 \\ 1 \\ 0 \end{pmatrix} + k_2\begin{pmatrix} -3 \\ 2 \\ 0 \\ 1 \end{pmatrix} \quad (k_1, k_2 \in R)$；

(2) $a = -1$ 时有非零公共解且为：

$$X^* = k_1\begin{pmatrix} 5 \\ -3 \\ 1 \\ 0 \end{pmatrix} + k_2\begin{pmatrix} -3 \\ 2 \\ 0 \\ 1 \end{pmatrix} \quad (k_1, k_2 \text{ 不全为零}).$$

23. 证略.

24. 证略.

25. $X^* = (-1,1,1)^T + k(-2,0,2)^T \quad (k \in R)$

26. $X^* = \left(1,\frac{3}{2},\frac{1}{2}\right)^T + k_1(1,3,2)^T + k_2(0,2,4)^T \quad (k_1,k_2 \in R)$

27. 证略.

习题 4.1

1. (1) 是; (2) 是; (3) 不是.

2. (1) 是; (2) 不是.

习题 4.2

1. (1) 是; (2) 是.

2. $\left(\frac{5}{4},\frac{1}{4},-\frac{1}{4},-\frac{1}{4}\right)^T$

3. $C = \begin{pmatrix} -27 & -71 & -41 \\ 9 & 20 & 9 \\ 4 & 12 & 8 \end{pmatrix}$

4. (1) $C = \begin{pmatrix} 1 & -4 & -2 & 1 \\ -2 & 10 & 5 & -2 \\ 0 & 0 & 4 & -1 \\ 0 & 0 & -10 & 3 \end{pmatrix}$; (2) $\begin{pmatrix} -7 \\ 19 \\ 4 \\ -10 \end{pmatrix}$

习题 4.3

1. (1)3; (2)4

2. $\|\alpha\| = \sqrt{5}$; $\|\beta\| = \sqrt{18}$; $\|\gamma\| = \sqrt{11}$

3. (1) $\|\alpha - \beta\| = \sqrt{14}$; (2) $\|\alpha - \beta\| = \sqrt{20}$

4. (1) $\langle \alpha,\beta \rangle = \dfrac{\pi}{4}$;　　　　(2) $\langle \alpha,\beta \rangle = \dfrac{\pi}{2}$

习题 4.4

1. $\alpha^* = \dfrac{1}{2}(1,1,1,1)$

2. (1) $\beta_1^* = \left(\dfrac{1}{\sqrt{2}},0,\dfrac{1}{\sqrt{2}}\right)^T$, $\beta_2^* = \left(\dfrac{1}{\sqrt{6}},\dfrac{2}{\sqrt{6}},-\dfrac{1}{\sqrt{6}}\right)^T$,

$\beta_3^* = \left(-\dfrac{1}{\sqrt{3}},\dfrac{1}{\sqrt{3}},\dfrac{1}{\sqrt{3}}\right)^T$

(2) $\beta_1^* = \begin{pmatrix} \frac{1}{\sqrt{2}} \\ \frac{1}{\sqrt{2}} \\ 0 \\ 0 \end{pmatrix}$, $\beta_2^* = \begin{pmatrix} \frac{1}{\sqrt{6}} \\ -\frac{1}{\sqrt{6}} \\ \frac{2}{\sqrt{6}} \\ 0 \end{pmatrix}$, $\beta_3^* = \begin{pmatrix} -\frac{1}{\sqrt{12}} \\ \frac{1}{\sqrt{12}} \\ \frac{1}{\sqrt{12}} \\ \frac{3}{\sqrt{12}} \end{pmatrix}$, $\beta_4^* = \begin{pmatrix} \frac{1}{2} \\ -\frac{1}{2} \\ -\frac{1}{2} \\ \frac{1}{2} \end{pmatrix}$

3. 证略.
4. 证略.
5. 证略.

复习题四

(一) 填空

1. $-\dfrac{20}{7}$.　　2. $(2,-5,4,3)^T$　　3. $\arccos\dfrac{7}{\sqrt{105}}$.

4. $3^{n-1}\alpha^T\beta$.　　5. $\pm\dfrac{1}{\sqrt{26}}(-4\quad 0\quad -1\quad 3)$.　6. 0.

(二) 选择

1. (C).　　2. (B)　　3. (C).

4. (B).　　5. (A).

(三) 计算与证明

1. 证略.

2. 是.

3. (1) $C^{-1}=\begin{pmatrix}1 & -1 & 0 & 0\\ 0 & 1 & -1 & 0\\ 0 & 0 & 1 & -1\\ 0 & 0 & 0 & 1\end{pmatrix}$;　　(2) $\alpha=k\alpha_4\quad(k\in R)$

4. 证略.

5. (1) 证略;　　(2) 证略.

6. $\begin{cases}a=\dfrac{1}{\sqrt{2}}\\ b=\dfrac{1}{\sqrt{2}}\\ c=-\dfrac{1}{\sqrt{2}}\end{cases}$; $\begin{cases}a=\dfrac{1}{\sqrt{2}}\\ b=-\dfrac{1}{\sqrt{2}}\\ c=\dfrac{1}{\sqrt{2}}\end{cases}$; $\begin{cases}a=-\dfrac{1}{\sqrt{2}}\\ b=\dfrac{1}{\sqrt{2}}\\ c=\dfrac{1}{\sqrt{2}}\end{cases}$; $\begin{cases}a=-\dfrac{1}{\sqrt{2}}\\ b=-\dfrac{1}{\sqrt{2}}\\ c=-\dfrac{1}{\sqrt{2}}\end{cases}$

7. 证略.

8. 证略.

9. 证略.

10. (1) 证略;　　(2) 证略.

习题 5.1

1. (1) $k\lambda$　　(2) λ^m　　(3) $f(\lambda)$

4. (1) $\lambda_1=0$, $k_1\begin{pmatrix}1\\ -1\\ -2\end{pmatrix}$, $(k_1\neq 0)$;

$\lambda_2=\lambda_3=2$, $k_2\begin{pmatrix}1\\ -1\\ 0\end{pmatrix}$, $(k_2\neq 0)$

(2) $\lambda_1=1$, $k_1\begin{pmatrix}1\\ \frac{1}{2}\\ -1\end{pmatrix}$, $(k_1\neq 0)$;

$$\lambda_2=-2,\quad k_2\begin{pmatrix}\frac{1}{2}\\1\\1\end{pmatrix},\quad (k_2\neq 0);$$

$$\lambda_3=4,\quad k_3\begin{pmatrix}2\\-2\\1\end{pmatrix},\quad (k_3\neq 0)$$

(3) $\lambda_1=\lambda_2=\lambda_3=1,\quad k_1\begin{pmatrix}\frac{1}{3}\\0\\-1\end{pmatrix}+k_2\begin{pmatrix}1\\1\\0\end{pmatrix}$ （k_1,k_2 不全为0）

(4) $\lambda_1=\lambda_2=\lambda_3=a,\quad k_1\begin{pmatrix}1\\0\\0\end{pmatrix}+k_2\begin{pmatrix}0\\1\\0\end{pmatrix}+k_3\begin{pmatrix}0\\0\\1\end{pmatrix}$

（k_1,k_2,k_3 不全为0）

(5) $\lambda_1=\lambda_2=\cdots=\lambda_n=a,\quad k\begin{pmatrix}1\\0\\\vdots\\0\end{pmatrix},\quad (k\neq 0)$

5. (1) $\lambda_1=4,\ k_1\begin{pmatrix}1\\1\end{pmatrix},\ (k_1\neq 0);\ \lambda_2=-2,\ k_2\begin{pmatrix}1\\-5\end{pmatrix},\ (k_2\neq 0);$

(2) $2^{50}\begin{pmatrix}1\\-5\end{pmatrix}$

7. $-1,-4,3;\quad 12$

习题 5.2

1. (1) 不相似.

(2) 相似. $P=\begin{pmatrix}1&\frac{1}{2}&2\\\frac{1}{2}&1&-2\\-1&1&1\end{pmatrix},\quad \Lambda=\begin{pmatrix}1&0&0\\0&-2&0\\0&0&4\end{pmatrix}$

(3) 不相似.

（4）相似． $P=\begin{pmatrix}1&0&0\\0&1&0\\0&0&1\end{pmatrix}$， $\Lambda=\begin{pmatrix}a&0&0\\0&a&0\\0&0&a\end{pmatrix}$

（5）不相似．

2. $\frac{1}{4}\begin{pmatrix}5\times2^k-6^k & 2^k-6^k & -2^k+6^k\\ -2^{k+1}+2\times6^k & 2^{k+1}+2\times6^k & 2^{k+1}-2\times6^k\\ 3\times2^k-3\times6^k & 3\times2^k-3\times6^k & 2^k+3\times6^k\end{pmatrix}$

3. $\begin{pmatrix}1&2&2\\2&1&-2\\-2&-2&1\end{pmatrix}$

4.（1）0，－2 （2）$\begin{pmatrix}0&0&1\\2&1&0\\-1&1&-1\end{pmatrix}$

习题 5.3

1.（1）变换矩阵：$\begin{pmatrix}-\frac{1}{\sqrt3}&-\frac{1}{\sqrt2}&\frac{1}{\sqrt6}\\-\frac{1}{\sqrt3}&\frac{1}{\sqrt2}&\frac{1}{\sqrt6}\\\frac{1}{\sqrt3}&0&\frac{2}{\sqrt6}\end{pmatrix}$，对角阵：$\begin{pmatrix}0&&\\&-1&\\&&9\end{pmatrix}$

（2）变换矩阵：$\begin{pmatrix}\frac{1}{\sqrt2}&\frac{1}{\sqrt6}&\frac{1}{\sqrt3}\\-\frac{1}{\sqrt2}&\frac{1}{\sqrt6}&\frac{1}{\sqrt3}\\0&-\frac{2}{\sqrt6}&\frac{1}{\sqrt3}\end{pmatrix}$，对角阵：$\begin{pmatrix}0&&\\&0&\\&&3\end{pmatrix}$

（3）变换矩阵：$\begin{pmatrix} \frac{1}{\sqrt{2}} & \frac{1}{\sqrt{6}} & -\frac{1}{\sqrt{12}} & \frac{1}{2} \\ \frac{1}{\sqrt{2}} & -\frac{1}{\sqrt{6}} & \frac{1}{\sqrt{12}} & -\frac{1}{2} \\ 0 & \frac{2}{\sqrt{6}} & \frac{1}{\sqrt{12}} & -\frac{1}{2} \\ 0 & 0 & \frac{3}{\sqrt{12}} & \frac{1}{2} \end{pmatrix}$

对角阵：$\begin{pmatrix} 1 & & & \\ & 1 & & \\ & & 1 & \\ & & & -3 \end{pmatrix}$

2. $\begin{pmatrix} 1 \\ 0 \\ 0 \end{pmatrix}$，$\begin{pmatrix} 0 \\ -1 \\ 1 \end{pmatrix}$，$\begin{pmatrix} 1 & 0 & 0 \\ 0 & 0 & -1 \\ 0 & -1 & 0 \end{pmatrix}$

3. $\begin{pmatrix} 1 \\ 1 \\ 1 \end{pmatrix}$，$\begin{pmatrix} 4 & 1 & 1 \\ 1 & 4 & 1 \\ 1 & 1 & 4 \end{pmatrix}$

复习题五

（一）填空

1. -4.　　2. $-6, \frac{1}{3}$、-1、$\frac{1}{2}$, 10、6、3.　　3. $(288)^2$.

4. 144.　　5. -84.　　6. -14.

7. -1.　　8. 3, 1.　　9. 6, -2.

10. $\begin{pmatrix} 3 & 0 & 0 \\ 0 & 3 & 0 \\ 0 & 0 & -1 \end{pmatrix}$.

（二）选择

1. (B).　　2. (C).　　3. (C).

4. (A).　　5. (C).　　6. (B).

7. (D).　　8. (B).　　9. (C).

10.(A).

(三) 计算与证明

1. 0, $\begin{pmatrix} -1 & 1 & 1 \\ 2 & 0 & 0 \\ 0 & 2 & 1 \end{pmatrix}$, $\begin{pmatrix} -1 & & \\ & -1 & \\ & & 1 \end{pmatrix}$

2. $\begin{pmatrix} \frac{7}{3} & 0 & -\frac{2}{3} \\ 0 & \frac{5}{3} & -\frac{2}{3} \\ -\frac{2}{3} & -\frac{2}{3} & 2 \end{pmatrix}$

3. -2 或 1

6. 相似; $\begin{pmatrix} 0 & -2 & 1 \\ 1 & 1 & 0 \\ 1 & -1 & 0 \end{pmatrix}$

7. (1) -4, -6, -12;　　相似, $\begin{pmatrix} -4 & & \\ & -6 & \\ & & -12 \end{pmatrix}$;

(2) -288, -72

8. $\prod_{i=1}^{n}(2i-3)$

9.(1) $\beta = 2X_1 - 2X_2 + X_3$　　(2) $\begin{pmatrix} 2-2^{n+1}+3^n \\ 2-2^{n+2}+3^{n+1} \\ 2-2^{n+3}+3^{n+2} \end{pmatrix}$

16*. 证略.

17*. 证略.

18*.(1) $\begin{cases} x_{n+1} = \frac{9}{10}x_n + \frac{2}{5}y_n \\ y_{n+1} = \frac{1}{10}x_n + \frac{3}{5}y_n \end{cases}$, $\begin{pmatrix} x_{n+1} \\ y_{n+1} \end{pmatrix} = \begin{pmatrix} \frac{9}{10} & \frac{2}{5} \\ \frac{1}{10} & \frac{3}{5} \end{pmatrix} \begin{pmatrix} x_n \\ y_n \end{pmatrix}$;

(2) $\lambda_1 = 1, \lambda_2 = \frac{1}{2}$;

(3) $\begin{pmatrix} x_{n+1} \\ y_{n+1} \end{pmatrix} = A^n \begin{pmatrix} \frac{1}{2} \\ \frac{1}{2} \end{pmatrix} = \frac{1}{10} \begin{pmatrix} 8-3\left(\frac{1}{2}\right)^n \\ 2+3\left(\frac{1}{2}\right)^n \end{pmatrix}$.

习题 6.1

1. (1) $\begin{pmatrix} 0 & -2 & 1 \\ -2 & 0 & 1 \\ 1 & 1 & 0 \end{pmatrix}$ (2) $\begin{pmatrix} 1 & 1 & 1 & 0 \\ 1 & 3 & -\frac{3}{2} & 0 \\ 1 & -\frac{3}{2} & -1 & 0 \\ 0 & 0 & 0 & 0 \end{pmatrix}$

(3) $\begin{pmatrix} 1 & \frac{5}{2} & 6 \\ \frac{5}{2} & 4 & 7 \\ 6 & 7 & 5 \end{pmatrix}$ (4) $\begin{pmatrix} 0 & 1 & 1 & \cdots & 1 & 1 \\ 1 & 0 & 1 & \cdots & 1 & 1 \\ 1 & 1 & 0 & \cdots & 1 & 1 \\ \cdots & \cdots & \cdots & \cdots & \cdots & \cdots \\ 1 & 1 & 1 & \cdots & 0 & 1 \\ 1 & 1 & 1 & \cdots & 1 & 0 \end{pmatrix}$

2. (1) $2x_1^2 - x_3^2 - 2x_1x_2 + 6x_1x_3 + 8x_2x_3$

(2) $x_1^2 - 3x_2^2 + 5x_3^2$

3. 3

4. 证略. $C = \begin{pmatrix} 0 & 0 & 1 \\ 1 & 0 & 0 \\ 0 & 1 & 0 \end{pmatrix}$

习题 6.2

1. (1) $f = y_1^2 + y_2^2 - 2y_3^2$, $\begin{pmatrix} x_1 \\ x_2 \\ x_3 \end{pmatrix} = \begin{pmatrix} 1 & -1 & 2 \\ 0 & 1 & -1 \\ 0 & 0 & 1 \end{pmatrix} \begin{pmatrix} y_1 \\ y_2 \\ y_3 \end{pmatrix}$

$$(2) f = y_1^2 - 4y_2^2, \quad \begin{pmatrix} x_1 \\ x_2 \\ x_3 \end{pmatrix} = \begin{pmatrix} 1 & 1 & -\frac{3}{2} \\ 0 & 1 & -\frac{1}{2} \\ 0 & 0 & 1 \end{pmatrix} \begin{pmatrix} y_1 \\ y_2 \\ y_3 \end{pmatrix}$$

$$(3) f = z_1^2 - z_2^2 - z_3^2 - \frac{3}{4} z_4^2,$$

$$\begin{pmatrix} x_1 \\ x_2 \\ x_3 \\ x_4 \end{pmatrix} = \begin{pmatrix} 1 & 1 & -1 & -\frac{1}{2} \\ 1 & -1 & -1 & -\frac{1}{2} \\ 0 & 0 & 1 & -\frac{1}{2} \\ 0 & 0 & 0 & 1 \end{pmatrix} \begin{pmatrix} z_1 \\ z_2 \\ z_3 \\ z_4 \end{pmatrix}$$

$$(4) f = y_1^2 + y_2^2 + \cdots + y_n^2 - y_{n+1}^2 - \cdots - y_{2n-1}^2 - y_{2n}^2$$

$$\begin{cases} x_1 = y_1 - y_{2n} \\ x_2 = y_2 - y_{2n-1} \\ \cdots\cdots\cdots\cdots\cdots\cdots \\ x_n = y_n - y_{n+1} \\ x_{n+1} = y_n + y_{n+1} \\ \cdots\cdots\cdots\cdots\cdots\cdots \\ x_{2n+1} = y_2 + y_{2n-1} \\ x_{2n} = y_1 + y_{2n} \end{cases}$$

2. 不能．因所作变换不是非奇异线性变换．

$$f = 2y_1^2 + \frac{3}{2} y_2^2, \quad \begin{pmatrix} x_1 \\ x_2 \\ x_3 \end{pmatrix} = \begin{pmatrix} 1 & 1 & 2 \\ 0 & 1 & 1 \\ 0 & 0 & 1 \end{pmatrix} \begin{pmatrix} y_1 \\ y_2 \\ y_3 \end{pmatrix}$$，f 的秩为 2.

3. (1) $$f = y_1^2 + y_2^2 + 10y_3^2, \quad \begin{pmatrix} x_1 \\ x_2 \\ x_3 \end{pmatrix} = \begin{pmatrix} \frac{2}{\sqrt{5}} & \frac{2}{3\sqrt{5}} & \frac{1}{3} \\ -\frac{1}{\sqrt{5}} & \frac{4}{3\sqrt{5}} & \frac{2}{3} \\ 0 & \frac{5}{3\sqrt{5}} & -\frac{2}{3} \end{pmatrix} \begin{pmatrix} y_1 \\ y_2 \\ y_3 \end{pmatrix}$$

(2) $f=-y_1^2+3y_2^2+y_3^2+y_4^2$

$$\begin{pmatrix}x_1\\x_2\\x_3\\x_4\end{pmatrix}=\begin{pmatrix}\frac{1}{2}&\frac{1}{2}&\frac{1}{\sqrt{2}}&0\\-\frac{1}{2}&\frac{1}{2}&0&\frac{1}{\sqrt{2}}\\-\frac{1}{2}&-\frac{1}{2}&\frac{1}{\sqrt{2}}&0\\\frac{1}{2}&-\frac{1}{2}&0&\frac{1}{\sqrt{2}}\end{pmatrix}\begin{pmatrix}y_1\\y_2\\y_3\\y_4\end{pmatrix}$$

(3) $f=4y_2^2+9y_3^2$, $\begin{pmatrix}x_1\\x_2\\x_3\end{pmatrix}=\begin{pmatrix}-\frac{1}{\sqrt{6}}&\frac{1}{\sqrt{2}}&\frac{1}{\sqrt{3}}\\\frac{1}{\sqrt{6}}&\frac{1}{\sqrt{2}}&-\frac{1}{\sqrt{3}}\\\frac{2}{\sqrt{6}}&0&\frac{1}{\sqrt{3}}\end{pmatrix}\begin{pmatrix}y_1\\y_2\\y_3\end{pmatrix}$

4. 2, $\begin{pmatrix}0&1&0\\\frac{1}{\sqrt{2}}&0&\frac{1}{\sqrt{2}}\\-\frac{1}{\sqrt{2}}&0&\frac{1}{\sqrt{2}}\end{pmatrix}$

习题 6.3

1. (1) 负定; (2) 正定; (3) 正定.

2. (1) $-\frac{4}{5}<t<0$;

(2) 不论 t 取何值,原二次型都不可能是正定的.

复习题六

(一) 填空

1. $\begin{pmatrix} 2 & -\frac{1}{2} & 0 \\ -\frac{1}{2} & 1 & 0 \\ 0 & 0 & 0 \end{pmatrix}$. 2. $2m-r$. 3. $n-u-v$.

4. $-\sqrt{2}<t<\sqrt{2}$. 5. >2. 6. 2.

7. ± 3.

(二) 选择

1. (C). 2. (A). 3. (C).

4. (D). 5. (C). 6. (B).

7. (B). 8. (C). 9. (C).

(三) 计算与证明

1. (1) $f=y_1^2-y_2^2$,正负惯性指数均为1,符号差为0.

 (2) $f=z_1^2-z_2^2-z_3^2$,正惯性指数为1,负惯性指数为2,符号差为-1.

2. 正定.

3. (1)$t>2$ (2)$t<-1$

12*. (1) $\lambda_1=\lambda_2=-2,\lambda_3=0$;

 (2) $k>2$.

13. 证略.

14*. (1)$f(x_1,x_2,\cdots,x_n)$

$$=(x_1,x_2,\cdots,x_n)^T\frac{1}{|A|}\begin{pmatrix} A_{11} & A_{21} & \cdots & A_{n1} \\ A_{12} & A_{22} & \cdots & A_{n2} \\ \cdots & \cdots & \cdots & \cdots \\ A_{1n} & A_{2n} & \cdots & A_{nn} \end{pmatrix}\begin{pmatrix} x_1 \\ x_2 \\ \vdots \\ x_n \end{pmatrix}$$,证略;

 (2) 相同.

参考文献

[1] 同济大学数学系. 工程数学：线性代数 [M]. 6 版. 北京：高等教育出版社，2014.

[2] 赵树嫄. 线性代数 [M]. 北京：中国人民大学出版社，1997.

[3] 陈殿友，术洪亮. 线性代数 [M]. 北京：清华大学出版社，2006.

[4] 李世栋，等. 线性代数 [M]. 北京：科学出版社，2001.